続 身近な地球環境問題
― 酸性雨を考える ―

(社)日本化学会・酸性雨問題研究会 編

コロナ社

執筆者一覧 （執筆順）

執筆者	所属（執筆範囲）
田中　茂	慶應義塾大学（全章とりまとめ，まえがき）
原　宏	国立保健医療科学院（1, 5章とりまとめ，1.1, 5.1, 5.5）
高橋　章	電力中央研究所（1.2）
藤田　慎一	電力中央研究所（1.2）
広瀬　勝己	気象庁気象研究所（1.3）
福山　力	国立環境研究所（1.4）
大河内　博	神奈川大学（1.5）
西川　雅高	国立環境研究所（1.6）
戸梶　恵子	府中市役所（1.7）
青木　文男	府中市役所（1.7）
鶴田　治雄	前 農業環境技術研究所（2章とりまとめ，2.1）
門倉　武夫	東京都埋蔵文化財センター（2.2）
古明地　哲人	東京都環境科学研究所（2.3）
二宮　修治	東京学芸大学（2.4）
芳住　邦雄	共立女子大学（2.5）
村野　健太郎	国立環境研究所（3章とりまとめ，3.1）
橋本　芳一	慶應義塾大学 地域研究センター（3.2）
高　世東	ヨーク大学 大気化学センター（3.3）
坂本　和彦	埼玉大学（3.4）
東野　晴行	産業技術総合研究所（3.5）
外岡　豊	埼玉大学（3.5）
井川　学	神奈川大学（4章とりまとめ，4.1）
岡崎　正規	東京農工大学（4.2）
池田　英史	電力中央研究所（4.3）
新藤　純子	農業環境技術研究所（4.4）
石塚　和裕	森林総合研究所（4.5）
渋谷　一彦	東京工業大学（5.2）
泉　克幸	東洋大学（5.3）
梶井　克純	東京都立大学（5.4）

（所属は2002年8月現在）

まえがき

　酸性雨の現象は，硫黄酸化物や窒素酸化物といった大気汚染物質の降水への取り込みによって生じるものであるが，単なる降水の酸性化問題だけではなく，森林，土壌，湖沼などの生態系へ影響を及ぼす身近な環境問題として認識されてきた。研究者ばかりでなく一般市民に対する酸性雨問題の総合的理解と相互交流を推し進めることを目的として，1993年に酸性雨問題研究会が日本化学会の研究会として設立された。

　酸性雨問題研究会は，橋本芳一（慶應義塾大学名誉教授）を代表として，安部喜也（東京農工大学），井川　学（神奈川大学），小倉紀雄（東京農工大学），坂本和彦（埼玉大学），田中　茂（慶應義塾大学），鶴田治雄（農業環境技術研究所），土器屋由紀子（気象大学校），原　宏（国立公衆衛生院），村野健太郎（国立環境研究所）の日本の酸性雨研究の第一人者である10名の世話人（所属は設立当時）からなり，世話人を中心に企画された酸性雨問題シンポジウムを年2回の割りで開催してきた。

　その活動成果を基にして，1997年には，第1回～第5回の酸性雨問題シンポジウムの内容をまとめた「身近な地球環境問題―酸性雨を考える―」がコロナ社より出版され好評を得た。本書はその続編であり，第6回～第10回の酸性雨問題シンポジウムの内容をまとめた「続　身近な地球環境問題―酸性雨を考える―」として出版されることとなった。

　酸性雨問題研究会の10年に及ぶ活動は，代表・世話人の献身的な協力は言うまでもないが，本研究会の趣旨に賛同されシンポジウムに参加していただいた多数の講演者・参加者の方々の支援によるところがきわめて大きい。本書の出版はその熱意の賜物と言っても過言ではない。この紙面を借りて感謝の念を述べさせていただく。

まえがき

　また本研究会は，鉄鋼業環境保全技術開発基金，イオングループ環境財団の助成をうけ財政的に支援していただいた。両財団にも感謝の念を述べさせていただく。最後に，本書の出版に当たっては，コロナ社の方々，慶應義塾大学理工学部・環境化学研究室の岩瀬珠実，祖母井陽子，上田英子らの学生諸君および中野洋江，真下真帆，柴海波らの関係者に尽力をいただいた。合わせて感謝の意を表します。

2002年8月

(社) 日本化学会・酸性雨問題研究会
幹事　田中　茂

目 次

1. 酸性沈着の測定と精度

1.1 まえがき ……………………………………………………………………… 1
　1.1.1 酸性雨を測定するということ ……………………………………… 1
　1.1.2 測定の技術 ……………………………………………………………… 2
　1.1.3 測定データの解析 …………………………………………………… 3
　1.1.4 測定の精度と結論の精度 …………………………………………… 4
　1.1.5 おわりに ………………………………………………………………… 5
1.2 モニタリング地点の代表性 ………………………………………………… 5
　1.2.1 はじめに ………………………………………………………………… 5
　1.2.2 モニタリング地点の選定 …………………………………………… 6
　1.2.3 モニタリングの評価 ………………………………………………… 10
1.3 湿性沈着の測定と精度 ……………………………………………………… 12
　1.3.1 はじめに ………………………………………………………………… 12
　1.3.2 降水試料捕集の基本的要件（降水量など） ……………………… 14
　1.3.3 雨水（降水）の捕集法 ……………………………………………… 15
　1.3.4 降水試料の保存 ……………………………………………………… 17
　1.3.5 降水（湿性沈着）の化学成分の分析 ……………………………… 18
　1.3.6 洋上の酸性雨 ………………………………………………………… 21
1.4 乾性沈着の測り方 …………………………………………………………… 22
　1.4.1 はじめに ………………………………………………………………… 22
　1.4.2 乾性沈着の測定法 …………………………………………………… 23
　1.4.3 おわりに ………………………………………………………………… 33
1.5 霧と樹幹流の測定法 ………………………………………………………… 33

1.5.1　はじめに……………………………………………………33
　　1.5.2　霧と樹幹流………………………………………………34
　　1.5.3　霧の捕集方法……………………………………………35
　　1.5.4　林内雨と樹幹流の捕集方法……………………………37
　　1.5.5　おわりに…………………………………………………39
　1.6　化学成分の測定と精度…………………………………………39
　　1.6.1　はじめに…………………………………………………39
　　1.6.2　模擬試料…………………………………………………40
　　1.6.3　分析法の精度管理………………………………………40
　1.7　府中市における「市民による酸性雨調査」の歩み………………44
　　1.7.1　市民による酸性雨調査の事始め…………………………44
　　1.7.2　調査には工夫がいっぱい…………………………………47
　　1.7.3　簡易測定法トラブル発生！………………………………49
　　1.7.4　まとめと課題………………………………………………51
　引用・参考文献……………………………………………………………52

2.　文化財保護と大気環境

　2.1　まえがき…………………………………………………………55
　2.2　大気汚染・酸性雨の文化財への影響……………………………58
　　2.2.1　はじめに……………………………………………………58
　　2.2.2　1955年前後；初期のころ…………………………………59
　　2.2.3　1960～1965年代…………………………………………60
　　2.2.4　1965～1975年代…………………………………………63
　　2.2.5　1975～1985年代…………………………………………65
　　2.2.6　1985～1995年ごろ………………………………………66
　　2.2.7　酸性雨が文化財等材質に対する影響に関する研究分科会………69
　　2.2.8　おわりに……………………………………………………69
　2.3　東アジア地域を対象とした酸性大気汚染物質の文化財および材料への
　　　　影響調査………………………………………………………70
　　2.3.1　はじめに……………………………………………………70

2.3.2	調査方法	70
2.3.3	調査結果の概要	73
2.3.4	まとめ	78

2.4 酸性雨・大気汚染が大理石に及ぼす影響 …………………………… 78

2.4.1	はじめに	78
2.4.2	調査方法	79
2.4.3	結果および考察	82
2.4.4	まとめ	91

2.5 染織布の変退色への大気汚染物質および酸性雨の影響 …………… 92

2.5.1	はじめに	92
2.5.2	大気環境への暴露による布帛への硝酸根および硫酸根の付着	93
2.5.3	染料の化学構造と変退色特性	94
2.5.4	繊維の黄変	95
2.5.5	Dose-Response 特性	96
2.5.6	染織文化財の変退色	97
2.5.7	SO_2 ガスによる変退色	99
2.5.8	衣服への酸性雨の影響	99
2.5.9	おわりに	101

引用・参考文献 ………………………………………………………………… 101

3. 中国における酸性雨問題 ── 研究の現状とその課題点 ──

3.1 まえがき ……………………………………………………………… 106

3.2 JACK ネットワークから環境保全へ
　　── 東アジア環境保全戦略の一つの試み ── ……………………… 108

3.2.1	酸性雨予防への挑戦 ─ 大陸の環境保全 30 年作戦 ─	108
3.2.2	環境保全戦略の背景	109
3.2.3	JACK ネットワーク（東アジア大気測定網）	110
3.2.4	観測から環境保全へ	113
3.2.5	調査研究から経済発展へ	114
3.2.6	学術調査と実社会の協力	115

3.2.7　中国環境40年作戦の総括 ································· 117
3.3　中国重慶市の酸性雨の現状 ······································ 118
　　3.3.1　は　じ　め　に ·· 118
　　3.3.2　酸性雨の現状 ·· 119
　　3.3.3　大気硫黄化合物の収支 ···································· 125
　　3.3.4　降水酸性化の原因 ·· 126
　　3.3.5　ま　と　め ·· 127
3.4　中国における酸性雨の問題 —— 酸性雨の現状と対策 —— ······ 128
　　3.4.1　は　じ　め　に ·· 128
　　3.4.2　中国におけるSO_2とNO_xの排出量変化と1次エネルギー源構成 ··· 129
　　3.4.3　中国の大気汚染と酸性雨 ·································· 130
　　3.4.4　酸性雨原因物質排出抑制対策 ······························ 136
　　3.4.5　バイオブリケット技術の新たな展開に向けて ·············· 139
　　3.4.6　お　わ　り　に ·· 140
3.5　東アジア地域における大気汚染物質の排出と輸送 ··············· 141
　　3.5.1　は　じ　め　に ·· 141
　　3.5.2　大気汚染物質の排出量推計 ································ 141
　　3.5.3　酸性降下物の沈着量推定 ·································· 145
　　3.5.4　ま　と　め ·· 149
引用・参考文献 ·· 150

4.　酸性降下物による地表水および土壌の酸性化

4.1　ま　え　が　き ·· 153
4.2　わが国の土壌の特性とその酸性化 ································ 154
　　4.2.1　土　壌　と　は ·· 154
　　4.2.2　わが国の土壌の分布と特徴 ································ 157
　　4.2.3　酸に対する土壌の緩衝力 ·································· 160
　　4.2.4　土壌からのアルミニウムの溶出 ···························· 163
4.3　わが国の河川および湖水の酸性化の実態 ························· 165

- 4.3.1 はじめに ……………………………………………… 165
- 4.3.2 河川・湖沼水質の実態 ………………………………… 166
- 4.3.3 河川水質と流域物質収支との関係 …………………… 167
- 4.3.4 流域における中和機構 ………………………………… 169
- 4.3.5 まとめ …………………………………………………… 175
- 4.4 酸性雨による生態系影響評価──臨界負荷量推定の意義と問題点── … 175
  - 4.4.1 はじめに ………………………………………………… 175
  - 4.4.2 欧米における酸性物質排出量削減の歴史的経緯と臨界負荷量 ……… 176
  - 4.4.3 アジアにおける臨界負荷量 …………………………… 178
  - 4.4.4 臨界負荷量の概要 ……………………………………… 178
  - 4.4.5 定常マスバランスモデルの日本への適用による問題点の抽出 ……… 180
  - 4.4.6 おわりに─ 臨界負荷量の役割 ─ ……………………… 184
- 4.5 森林衰退と土壌の酸性化 …………………………………… 185
  - 4.5.1 森林衰退と酸性降下物 ………………………………… 185
  - 4.5.2 物質循環系としての森林生態系 ……………………… 186
  - 4.5.3 森林土壌の酸性化 ……………………………………… 187
  - 4.5.4 森林土壌の酸性化要因 ………………………………… 188
  - 4.5.5 森林生態系はどのように変化するか ………………… 189
- 引用・参考文献 ………………………………………………… 191

5. 硫酸や硝酸の生成メカニズム
── 大気中の OH ラジカルとの反応 ──

- 5.1 まえがき ……………………………………………………… 195
  - 5.1.1 はじめに ………………………………………………… 195
  - 5.1.2 ラジカルとは? ………………………………………… 195
  - 5.1.3 大気中の OH ラジカル濃度の過去 20 年間の変動 …… 196
- 5.2 分子科学からみた OH ラジカル …………………………… 198
  - 5.2.1 微量成分が支配する大気化学 ………………………… 198
  - 5.2.2 OH の性質と分子構造 ………………………………… 201
  - 5.2.3 角運動量間のカップリング─ 詳細な状態の記述 ─ …… 205

- 5.2.4 紫外光吸収とレーザー誘起蛍光 — OH の直接計測 — ……… 206
- 5.2.5 大気光化学の役割 …………………………………………… 207
- 5.3 OH ラジカルによる SO_2, NO_2 の気相酸化反応 ………………… 209
  - 5.3.1 は じ め に ………………………………………………… 209
  - 5.3.2 OH ラジカルの重要性 ……………………………………… 210
  - 5.3.3 SO_2, NO_2, OH の大気濃度 ……………………………… 211
  - 5.3.4 OH ラジカル反応の速度定数の決定法 …………………… 214
  - 5.3.5 SO_2 の気相酸化 …………………………………………… 217
  - 5.3.6 NO_2 の酸化反応 …………………………………………… 223
  - 5.3.7 ま と め …………………………………………………… 225
- 5.4 大気中の OH ラジカル ……………………………………………… 226
  - 5.4.1 は じ め に ………………………………………………… 226
  - 5.4.2 LIF 法を用いた測定手法 …………………………………… 228
  - 5.4.3 長光路吸収法 ………………………………………………… 231
  - 5.4.4 化学変換法による OH ラジカルの測定 …………………… 232
  - 5.4.5 OH ラジカルの野外観測 …………………………………… 233
- 5.5 液相での OH ラジカルの生成と反応 ……………………………… 235
  - 5.5.1 は じ め に ………………………………………………… 235
  - 5.5.2 OH などの大気化学 ………………………………………… 235
  - 5.5.3 液相の OH の供給源 ……………………………………… 236
  - 5.5.4 液相における OH などの化学平衡 ………………………… 239
  - 5.5.5 液相における OH の化学反応 ……………………………… 239
  - 5.5.6 雲水における二酸化硫黄の酸化 …………………………… 241
  - 5.5.7 有機酸の生成 ………………………………………………… 243
  - 5.5.8 ま と め …………………………………………………… 244
- 引用・参考文献 …………………………………………………………… 244
- 索 引 ……………………………………………………………………… 249

1. 酸性沈着の測定と精度

1.1 まえがき

　この章では酸性沈着を測定するときの問題点を整理した。まず，どんなところを測定点に選ぶのか，電力中央研究所の全国ネットワークの経験を踏まえた説明から始める。つぎに，雨などの湿性沈着を例にしてその集め方，化学分析の仕方を解説する。湿性と並ぶもう一つの沈着過程であるガスや微粒子（エアロゾル）の乾性沈着の測定方法をそのつぎに紹介する。霧は雨と見かけはよく似ているが，その挙動は雨とエアロゾルの中間的なもので，その測定には工夫が必要である。この霧は酸が森林へ沈着する重要なメカニズムなので，その幹を伝って地面に落ちる雨の測定法とあわせてお話する。

　このように一口に「酸性雨」といっても多様な形態がある。しかし，そこで共通するのは化学分析である。特に，多数のグループがそれぞれに分析したデータを比較するときのポイントを整理した。そして最後に，市民による酸性雨調査の取組みと発見をまとめて，今後，いろいろな人の手による酸性雨研究が発展し，環境問題の解決に一歩でも迫れるよう望むものである。

1.1.1 酸性雨を測定するということ

　人間が出す二酸化硫黄や窒素酸化物は大気中で硫酸や硝酸に変わり，風に乗ったり，雨に溶けたりして地表の生態系にやってくる。晴れた日も，雨の日も，大気からやってくる酸は土や湖を酸性に変え，木や魚に影響を与える。これが

「酸性雨」の正体なのである[1),2)]。つまり，酸性雨という環境問題は大気からくる強い酸が環境を酸性に変えることなのである。だから，大気からどのくらい酸が地上の生態系にやってくるのかを監視（モニタリング，monitoring）するとき，雨や雪，霧など雨冠がつく形の湿性沈着だけではなく，ガスやエアロゾルの形で乾性沈着する酸も含めて，測定することが必要である。

この章でも紹介しているように，乾性沈着の測定には特殊な機器が必要で，広域的なモニタリングをするのはかなり難しいのが実情である。湿性沈着のほうは簡易測定から厳密な測定まで，多様な方法がある。したがって，湿性沈着の測定，つまり雨や雪を集めてその降水量とイオンの濃度を測定することは地球規模のネットワークから市民のネットワークまで広く行われている[3)]。

ある地域でどんな雨が降っているかを調べるとき，気をつけることがいくつかある。市民や児童・生徒のみなさんが調べることを例にとるが，基本的な考え方は地球規模でのネットワークでも同じように大切なことなのである[4),5)]。

1.1.2 測定の技術

まず第一に大切なことは，なんのために測定するのか，測定の目的をはっきりさせることである。そして，使用することのできる予算，人員，機器，などの条件を明確にする。この二つを考えて，測定の期間，測定する地点数，測定方法などの概略を頭においておき，問題が出たとき，目的と条件に戻って判断すると答がみつかるだろう。

つぎの問題は，具体的にどこで雨を集めるかということである。地域の雨を全部集めるわけにはいかないので，いくつかの候補地点を出して絞っていく。その場所は対象とする地域を十分代表することが必要である。これを三つのスケール（半径それぞれ，10 km，1 km，100 m の程度）で確認する。特に100 m 以内に焼却場や駐車場などがないところを探す。

こうして決めた地点に雨を集める容器を置く。容器は雨量計と同じような形が望ましいのであるが，それに近い形状の容器を探す。

雨を集めるとき注意することは，その捕集容器がいつも大気に開放されてい

るか，雨のときだけ設置するのかということである．いつも開放されている容器にはガスやエアロゾルが沈着するので，容器が雨を受けたときこれらが雨の試料に溶けこみ試料を汚染することになる．ちょっと考えるとガスやエアロゾルの乾性沈着もあわせて測定できるようにみえる．しかし，本文でわかるように，容器の形状，素材などにより沈着量が異なるなど問題が多く，この方法では乾性沈着を測定することはできない．そうはいっても，雨が降るときだけ捕集容器を出すのはたいへんなことである．重要なことは，この違いを理解することである．同じことをやっていても，その意義を理解しているのとそうでないのとでは天と地の開きがある．こうして捕集した試料でも，それを考慮したデータの解釈をすれば大きな問題はないだろう．

　雨の成分を測るときに雨量も測定しなければならない．捕集された雨の試料から雨量を出すこともできるが，そのとき試料が汚染されがちなので，別に雨量計を置くのが普通である．正式な雨量計がないときは底が平らな円筒形の容器で，直径が 10〜20 cm のものを捕集容器の近くに置く．

　いよいよ化学分析である．捕集した試料はできるだけ早く分析しなくてはならない．すぐに分析することができないときは，十分洗浄したポリエチレンの瓶などに入れ，必要事項を瓶のおもてに書き込んで，冷蔵庫で保存する．pH や電気伝導率，硫酸イオンなど種々のイオンの濃度などを可能な方法で測定する．もし，水素イオン（pH から 10^{-pH} として水素イオン濃度は換算できる），硫酸，硝酸，塩化物，アンモニウム，カルシウム，カリウム，マグネシウム，ナトリウムの各イオンの濃度が測定されていれば陽イオンによるプラスの電荷と陰イオンによるマイナスの電荷がバランスしているかを調べる．

1.1.3 測定データの解析

　こうして雨の中のイオン濃度など，測定データが得られたわけである．このデータを解析する前に，データの質を評価しておかなくてはならない．いいかえればこのデータは実際，どうやって得られたのかを明確にしておくことである．試料はどんなところで，どうやって捕集し，どんな方法で分析したのかを

整理する。この情報を「メタデータ」と呼んで数値データと同様に取り扱う。このとき気をつけることは問題点をそのまま記録することである。試料に虫が入っていた，すぐに試料を取りにいけなかった，試料の量が少なくて十分な分析ができなかった，など「失敗」として捨ててしまいそうなことを特に整理しておく。

このことを念頭においてデータを解析する。いつもと違ったデータが出たとき，上で述べた問題点があれば，それが原因で測定結果がいつもと違うのかもしれない。もちろん，いつも同じような雨が降るわけではないので，測定結果はその試料を正確に表しているかもしれない。これは経験を重ねると判断できるようになるので，メタデータも数値データと同じように大切に保存しておく。室内の実験と違って，野外の観測はやり直すことができないので，事実をありのまま整理，保存しておけば，あとになってから改めて解析したり，解釈しなおすことも可能なのである[6]。

自分で雨を測るとき大切なポイントを簡単に説明した。しかし，これらのポイントは国際的なネットワークでも重要な問題点で，さまざまな角度から検討され，精密な測定が行われるよう改良が重ねられている。

1.1.4 測定の精度と結論の精度

測定してデータをとるのは人的，時間的，経済的にとてつもなく大きなエネルギーを必要とする。しかし，予想もできなかったトラブルのため，思うような測定ができなくなるのも珍しいことではない。そんなときはすべて失敗か，というと必ずしもそうではない。データの質を吟味して，そのデータの質に対応した質をもつ結論を出すことが重要なのである。これは地球規模でのモニタリングについてもいえることで，この概念を理解することが最も大切なことである。

簡易測定法でも，最新の方法でも，適切な地点を選び，適切な方法が一貫してとられているときには，その方法や精度に見合った貴重な結論を得ることができる。10 年間の pH の測定結果があったとき，その測定の精度などのメタデ

ータがそろっていれば，その精度に応じた経年変化の記述が可能である。簡易測定であれば年間のpHの減少率は「0.05%」であるなどの表し方になるだろうし，精密な測定が行われたのなら「0.048±0.002%」のような表現になるだろう。高価な器械が使われていても管理が悪く，欠測も多く，さらにメタデータの整備もあやしいとなると，きちんとした簡易測定の精度のさえ出せないこともありうるのである。

1.1.5 お わ り に

測定とは，なにかを知るためにある量を数値で表そうとするシステムだといえるだろう。なにを，いつ，どうやって，測るのか。その結果の数値の信頼性はどのくらいあるのか。そしてそれはなにを意味しているのか。この全体が測定のシステムであり，それからその精度に対応した表現で測定の結論を出すことが最も大切なポイントである。

これは酸性雨ばかりでなく科学の基本となる考え方だと思う。この概念を身につけると，いま手にしているデータがいかに多くのことを語りかけているかに気がつくだろう。

1.2 モニタリング地点の代表性

1.2.1 は じ め に

1980年代になってから，酸性雨問題への関心の高まりとともに，わが国でも降水の化学組成に注目した観測が数多く行われるようになった。その結果として，膨大な量の降水の分析データが蓄積されたが，これらのデータの多くは局地的・短期的な成分濃度であり，試料の捕集にも統一された方法が用いられたわけではなかった。

酸性雨のモニタリングは，濃度や沈着量の実態を把握するだけでなく，物質輸送や環境影響を検討するのに必要な基礎データを整備することが重要な目的となる。このような解析を行うための基礎データは，精度の高い統一的な方法

によって得られたものでなくてはならない。さらに，地点の選定についても，一定の基準を設ける必要がある。

電力中央研究所では，全国規模のモニタリングネットワークを独自に構築し，1987年10月～1990年9月の3年間にわたる実態調査を行った。ここでは，モニタリングネットワークを構築する際に検討したモニタリング地点の選定方法と，その代表性を評価した結果[7]について紹介する。

1.2.2 モニタリング地点の選定
（1） 予備的検討

モニタリングネットワークを構築する場合，数多くの捕集地点を設けて観測の密度を濃くすれば，観測データの価値を高めることができる。その反面，必要な労力と経費は当然大きくなる。最小の費用で，最大の結果をもたらすよう，モニタリング地点の最適な配置を考えなければならない。そこで，モニタリング地点を決定する際には，代表性のある地点を選び，地点が代表する領域の広さを評価しておく必要がある。

電力中央研究所がこれまでに瀬戸内地域で実施した予備調査[8]などの結果から，① 発生源から離れた地域では，平均化時間を長くとることで値は均一化すること，② 同じ気候条件下では，湿性沈着量の分布は降水量に大きく依存すること，が明らかとなった。そこで，年間の平均濃度を議論するうえで，モニタリング地点として気候区の代表地点を選べば，その領域の濃度をある程度代表できるものと考えた。また，代表地点の平均濃度と降水量の分布が与えられれば，濃度と降水量の積の形で，日本全域を対象に湿性沈着量を推計することも可能であると考えた。

（2） 気候条件

わが国の気候区分については多くの提案がなされているが，今回の調査では，Saitoら[9]が提案した気候区分を参考にした（図1.1）。この区分は，従来のおもな区分をもとに，陸域を16に分けたもので，不鮮明な境界は県境を採用した。こうした区分の指標となる気候因子には，降水量，気温，日照時間，積雪深な

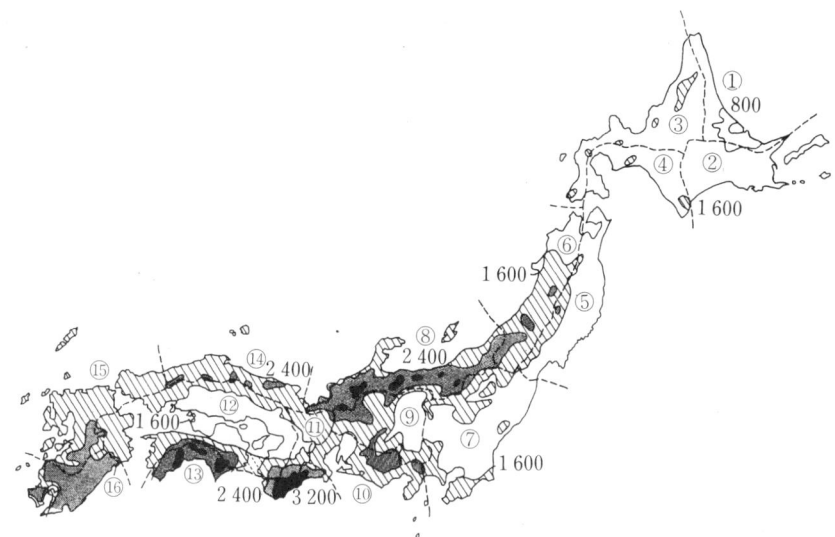

図 1.1　日本の気候区分（破線）と年降水量（実線；mm/年）の分布（藤田慎一，高橋章，西宮　晶：わが国における酸性雨の実態―降水の観測網の構築―，環境科学会誌，7，pp.107～120（1994）から引用）

どがあるが，上に述べたように注視すべき因子として降水量を考えた。わが国の場合には，降水の成因が複雑であることから，降水量の特徴を表すためには，平均値のほかに変動率についても留意する必要があると考えた。そこで，本調査では，① 日本全域の年降水量の分布，② 各気候区の年平均降水量，③ 各気候区の月降水量の変動率，の三つに着目して，各気候区の中で年降水量の平均偏差が気候値（30 年間平均）より極端に大きい地域を除外した。

図 1.2 の（a）は，こうして抽出した年降水量の偏差が大きい地域である。斜影を施した地域は，平均偏差が＋20％以上の地域であり，黒く塗った地域は，平均偏差が－20％以下の地域である。なお，図 1.1 の 16 の区分の中で，北海道南東部と東北東部は，降水量の平均値や変動率が類似した値だったため，二つの気候区を合併し，計 15 の気候区の中に 1 地点ずつ代表地点を選んだ。

（3）地　　形

本調査で考慮した地形の効果は，おもに降水現象などに関与する山岳の影響

(a) 年降水量が各気候区の平均値よりも±20%以上大きな領域
(b) 地形，発生源からの距離を制約条件として重ね抽出した候補地域

図 1.2 モニタリング地点の候補地域（引用先は図 1.1 に同じ）

である。山岳の風上側では，地形性の降雨を伴うことがある。火山の周辺では，火山ガスの影響を受けることも考えられる。こうした影響を避けるために，『日本国勢地図帳』[10] を参考に，代表地点は，低地，台地，丘陵地の中から選び，山地と火山地は除外した。

（4） 発生源からの距離

発生源からの距離については，北アメリカやヨーロッパでのモニタリングに際して提案された基準を参考に，以下の基準を設けた。

① 人口数百万人以上の大都市圏から …………………………30 km 以遠
② 人口数十万人以上の市街地から …………………………10 km 以遠
③ 火力発電所，大規模製紙工場，製鉄所，化学工場などから …30 km 以遠
④ 航空機・船舶の定期航路，高速道路から ……………………1 km 以遠

⑤ 廃棄物保管場所，焼却炉，交通量が多い一般道などから …100 m 以遠

（5） 地点の決定

実際に試料を捕集する地点は，降水量の偏差に，上記の地形，発生源からの距離の条件を重ねて，全条件を満足する領域の中から選んだ。選定した領域を図1.2の（b）に白抜きで示した。原則として，各気候区の中に複数の候補地点をあげて，現地踏査を行い1地点を決定した。

また，気候区分の15の代表地点のほかに，バックグラウンドの代表地点として，本土の周辺の気象官署のある島の中から5地点を選び，各気候区と同じ内容の観測を行うことにした。

こうして決定した計20か所の試料捕集地点の位置を**図1.3**に示した。各観測地点には，北アメリカのモニタリングネットワークで多く用いられていた降水時開放型（ウェットオンリー方式，wet-only）の捕集装置（開口面積：190

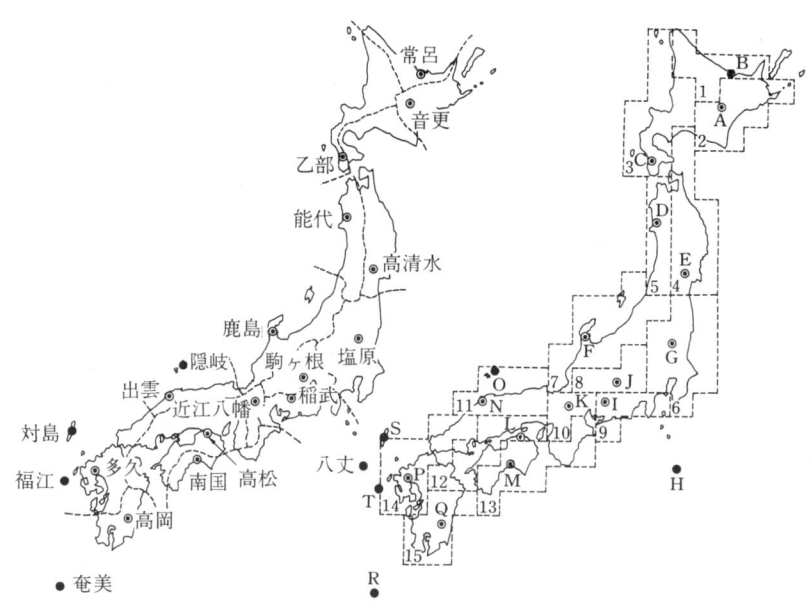

◎：気候条件の代表地点
●：バックグラウンド地点
図 1.3 選定した試料捕集地点（引用先は図1.1に同じ）

cm², DRS-154 W）を設置した。また，非積雪地域には転倒ます型の雨量計（RT-5）を，積雪地域にはヒーターを内蔵した雨（雪）量計（RR-5）をそれぞれ併設した。捕集した試料は原則的に 10 日ごとに電力中央研究所の分析室に回収して化学分析を行った。

1.2.3 モニタリングの評価
（1） モニタリングの成績

本調査では，試料の回収間隔を 10 日間としたが，この間に雨がまったく降らない場合や，降ってもごくわずかな場合には全成分の分析は困難となる。

3 年間の観測期間のうち，試料なしあるいは一部成分のみ分析を行った検体は約 250 個あり，これは 2 160 回の総回数の約 12％に相当した。ただし，この中には停電，故障などによる欠測 17 回が含まれる。また，容量 5 l のポリ瓶から降水があふれた試料は，総回数の約 1％に相当する 20 回あった。

（2） 捕 水 量

図 1.4 は転倒ます型の雨（雪）量計による 10 日間の降水量と，捕水量から計算した同じ期間の捕水深を比較したものである。(a) が積雪地域の北海道の乙部，(b) が多雨地域の高知県の南国である。降水量と捕水深の相関係数は，乙

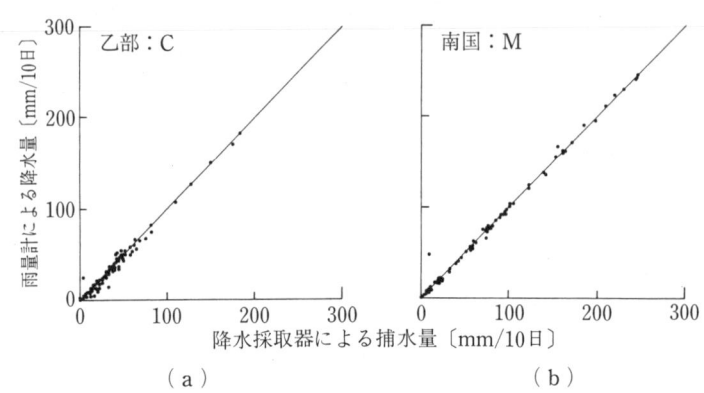

図 1.4　雨（雪）量計で求めた 10 日間の降水量（mm/10 日）と，試料の捕水量から求めた捕水深（mm/10 日）の関係
（引用先は図 1.1 に同じ）

部：0.96，南国：0.99であり，両者はかなりよい一致を示した。積雪地域に設置した雨（雪）量計でのヒーターによる加熱の影響は，ほとんど認められなかった。

（3） 降 水 量

図 1.5 は各年度の降水量の平年値（30年間平均）比をメッシュ（約80 km×80 km）別に示したものである。降水量は年度ごとに変化したが，3年分を集計すると，日本全域の平均降水量（1 691 mm/年）は，平年値（1 683 mm/年）に近い値となった。ただし，山陰東部を除く日本海側の4気候区の総降水量は，気候値よりも約9％少ない値だった。これに対して，関東から瀬戸内の4気候区の総降水量は気候値よりも約7％多い値だった。

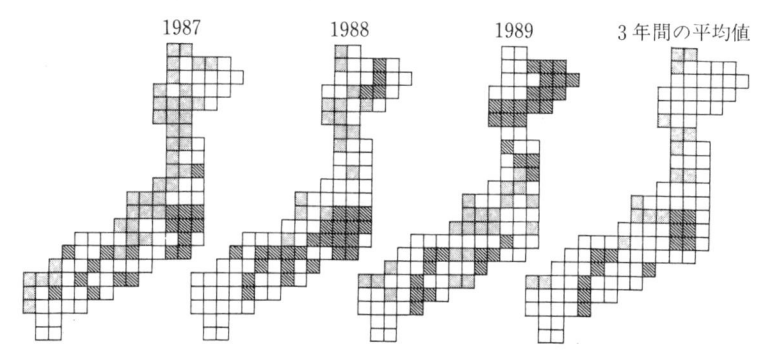

斜影：平年比＋10％以上の地域，点描：平年比－10％以下の地域
図 1.5 各年度の年降水量の平年値（30年間平均）比（引用先は図1.1に同じ）

図 1.6 は図1.3で示した20地点を対象に，年降水量の観測値と気候値の整合を調べたものである。3年間の平均降水量をみると，気候区分の15の代表地点のうち，北海道の常呂（記号：B）を除く14地点で±20％の範囲で気候値と一致した。さらに，11地点では平年比±10％の範囲に入った。バックグラウンド地点では，対馬（記号：S）を除く4地点で平年比は±20％の範囲で気候値と一致した。このことから，降水量の年度ごとの変動を考慮すれば，年平均値として有為な値を得るためには，3年間くらいは観測を継続する必要があると考えられた。

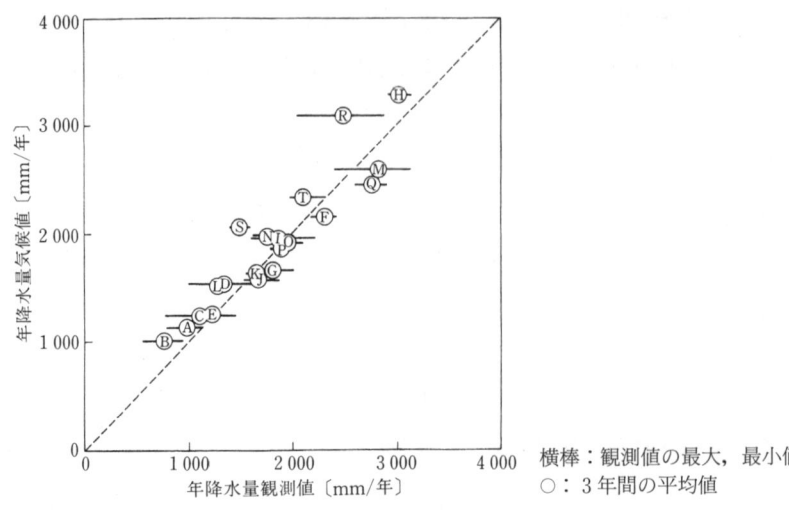

図 1.6 地点別の年降水量の観測値(横軸)と気候値(縦軸)との関係(引用先は図1.1に同じ)

1.3 湿性沈着の測定と精度

1.3.1 はじめに

　湿性沈着(量)とは,雨水および雪(あわせて降水と呼んでいる)によって地表にもたらされた化学物質(特に酸性化をもたらす酸の指標となる陰イオンなど)の量と考えられる。湿性沈着量(気象の分野では降下量という用語を使う)は酸性雨の植生など環境への長期的・短期的影響を評価するために欠くことのできない概念である。湿性沈着量は強度因子の降水中の化学成分の濃度と容量因子の降水量の積で与えられる。したがって,湿性沈着の測定と精度について議論する場合,降水中の化学成分分析法と精度や降水量測定についての問題を知っておくことが重要となる。
　降水は,大気中のエアロゾルや水溶性ガスを効率よく捕捉し地上に輸送するという特徴をもっている。したがって,降水中の化学成分は,大気の質を効果的に反映しているといえる。このような見方から,降水中の化学成分の質を化

学分析で明らかにしたり，その時間変動や地理的分布を解析することを通じて，大気汚染の現状をより正確にとらえたり，大気を通じた物質輸送に関する知識を得ようとする試みが行われてきている。いうまでもなく，最近では「酸性雨」が地球規模の環境問題の一つとして，大きくとりあげられている。すなわち，酸性雨現象の現状を的確に把握し，その変化を監視することが求められているのである。

「酸性雨」については多くの成書でとりあげられているが，ここでは雨水（降水）中の化学成分の分析法や降水量の測定について紹介する。降水中の化学成分を分析する場合，個々の降水の化学成分の変動が大きく，また試料捕集法にも依存するため，化学分析法よりむしろ試料捕集方法がきわめて重要である。そのため，試料捕集法に重点をおいて紹介する。

降水の化学成分を分析するにあたり，その目的によって試料捕集法と分析方法が選ばれなければならない。高感度・高選択性の分析法が開発されたからといって，いたずらに使用することは目的によって適切ではない。感度はよくなくても，より簡便で定評のある分析法が求められる場合もある。例えば，酸性雨の場合，多数の捕集地点を展開し，最低一雨ごとに分析する必要があり，結果として試料数が膨大となる。このような場合，簡便で迅速な分析法が望まれる。さらに，湿性沈着量を求める場合，降水量の情報が必要であるが，降水量の測定には多くの不確定性を含んでいることに注意する必要がある。要は目的によって適切な方法論を選択しなければならないが，同時に酸性雨の環境影響評価などのデータベースとして使用に耐えうる一般性と共通性が必要とされる。

湿性沈着の化学成分の分析法については，成書にまとめられているので，簡単な紹介にとどめる。陸上の酸性雨については，多くの専門家によりまとめられているが，海洋上では研究例も少なく今後の課題として残っている。

ここでは，特に東アジアの酸性雨の広域化との関連で注目を集めている海洋上の酸性雨についての問題をとりあげ，湿性沈着の測定などにある問題点を示す。

1.3.2 降水試料捕集の基本的要件（降水量など）

降水の化学成分を分析する場合，目的によっていくつかの物理要素を測定することが必要である。物理要素の中には一般気象観測項目があるが，特に降水量は最も重要な測定項目である。その理由は，降水中の化学成分の発生源・輸送・沈着機構あるいは環境影響などを明らかにするためには，降水中の化学成分の濃度ばかりでなく湿性沈着量を求める必要があるからである。

降水量の測定にはさまざまな雨量計が考案されているが，現在では転倒ます型雨量計が広く用いられ，陸上においては転倒ます型雨量計で得られた降水量が基準となっている。この方法による降水量の検定公差は雨量 10 mm 以下では 0.2 mm，10 mm 以上では 2% となっている。また，酸性雨用の捕集装置とともに転倒ます型雨量計で降水量を測定すれば，使用した捕集装置の雨の捕集効率を確かめることもできる。

ただし，降水現象そのものが不均一であり，厳密にその地域を代表した降水量を求めることは難しい問題の一つである。いい方を換えると，ある観測点で得られた降水量がどの程度の広さの地域を代表しているかという問題に置き換えることができるかもしれない。後で述べるが，海洋上では現在でも標準となる降水量の測定法はない。

そのほか，明らかにすべき目的によって，風向・風速などの気象要素（気象観測所近くで降水を捕集することが効率的），降雨強度，大気中のエアロゾル濃度測定，あるいは大気中の気体成分濃度測定が必要となる。

降水試料を捕集するにあたって，どのような時間間隔で降水試料を捕集すべきかという問題がある（もちろん，その選択は基本的には研究目的に依存する）。標準的な時間間隔としては，1時間から1か月間までの間が通常採用されている。降雨機構や降水によるエアロゾルの捕集過程を知るための指標として化学成分を用いる場合，降水強度にも依存するが，比較的短い時間間隔で降水を捕集することが必要になる（また，降水を時間ではなく降水量で捕集する場合がある。捕集単位として，0.5 mm，1 mm などで行われているが，分解能がどこまで上げられるかについては実際に調べる必要がある）。

また，遠隔地などで，捕集した降水試料の回収，容器の交換作業が困難な場合，10日から1か月の捕集間隔が実施されている例もある。このように研究目的によってさまざまな試料捕集の時間間隔がとられているが，標準的な降水捕集の時間間隔は一降水ごとである（通常は日単位に対応している。また，欠測はデータの重要度を大きく低下させることに注意しておく必要がある）。

なお，試料捕集の期間が長くなればなるほど，生物的・化学的原因による試料の変質の問題が生じるほか，得られた結果が平均的な量になる点に注意をする必要がある。一雨をとってみても，普通雨の降り始めには含まれる化学成分の濃度も高く，pHもかなり低い場合がみられる。環境に対して降水中の化学成分の影響を評価する場合，濃度と沈着量の両面から検討が必要である。このように長い時間間隔の試料捕集の場合，短い時間で起こる現象が隠されてしまうため総合的な環境影響評価が困難なケースが生じる。

得られたデータはデータベースとして，長期にわたる環境評価の使用に耐えられるものでなければならない。クロスチェックやイオンバランスの確認は簡単な精度のチェックになるが，完全ではない。方法をすべて標準化し，必要な点はデータに記載するなどのデータベースのフォーマットの確立が重要となっている。

1.3.3 雨水（降水）の捕集法

降水の捕集は目的によって，さまざまな降水の捕集装置があり適切に選択する必要がある。雨水の捕集装置は大きく分けると，2種類ある。その2種類とは，常時開放されているタイプと，捕集容器に覆いが付いていて，降雨時に覆いを開放するタイプである。前者はきわめて単純で，降水の化学成分の研究で長期にわたって使用されてきた（図1.7（a））。

この種の試料捕集装置は，降雨の直前に試料捕集面を蒸留水で洗浄する操作を行えば，質の高い試料が得られる。ただし，長期の放置の試料捕集の場合，目的によっては不適切となる。開放性の試料捕集装置で集めた試料は，生物の影響を受けない化学成分（保存成分）については，湿性沈着だけでなく一部の乾

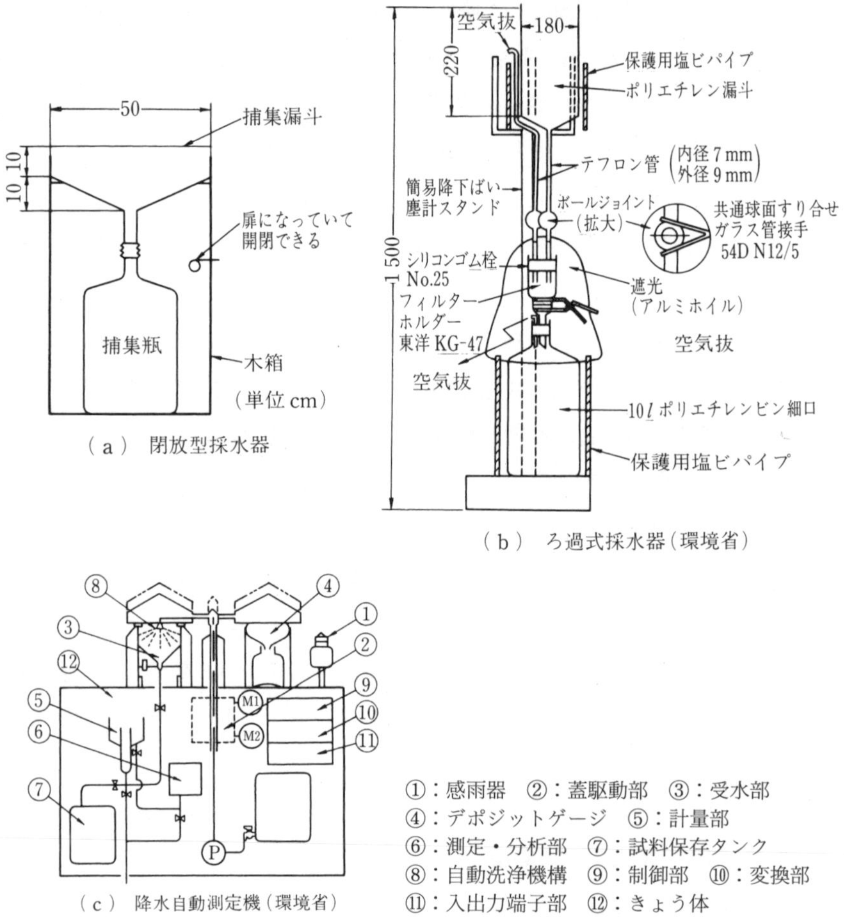

16　　　　　　　　1．酸性沈着の測定と精度

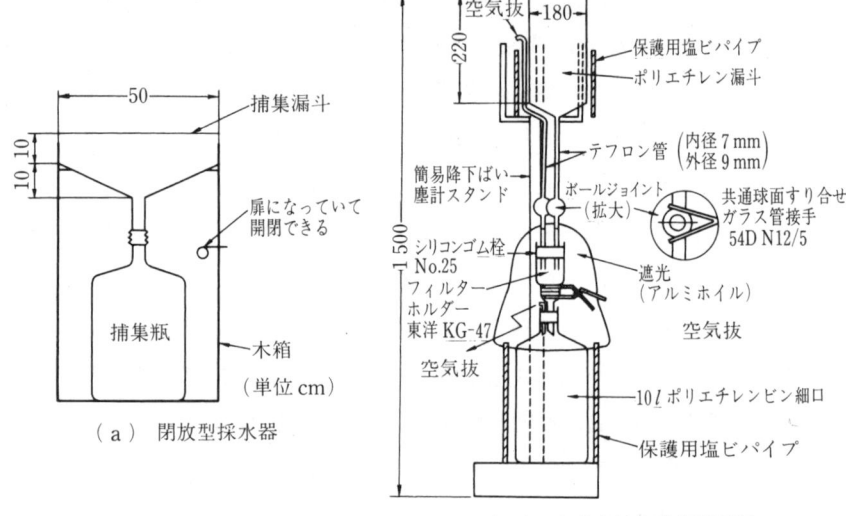

図 1.7　降水を採取するための捕集装置

性沈着の和としての沈着量となる。試料の保存性を考慮して，試料捕集部と試料の保存部にフィルターをつけた「ろ過式採水器」が考案されている（図1.7(b)）。

この場合，目詰まりを考慮してろ過には孔径 0.8 μm のメンブランフィルターを用いている場合がある。降水試料をろ過することによって，微生物の成長による影響を少なくするほか，保存されている試料中の水の蒸発を最小限に抑え

る働きや，降水中の不溶性成分を除くなどのメリットがある。

　降雨時開放型の捕集装置の中は二つの容器からなり，一方は非降水時に開放されており，もう一方は降雨センサーにより降水時に開放される構造になっている。この種の捕集装置は wet/dry sampler と呼ばれ乾性降下物と湿性降下物を分けて捕集することを意図している（図 1.7（c））。

　降水の捕集装置の受口部の大きさは，試料の代表性を考慮すると重要になる。一つの基準として雨量計の開口部の大きさ（直径 20 cm）が目安となる。実際には，目的によって異なるが，直径 20 cm の円筒状のものから，一辺が 100 cm の方形の捕集装置などさまざまな大きさと形状の捕集装置が用いられている。捕集装置の材質としては，普通，塩化ビニルやポリスチレン系の樹脂が用いられている。ただし，野外に長期に設置する場合，材質の劣化による捕集装置からの化学物質の溶出などの汚染の可能性に注意しなければならない。一方，目的によっては，例えば降水中の有機物分析などのように，材質からの汚染を避けるためガラスないしステンレス製の捕集装置を用いることが推奨されている。

1.3.4　降水試料の保存

　降水試料は捕集後ただちに分析することが望ましいのであるが，捕集地点が遠隔地などの理由で迅速に分析できない場合も多い。したがって，分析目的によっては試料の保存の問題が生じることになる。すなわち，環境影響を評価する場合，pH のように溶存形のみしか存在しない場合がこのような例にあてはまる。試料を保存する場合，化学的な影響と生物的な影響を考慮しなければならない。化学的な影響は，降水中に懸濁している粒子が徐々に溶解することがおもな原因であると考えられている（場合によっては，溶けていたものが不溶性化合物を作るような逆の現象が起こるかもしれない）。

　生物学的影響は微生物や藻の繁殖が主要な原因となる。試料を保存するためには，捕集後ただちにろ過をして懸濁粒子や微生物を除き冷暗所に保存することが適切であると考えられている。特に分析対象が有機物の場合，クロロホルム（あるいは塩化水銀（II）（$HgCl_2$））などの滅菌剤を加え冷暗所に保存する操

作が行われている（滅菌剤を使用した場合，廃液は適切に処理する必要がある）。この問題に関連して，滅菌剤なしに室温で保存した場合，カルボン酸類は時間の経過とともに分解することが知られている。ろ過に用いるろ紙としては通常メンブランフィルターが用いられている。現在のところ，メンブランフィルターの種類（例，ミリポア，ヌクレオポア，フルオロポアなど）や孔径については，統一した基準などはない。

1.3.5　降水（湿性沈着）の化学成分の分析

酸性雨に関連して，降水の化学成分の測定法および精度については環境庁によってまとめられている（**表 1.1**）。最も重要な項目は水素イオン濃度（pH）であるが，酸やアルカリに関連するイオン成分の組成や酸性物質の挙動を知るためには，降水中の主要陰イオンや陽イオンの測定をする必要がある。これらの項目について簡単に紹介する。

降水中の基本的測定項目として，pH がある。pH は次の式によって，溶液中の水素イオン濃度と関係づけられている。

$$\mathrm{pH} = -\log\,[\mathrm{H}^+]$$

ただし，厳密には，pH は水素イオン活量に近い量を求めることを目的にして考えられた概念であり，活量係数を 1 に近い条件にしているので pH は式で示したように水素イオン濃度に近い量として関係づけられているにすぎないのである。したがって，水素イオン濃度を高精度で測定しようとする場合には，pH の本来の概念を理解することが重要である。

実際には，pH はガラス電極を用いた pH メーターにより測定されている。電気化学的手法によって測定しているので，pH の値は温度，イオン強度など溶液の条件に大きく依存している。現在汎用されている pH メーターは温度補償機能がついているので，降水の pH 測定の場合には，試料の温度よりむしろ試料中のイオン強度が大きな問題となる。

通常，降水の pH を測定する場合，イオン強度が低いばかりでなく，それが個々の降水によって変化するので，pH メーターが安定した指示を与えない場合があ

1.3 湿性沈着の測定と精度

表1.1 降水成分の分析方法

イオン成分など	分 析 方 法	試料	検出限界など
pH	ガラス電極法	10 ml	0.1
電気伝導率	導電率計による方法	10 ml	0.1 μS/cm (25℃)
SO_4^{2-}	イオンクロマトグラフィー	2 ml	0.05 μg/ml
	グリセリン-アルコール法	10 ml	1.0 μg/ml
	アミノペリミジン法	5 ml	0.5 μg/ml
	トリン法	4 ml	0.1 μg/ml
	塩化バリウムゼラチン法	4 ml	1.0 μg/ml
NO_3^-	イオンクロマトグラフィー	2 ml	0.05 μg/ml
	サルチル酸ナトリウム法	10 ml	0.1 μg/ml
	銅-カドミウム還元法	50 ml	0.01 μg/ml
Cl^-	イオンクロマトグラフィー	2 ml	0.01 μg/ml
	チオシアン酸第二水銀法	5 ml	0.05 μg/ml
NH_4^+	インドフェノール法	5 ml	0.02 μg/ml
	イオンクロマトグラフィー	2 ml	0.03 μg/ml
Ca^{2+}	原子吸光法	5 ml	0.01 μg/ml
	イオンクロマトグラフィー	2 ml	0.02 μg/ml
Mg^{2+}	原子吸光法	2 ml	0.005 μg/ml
	イオンクロマトグラフィー	2 ml	0.01 μg/ml
K^+	原子吸光法	2 ml	0.01 μg/ml
	炎光光度法	2 ml	0.01 μg/ml
	イオンクロマトグラフィー	2 ml	0.02 μg/ml
Na^+	原子吸光法	2 ml	0.01 μg/ml
	炎光光度法	2 ml	0.002 μg/ml
	イオンクロマトグラフィー	2 ml	0.03 μg/ml
Fe^{3+}	原子吸光法（フレームレス）	1 ml	0.01 μg/ml
Mn^{2+}	原子吸光法（フレームレス）	1 ml	0.001 μg/ml
Al^{3+}	キノリノール吸光光度法	50 ml	0.1 μg/ml
	原子吸光法（フレームレス）	1 ml	0.01 μg/ml

（環境庁大気保全局：酸性雨等調査マニュアル「改訂版」(1990)）

る。安定しない理由として，比較電極の液絡部で塩化カリウムの流出が起こり応答が遅いのか，試料水中でゆっくりした化学反応が起こっていて平衡に達するのが遅れているのかなどの原因が考えられている。したがって，安定なpHの値を得るためには，pHメーターの指示の読取りまでの時間を決めるとか，塩化カリウムを加えて一定のイオン強度（例えば，0.02 M）にして測定する，あるいは比較電極との液絡部をキャピラリーにしてポンプで試料水を吸い上げるなどの工夫が行われている。

このような問題があるため，酸性雨に関連した観測ではpHの測定では0.1単

位（水素イオン濃度の有効数字は1桁となる）までしか読み取っていない場合が多いのである。ただし，pHメーターによる測定は，酸性雨の把握のように目的によっては精度が得られなくても簡便であり目安として有効な方法となる。また，統計処理をする場合，pHは水素イオン濃度に換算することが必要である。すでに述べたように，pHは本来が熱力学的概念として発達してきた。したがって，環境試料の測定への応用までは大きな飛躍があると考えるべきだろう。pHメーターで簡単に数字が得られるという点で，降水のpHの測定の標準化が遅れているのが現状である。

　簡易的にpH試験紙で降水中の水素イオン濃度を知ろうとする試みもあるが，降水はイオン強度が低い（電気伝導率が低い）ばかりでなく，ほとんど緩衝能がないため，試料のpHではなくpH試験紙の指示薬の酸解離の結果としてのpHを測定することになり，特に，試料のpHが中性に近い場合大きな誤差を生じることになり注意をする必要がある。

　降水中の主要陰イオン成分として硫酸イオン，硝酸イオン，および塩化物イオンをあげることができる。これらの陰イオンは降水の酸性化に寄与する硫酸，硝酸，塩酸の量の指標である。硫酸イオンについては人類活動による化石燃料の燃焼によるもの，火山などから放出された二酸化硫黄に由来するもの，天然の生物過程により放出されたジメチルサルファイドの酸化の結果生成するもの，あるいは海塩に由来するものなどがある。

　硝酸イオンについては，おもに自動車などの廃ガス，化石燃料の燃焼あるいはバイオマスの燃焼に由来すると考えられている。また，塩化物イオンはおもに海塩に由来するが，燃焼起源も無視できない場合があることが知られている。通常，硫酸イオンについては海塩性と非海塩性に分けて解析されている（Na^+もしくはMg^{2+}をすべて海塩起源と仮定して，海塩のイオン組成から海塩性SO_4^{2-}を評価する。観測値から海塩性SO_4^{2-}の差は非海塩性SO_4^{2-}となる）。

　これらの陰イオン成分の分析法には各種の方法があるが，現在は少量の試料でこれらの陰イオンを同時定量できるイオンクロマトグラフ法が広く用いられている。降水のpHが高い場合には，炭酸水素イオン（HCO_3^-）なども重要な

陰イオン種となる。

降水中の主要陽イオン成分としては，アンモニウムイオン，ナトリウムイオン，カリウムイオン，カルシウムイオン，およびマグネシウムイオンがある。これらの成分は降水中のイオンバランスとの関連で重要となる。ナトリウムイオンやマグネシウムイオンはおもに海塩に由来するが，土壌からの寄与も無視できない場合がある。カルシウムイオンはおもに土壌起源と考えられている。

降水中のナトリウム，カリウムの測定には原子吸光法または炎光光度法が用いられている。一方，カルシウム，マグネシウムについては原子吸光法が利用されている。アンモニウムイオンについてはインドフェノール法とイオンクロマトグラフ法がある。最近，これらの陽イオンが一シリーズで測定できることから，イオンクロマトグラフが汎用されている。

1.3.6 洋上の酸性雨

日本周辺の海洋上の酸性雨の研究は東アジアの酸性雨の広域化を検証するために重要である。しかし，東アジア周辺海域の海洋上の湿性沈着量については限られた研究しかない。最近，気象庁では，海洋上の酸性雨の現状を明らかにするために，観測船を用いて観測研究を実施した。その結果によると，観測船による降水の捕集例のうち，半数以上がpHが5以下であり，中には約4の値も出現するなど，海洋上でも海域（日本海・東シナ海）によっては比較的強い酸性雨が降っていることがわかった（ちなみに，海水のpHは約8.2で弱アルカリ性である）。

普通，海洋で降水が観測される場合，多くは悪天候のために，たとえ停船していたとしても船体の動揺が大きく，陸上の雨量計をそのままもち込んでも，陸上と同じ水準の降水量を求めることは困難である。船舶用に開発された電磁弁式雨量計が用いられている場合があるが，開口部を風の方向に向ける傾向があり捕集量が多くなる傾向がある。また，この雨量計では航走中の雨量の観測はできない。このように，海洋上の降水量が評価できないため，海洋への湿性沈着量を求めることができていない。

そのほか，観測船の場合，捕集装置へ海水の飛沫の混入が避けられないばかりでなく，船舶それ自身が酸性汚染物質の発生源であることによる影響もある。このように，酸性雨の実態を知るための湿性沈着の評価には，試料の捕集など入口のところで解決しなければならない問題が現在も残っている。

1.4　乾性沈着の測り方

1.4.1　は　じ　め　に

「酸性雨」という言葉を聞いたことのない読者はたぶんいないと思うが，この言葉が代表するように，大気中に放出された汚染物は，雨や雪などさまざまな形の降水に溶け込んで地上へ運ばれる。この過程をまとめて湿性沈着という。ところが，雨が降っていないときにも大気汚染物は地上の樹木，農作物，建造物などに絶えず付着してくる。つまり，汚染物が降水に溶け込むことなく，地上に運ばれる過程が存在するわけで，これを乾性沈着と呼んでいる。大まかな推定によれば[16]，日本のように比較的雨量が多い国においてさえ，通年の乾性沈着量は湿性沈着量とほぼ同程度であるといわれている。

したがって，地球規模でみた場合，雨の少ない国々では乾性沈着のほうが湿性沈着よりも多いということは十分考えられる。しかし，酸性雨のことは新聞やテレビにしばしば登場するが，乾性沈着についての報道はほとんどないといってもいいすぎではない。いま述べたように，乾性沈着は湿性沈着に比べて決して少ないわけではなく，双方をきちんと把握して初めて汚染物の全沈着量がわかるのである。それにもかかわらず，乾性沈着がこれまで話題になることが少なかったのはなぜだろうか？　それは，乾性沈着を観測することが，湿性沈着の場合よりも格段に難しく，正確な観測データが非常に不足しているからにほかならない。

雨によってどれくらいの汚染物が降ったかを測る方法は多くの読者がすぐに思いつくことだろう。適当な容器で雨を集めて，化学分析によってその中に含まれるいろいろな汚染物の濃度を求め，気象観測により測られる降水量と掛け

1.4 乾性沈着の測り方

算をすればよいのである．それでは，乾性沈着を測るにはどうすればよいだろうか？　まず，雨が降っていないとき，大気中の汚染物が地表面に運ばれる仕組みを知る必要がある．雨滴は重力の作用で文字どおり「降って」くるのであるが，雨のない場合汚染物は空気中を行方もなく漂っていて，植物，土壌，水面あるいは建造物などの表面と接触したときに，その表面との相互作用を通してある確率で空気から表面に移るのである．汚染物が大気中を漂う様子は，風や対流の影響を受けて雨滴の落下とは比較にならないほど複雑である．地面からかなり離れた上空の空気の動きだけでなく，沈着面のごく近傍の空気の微妙な動きが乾性沈着を支配することがある．

植物を例にとれば，広葉樹と針葉樹のように葉の形の違いによって沈着量が変わることが知られている．また，沈着対象の形だけでなく，表面の性質や状態にも依存する．同じ葉でも乾いているときと湿っているときとでは沈着量が違うのである．雨なら，ある範囲を限って考えれば木々に降る雨，湖沼に降る雨，建物に降る雨，すべて同じだけの汚染物を含んでいるが，乾性沈着で運ばれる量は，例えば森林と畑地と湖沼とがごく狭い範囲に隣接していたとしても，それぞれに対して大きく異なるのである．このように乾性沈着は，その過程そのものが込み入っているため，沈着量の観測も非常に難しい問題となる．この節ではそれをなるべくわかりやすく説明することを試みよう．

1.4.2　乾性沈着の測定法[17]

(1)　沈着物の直接定量

まず最も素朴に考えると，雨の場合と同様バケツのような容器で乾性沈着物を捕集するというやり方が頭に浮かぶ．しかし先に記したとおり，沈着対象面の形や性質に依存するという乾性沈着の特徴を思い出せば，この方法が一般的でないことはすぐに理解できるだろう．端的にいえば，バケツを使って測れるのはバケツに対する乾性沈着量だけなのである．例外的にバケツ法が有効なのは，大きな粒子状物質の沈着量を測る場合である．大きさが数十 μm より大きい粒子は主として重力沈降によって地表へ運ばれる．

この過程は雨滴の落下と本質的に同じで，沈着面の材質によらない。したがって，雨と同じ方法が使えるわけである。しかし粒子が小さくなると，その動きは気体に似て単純な落下ではなくなり，バケツの存在自体に影響されるようになるので，バケツで捕集される量はその周囲の地面への沈着量と同じとはいえなくなる。

風が非常に強いときには，雨滴でさえ重力落下とは異なる動きをするため，雨量計（一種のバケツ）で降雨量を正確に測ることができなくなるが，微小粒子の乾性沈着をバケツで測ることができないのもこれと同じことといえる。気体汚染物の乾性沈着に対してバケツ法が無力なことはもう説明するまでもないだろう。

汚染物の沈着の多少はフラックスという量で表される。これは単位時間内に単位面積に沈着する物質の量である。したがって，目的とする沈着面そのものの決まった面積を対象として，決まった時間内に沈着した汚染物の全量を定量できる場合には最も直接的にこのフラックスを評価できる。

例えば，樹木の葉への乾性沈着フラックスを求めるために，葉に定期的に蒸留水を散布したり，脱イオン水をためた袋に入れたりして沈着物を洗い出して分析するというやり方が使われることがある[18]。また，森林内外で雨水中の汚染物濃度の差を測って，自然の雨で洗い流される乾性沈着物の量を評価する，という考え方に基づく方法もある[19]。しかしこれらの方法が有効なのは，水溶性でしかも木の葉自体からの溶脱がないものについてだけであるし，なにより相当手間がかかるということは容易に想像できる。

また別の例をあげると，建造物の側壁へのフラックスを測りたければ，何枚かのタイルを取り外せるようにしておいて，一定期間ののちタイル表面の沈着物を回収する，といった方法が考えられるが，これも一般の建物について適用することはできない。沈着量が沈着面に対する依存性をもつ，ということが乾性沈着の特徴の一つであり，一方，地球上には多種多様な面があるから，それらの面への沈着物を直接定量するというやり方は一般的な測定法にはなりえない，ということは理解していただけると思う。

(2) 渦相関法

　もしも，沈着面から離れたところでフラックスを測ることができれば，表面への依存性という束縛を逃れて，もう少し一般性のある乾性沈着の測定法となると考えられるが，ある条件のもとではこのような測定が可能であることがわかっている。その条件の一つは，沈着面の広がりが大きくて沈着面とその上の大気の状態が水平方向に一様とみなせる，ということである。もう一つは，沈着物質が大気中の化学反応によって変化したりしない，ということである。これらの条件が満たされるとき，沈着フラックスは鉛直方向の物質移動のみによって決まり，しかも鉛直方向に一定となる。したがって面から離れた位置でフラックスを測れば，それが直下の面への沈着フラックスに等しいことになる。

　それでは，面から離れた位置，つまり大気の中でフラックスを測るにはどうすればよいだろうか？　ここで，空気の流れとフラックスの関係を考えてみよう。問題とする汚染物の大気中濃度を C，鉛直方向の空気の流れの速さを w で表し，風が上向きのとき $w>0$ とする。大気中で気流とともに動く水平な面積 S を考えると，単位時間内の移動距離は w であるから，wS という体積の中に含まれる物質が気流によって単位時間内に運ばれるわけで，その量は wSC である。したがって，単位面積当りの移動量すなわち鉛直方向のフラックスは wC となる。正のフラックスは上向き，負なら下向きである。

　このように，目的とする物質の濃度と鉛直方向の風速とを測定すればフラックスが求められることになる。ところがこの測定は実際にはそれほど簡単ではない。その事情を理解するために，w と C を平均値とそのまわりの変動に分けてみる。平均値を $\langle\ \rangle$，変動を $'$ で表せば

$$w = \langle w \rangle + w'$$
$$C = \langle C \rangle + C'$$

これらから平均フラックス F は，$\langle w' \rangle = \langle C' \rangle = 0$ を考慮すると

$$F = \langle wC \rangle = \langle (\langle w \rangle + w')(\langle C \rangle + C') \rangle = \langle w \rangle \langle C \rangle + \langle w'C' \rangle$$

となるが，地面に空気の出入口はないから，$\langle w \rangle$ は表面付近でほぼ 0 となって第 2 項が残る。

$$F = \langle w'C' \rangle \tag{1.1}$$

式 (1.1) は，風速と濃度の細かい変動の間の相関が大きければ，いいかえると，$|w'|$ が大きいときに同時に $|C'|$ も大きくなる，といった関係があれば，フラックスの絶対値が大きい，ということを表している。風速の変動 w' は空気の乱れの原因である渦によって生じるので，式 (1.1) に基づいてフラックスを測る方法を渦相関法と呼んでいる。

式 (1.1) から，フラックスを求めるためには，鉛直方向の風速と汚染物濃度の微小な変動を精密にとらえなければならないということがわかる。具体的には少なくとも 0.1 秒程度の応答速度の測定が必要となる。まず w' については，空気中を伝わる音波の速度が風速の影響を受けることを利用する超音波風速計という測定機があるが，これを使えば上記の応答速度で風速を測ることができる。しかし，濃度の変動 C' の測定のほうは非常に厳しいのが現状である。通常問題となる汚染物，窒素酸化物，オゾン，二酸化硫黄，あるいは粒子状物質などを対象とする種々のタイプの測定機が考案されているが，0.1 秒という速い応答のものはきわめて限られていて，ほとんどすべてが研究用に作られた特別な装置である。

おそらくただ一つの例外と思われるが，ドイツで市販されているオゾンの測定機で渦相関法に使える性能のものがあるので，これの概要を図 1.8 に示した[20]。これはオゾンとある種の色素との反応により発生する化学発光を観測することにより高速応答のオゾン濃度測定を実現している。図 1.9 は測定結果の一例で，上段が鉛直風速，下段がオゾン濃度の変動である。注意深くみると，両者には負の相関，つまり $|w'|$ が大きいときに $|C'|$ も大きく，かつ符号が逆という関係があるのがみてとれる。これは，負のフラックス，すなわち上（大気）から下（地表面）へ向かう沈着フラックスがあることを意味している†。

---

† 例としてオゾンを示したが，じつをいうとオゾンは，NO をはじめとする種々の物質と反応するので，先に記した条件の一つ，「大気中の化学反応により変化しない」を満たさない。したがって，実測されたオゾンの下向きのフラックスが乾性沈着フラックスを表すかどうかについては，反応の寄与についての検討が必要である。

1.4 乾性沈着の測り方

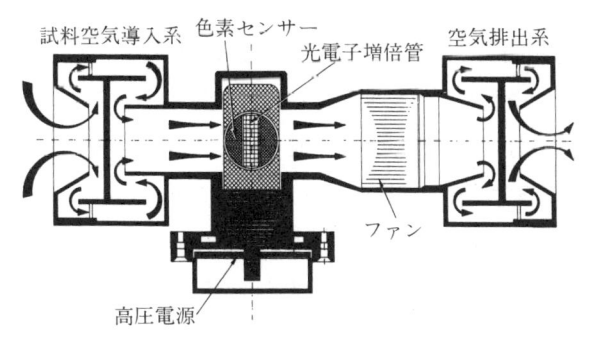

図 1.8 Gusten らが開発した高速オゾン濃度測定器 (H. Gusten G. Heinrich, R.W.H. Schmidt and U. Schurath : A novel ozone sensor for direct eddy flux measurements, J. Atmos. Chem., **14**, 1-4, pp.73〜84 (1992) ; H. Gusten and G. Heinrich : On-line measurements of ozone surface fluxes : Part I. Methodology and instrumentation, Atmos. Environ., **30**, 6, pp. 897〜909 (1996)から引用)

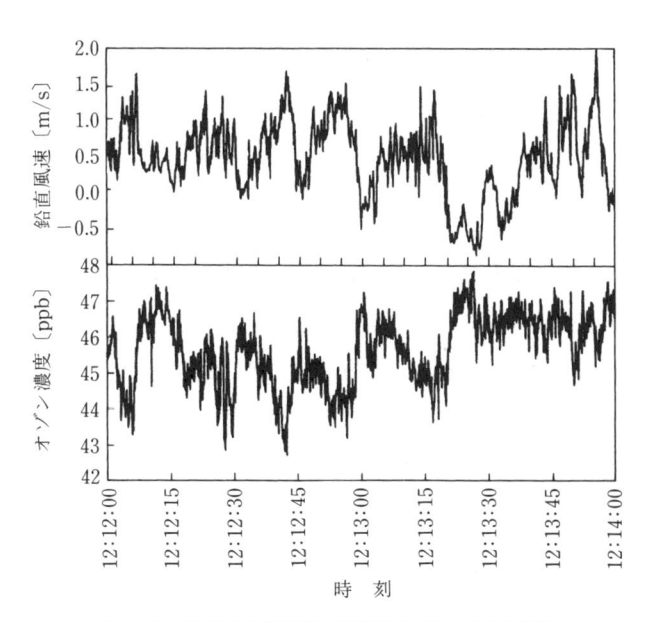

図 1.9 渦相関の測定例（引用先は図1.8に同じ）

（3） 濃度勾配法

　上に述べた渦相関法は原理的には優れた方法であるが，実際上速い応答の濃度測定が困難で，それによって適用性が非常に限定されている。もっと利用しやすい測定機で乾性沈着フラックスを測ることはできないのだろうか？　「できる」，というのが答で，その方法の一つが濃度勾配法である。これは，大気中の物質が空気の乱れ（渦）によって運ばれる際，移動の方向は濃度の勾配と逆（濃いところから薄いところへ）でフラックスの絶対値が濃度勾配に比例するという関係

$$F = -\frac{K \partial C}{\partial z} \tag{1.2}$$

に基礎をおく方法である。ここで，z は沈着面からの鉛直距離で，したがって $\partial C/\partial z$ が鉛直方向の濃度勾配を表す。比例定数 K は渦拡散係数と呼ばれる。式（1.2）は分子拡散に対する Fick の式と形式的には同じであるが，分子の熱運動よりもずっとマクロな空気の渦運動による拡散を表すもので，K は分子拡散係数より 4 桁程度大きな値をもち，また分子拡散係数と異なって物質の種類に依存しない。

　さて，式（1.2）からわかることは，なんらかの方法で拡散係数と濃度勾配とを知ることができればフラックスが求まる，ということである。まず，濃度勾配を測るのはそれほど難しいことではない。いくつかの高度で濃度を測定してプロファイルを観測すればよいのである。たいていの場合は，適当な高度差 $\varDelta z$ の 2 点で濃度を測り，濃度差 $\varDelta C$ を用いて $\partial C/\partial z \sim \varDelta C/\varDelta z$ と近似する。

　丈の低い農作物への沈着を測定する場合には高さ数 m のポールを立てれば十分であるが，森林を対象とするときには，樹高よりも高いタワーが必要となる。また，上下の濃度差は 1 ％以下になることもあるので精度のよい測定機が要求される。とはいえ，この条件は渦相関法に必要な高速応答の条件に比べればはるかにゆるやかで，窒素酸化物，オゾン，二酸化硫黄などに対して，必要な性能の測定機を市販品の中からみつけることが可能である。$\varDelta C$ の測定精度を高くするため，1 台の測定機で流路を切り替えながら異なる高度における濃度を測る

のが普通である。

　式(1.2)に現れるもう一つのファクターである K の求め方であるが,渦相関法のところで登場した超音波風速計が使えるときには,これで熱フラックスを測るという方法がある。超音波風速計によれば,風速の温度依存性に基づいて,気温 T の微小な変動 T' を同時に測定することができる。そうすると,

$$H = C_p \rho \langle w'T' \rangle \tag{1.3}$$

によって熱フラックス H が求まる。ここで C_p と ρ はそれぞれ空気の定圧比熱と密度である。$C_p \rho T$ が単位体積の空気に含まれる熱量であるから,物質の場合の濃度 C に相当する量で,式(1.3)と式(1.1)は,運ばれるものが物質と熱という違いはあるが,本質的に同じ内容を表している。この類似性を考えると,熱の場合に式(1.2)に対応する関係があるはずで,それは

$$H = -\frac{K_h C_p \rho \partial T}{\partial z} \tag{1.4}$$

である。いうまでもなく $\partial T/\partial z$ は温度勾配,また,K_h は熱に対する拡散係数である。K と K_h の関係についてはいまなお多くの議論があるのであるが[21],幸なことに,多くの場合両者はほぼ等しいと考えてよいといわれている。この近似を使うことにすれば,式(1.3),(1.4)から

$$K \sim K_h = -\frac{\langle w'T' \rangle}{\partial T/\partial z} \tag{1.5}$$

となることは容易にわかる。すなわち,超音波風速計によって $\langle w'T' \rangle$ を測り,一方,ポールまたはタワーで濃度勾配と並行して温度勾配 $\partial T/\partial z$ も測ることにより,式(1.5)から K が得られるというわけである。

　高価な超音波風速計を使わないやり方もある[22]。それは地表面でのエネルギー収支の関係から K を決めるものである。地表面が熱的に平衡にあれば,入ってくるエネルギーと出ていくエネルギーは釣り合っているはずである。それを式で表すと

$$R = H + E + G \tag{1.6}$$

となる。各項の意味はつぎのとおりである。

R：正味の放射エネルギーフラックス，つまり大気から地面への放射エネルギー（主として太陽光）と地面から大気へのエネルギー（地面からの熱放射）の差：$R>0$ のときフラックスは下向き（大気→地面）とする。

H：式 (1.3)，(1.4) ですでに現れた熱フラックス：$H>0$ のとき上向き（地面→大気）である。

E：地表面における水蒸気の凝結あるいは水の蒸発に伴う潜熱：$E>0$ のとき，蒸発，すなわち水蒸気のフラックスが上向きである。

G：地表面から地中に流れるエネルギー。

式 (1.6) の各項のうち，E は水蒸気のフラックスに蒸発の比潜熱 L を掛けたものである。

$$E = -\frac{LK\partial e}{\partial z} \tag{1.7}$$

ここで，e は水蒸気の濃度である。式 (1.7) と (1.4) を式 (1.6) に代入して，K と K_h を等しいとみなせば

$$K = -\frac{R-G}{\rho C_p \partial T/\partial z + L\partial e/\partial z} \tag{1.8}$$

を導くことができる。式 (1.8) の右辺で，R と G はそれぞれ放射収支計，地中熱流板という装置で測ることができるし，$\partial e/\partial z$ は乾湿計により湿度のプロファイルとして測定される。そうするとこの式から K が求められることになる。この方法による沈着フラックスを観測する設備の概要を**図1.10** に示した。

（4） 物質収支法

これまでに述べてきたのは沈着フラックスの測定法である。フラックスの大きさはもちろん沈着する物質の濃度に依存するが，濃度は汚染の状況によって変化するので，乾性沈着の起こりやすさの尺度として汚染の程度によらない量を定義するのが望ましいと考えられる。通常フラックスは濃度に比例するとしてよいので

$$F = V_d C$$

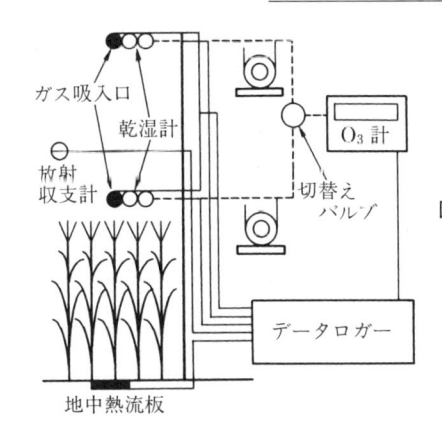

図 1.10 熱収支法による乾性沈着フラックス測定設備の一例（金元植，伊豆田猛，青木正敏，堀江勝年，戸塚 績：コムギ群落による二酸化炭素とオゾンの収着能力の評価，第 36 回大気環境学会年会講演要旨集，p.494（1995）から引用）

とおけば，比例定数 V_d をそのような尺度として使うことができる。V_d は速度の次元をもつので沈着速度と呼ばれ，沈着物質の種類，大気の気象的条件および沈着面の性質によって決まる量である。上に記したフラックスの測定法には濃度の測定が伴うから，得られたフラックスを濃度で除すれば沈着速度を導くことができる。また，限られた空間における物質収支を調べることにより V_d を直接求める方法もある。

その一つは，長方形の地表面を底面とする大気層を閉じた箱と考えて，この箱の中の物質収支から底面への沈着量を評価する方法で，**図 1.11** にその概念を示す。相対する鉛直な 2 面が風向に垂直となるように箱を設定し，その高さを h，風向に沿う長さを x とする。箱の両端面を通過する風による流入・流出と底面への沈着以外に物質の出入りがないものとすると

$$（風による流入量）-（風による流出量）-（底面への沈着量）=0 \quad (1.9)$$

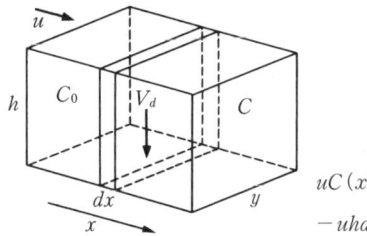

$$uC(x)\,hy - uC(x+dx)\,hy - V_d C(x)\,dxy = 0$$
$$-uh\,dC(x) - V_d C(x)\,dx = 0$$

図 1.11 物質収支法による乾性沈着速度測定の概念図

となる。図 1.11 とその説明に示してある物質収支の式を眺めて，少し考えればわかると思うが

$$\ln \frac{C_0}{C} = \frac{V_d x}{hu} \qquad (1.10)$$

の関係が導かれる。ここで，C_0，C はそれぞれ箱の入口，出口断面における汚染物の平均濃度，u は風速である。この方法が使えるためには，式 (1.9) で表される単純な収支関係が成立するような地理的および気象的条件を選ぶ必要があることはいうまでもない。前提条件は，① 混合層がよく発達していて，その高さが一定であること。このとき h を混合層高度に等しくとれば，箱内の高さ方向の濃度勾配はほぼ一様で，C_0/C を x だけの関数とみなすことができる。② 風向，風速が一定であること。③ 箱の中の底面に物質の発生源がないこと，などである。これらの条件が満たされやすい地形として湖水面を対象として，この方法が適用された例がある[24]。1.4.2 項 (1)～(3) の方法がいわば点測定であるのに対して，この方法では地域平均値が得られるという特徴がある。

文字どおりの箱の中に沈着面（例えば，土壌や植物）を置き，沈着物質の濃度変化から沈着速度を求めることもある[25]。箱の中になにも置かない場合のブランク値をあらかじめ測定しておいて差をとり，正味の濃度変化速度を測る。その 1 次減衰定数を α，箱の中に置いた沈着面の面積を S，箱の体積を V とすれば

$$V_d = \alpha \left(\frac{V}{S} \right)$$

によって沈着速度が与えられる。静止空気中での沈着を測る代わりに，風洞などの流通系を用いることもある。この場合は，式 (1.10) と実質的に同じ式で V_d が得られる。これらの方法は室内実験として行うことができるが，気流の状態が実大気中とは異なることに注意が必要である。また，植物を対象とするときには，それを箱の中に入れることにより沈着速度が影響を受けないことを確かめなければならない。

1.4.3 お わ り に

　乾性沈着測定法のおもなものを解説したが，このほかにも数多くの方法が提案され試みられている。しかし，どれをとっても特殊な装置が必要であったり，あるいは非常に手間がかかったりして，ルーチン的に実行可能なものはいまのところ一つもない，といっても過言ではない。この点が湿性沈着と大きく異なっている。そのうえ，ここで紹介した方法でさえ，その適用性が理論的に十分検討されているとはいえない。

　多くの読者がすでに気づかれていると思うが，1.4.2項（2）で述べた「水平一様性」はもちろん理想化された条件で，現実の環境にはあてはまらない。山岳地での沈着フラックスを測ろうとすると 1.4.2項（1）の直接定量法に頼らざるをえないし，地表の凹凸が極端に激しい都市域での測定に至っては "hopeless" という専門家さえいる。

　しかし一方で，例えば硝酸を含めた含窒素汚染物は都市での乾性沈着を考えに入れない限り放出量−沈着量のバランスがとれないことが明らかになっていて，どのようにしてデータを得るかが重要な課題である。このような現状からわかるとおり，乾性沈着というのは，未解決の問題を多く抱えていて，旺盛なパイオニア・スピリットをもつ研究者の出現が渇望されている分野なのである。

1.5　霧と樹幹流の測定法

1.5.1 は じ め に

　近年，欧米のみならず，日本国内においてもモミ（神奈川県丹沢大山，福岡県宝満山），マツ（瀬戸内海沿岸部），シラカンバ・ダケカンバ（群馬県赤城山，白根山）などの山間部における樹木の立ち枯れが問題となっている。この原因として，酸性物質の影響が指摘されているが，このほかにも気象条件，病害虫などさまざまな要因の複合影響も考えられることから，樹木の立ち枯れの原因としては現在のところ明確な結論が得られていない。また，森林生態系にもたらされる酸性物質の沈着量を正確に把握することは難しく，このことも森林衰

退と酸性沈着との因果関係の解明を困難にしている。

酸性沈着は湿性沈着（降水）と乾性沈着に大別されるが，湿性沈着には雨のほかに雪や霧も含まれ，湿性沈着と乾性沈着の中間的な存在として露や霜がある（図1.12）。露や霜が被沈着物の表面上に生成していると乾性沈着量が増加することが指摘されており，酸性沈着による環境影響を明らかにするうえで露や霜の存在も無視することはできない。これらの酸性沈着のうち，雨の捕集は比較的容易であることから，雨水の化学組成や降雨に伴う酸性物質の沈着量に関する報告例は多い。しかし，雨以外の沈着形態は捕集が困難であり，特に霧や露の化学組成や沈着量に関しては報告例があまりない。

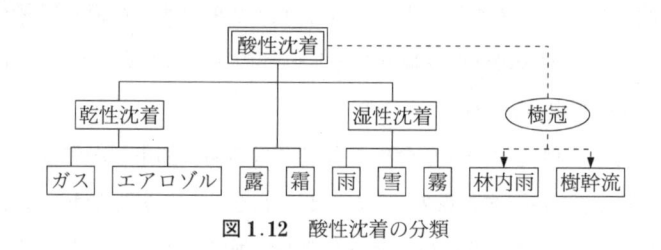

図1.12 酸性沈着の分類

ここでは，降水の捕集法について全般的に紹介するとともに，酸性沈着の森林生態系に及ぼす影響を解明するうえで特に重要な霧水と林内雨・樹幹流の捕集法，およびその留意点，問題点などについて解説する。

1.5.2 霧と樹幹流

森林にもたらされた雨滴は樹冠に付着し，やがて大粒の水滴となって落下したり，枝葉から幹を伝って流下して林床に達する。前者を樹冠滴下雨，後者を樹幹流（樹幹流下雨）といい，樹冠に触れずに直接林床に達する樹冠通過雨と樹冠滴下雨をあわせて林内雨と呼んでいる（図1.12）。一部の雨水は樹冠上で蒸発して大気に戻る。これを樹冠遮断雨という。霧が頻繁に発生する沿岸部や山間部の森林生態系では，雨に加えて霧により林内雨量や樹幹流量が増加する。このような現象は，"樹雨（きさめ）"として古くから知られていた。

霧粒の平均粒径は約 $10\ \mu m$ であり，雨滴径（平均粒径約 $100\ \mu m$）よりも小

さいために，霧粒は雨滴に比べて大気中での滞留時間が長く，単位体積当りの表面積が大きくなる。さらに，霧は地表面付近に発生することから，大気中からさまざまな汚染物質を雨よりも効率よく洗浄する。また，霧の大気中の水分量は雨よりも小さいので，同じ量の大気汚染物質が霧水と雨水に取り込まれたとしても，霧水では雨水に比べて汚染物質を高濃度に含むことになる。このように，霧水は森林生態系に水分を供給するばかりではなく，大気が汚染されている場合には，さまざまな大気汚染物質を森林生態系にもたらすことになる。例えば，アメリカ合衆国南東部に位置するアパラチアン山脈亜高山帯のバルサムモミ林には，霧水沈着量として降雨量の46%，霧水による化学種の沈着量は雨水の150から430%に達することが報告されている[26]。

1.5.3 霧の捕集方法

霧の捕集原理は慣性衝突に基づいている。すなわち，ガス分子はきわめて小さい(10^{-4} μmのオーダー)のでつねに大気の流れに沿って運動しているが，霧粒はガス分子よりも大きく，大気中に細線などの障害物があると，その慣性のために大気の流れからはずれて障害物に衝突し，大気中から除かれることになる。しかしながら，この捕集方法では，共存するエアロゾル(浮遊粒子状物質)を原理的に完全に分離することができないという欠点がある[27]。

実際の霧の捕集装置にはさまざまなものが用いられているが，動力を用いるアクティブ型と，自然風を利用するパッシブ型の2種類に大別される(図1.13)。

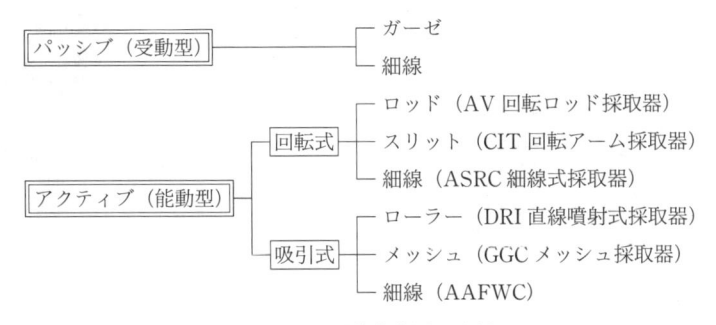

- パッシブ(受動型)
  - ガーゼ
  - 細線
- アクティブ(能動型)
  - 回転式
    - ロッド(AV回転ロッド採取器)
    - スリット(CIT回転アーム採取器)
    - 細線(ASRC細線式採取器)
  - 吸引式
    - ローラー(DRI直線噴射式採取器)
    - メッシュ(GGCメッシュ採取器)
    - 細線(AAFWC)

図1.13 霧捕集装置の分類

おもなアクティブ型捕集装置には，被衝突物自体を回転させて霧粒を捕集する回転式と，空気を吸引して霧粒を被衝突物に衝突させる吸引式とがあり，これらは被衝突物（ロッド，スリット付きアーム，細線，ローラー，メッシュなど）の違いにより，それぞれ3種類に分類される．アクティブ型では電源を必要とするために捕集場所が限られる（乾電池やバッテリーを用いる場合にはこの限りではない），霧の発生と同時に装置を作動するために常時観測者を必要とするなどの欠点がある．

後者に関しては，図 1.14 に示すような自動霧水捕集装置（automatic active fog water collector : AAFWC）を用いることにより解決することができる．このタイプの装置は現在，日本でも比較的多く用いられている．この装置では，センサー部が霧の発生を感知すると，自動的にファンが作動して空気を吸引する．空気とともに吸引された霧粒は，雨の混入を防ぐためにフード内に納められたテフロン細線（直径 0.4 mm）を多数張ったネットに導かれる．霧粒が細線と衝突すると液滴となり，さらに霧粒が衝突することにより液滴が成長すると，液滴は自重により細線を伝って落下して冷蔵庫内に備え付けられたテフロン容器内に集められる．容器内に霧水が一定体積たまると，ターンテーブルが回転し

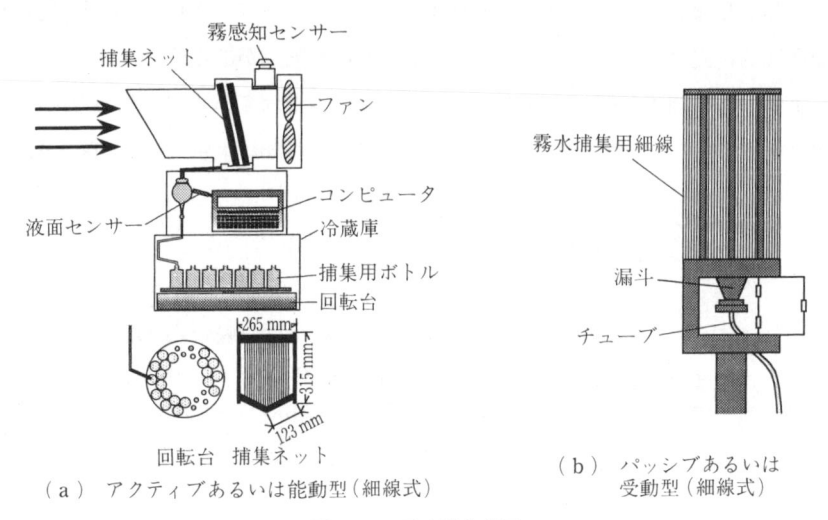

(a) アクティブあるいは能動型（細線式）

(b) パッシブあるいは受動型（細線式）

図 1.14 霧水捕集装置

てつぎの容器に霧水が捕集される仕組みになっている。なお，霧の発生および消滅時刻，ターンテーブルが回転した時刻はすべてコンピュータに記録される。

AAFWCは定期的にテフロンネットを洗浄し，保存容器を新しいものと交換するだけで手間がかからずに霧が捕集できるという利点があるが，濃い霧が長時間発生した場合には容器が不足するためにすべての霧水が捕集できない，薄い霧が間欠的に発生した場合には霧水量を過小評価してしまうなどの欠点がある。また，装置が大きいために広い場所を必要とする，装置が高価であるなどの問題点もある。

パッシブ型の霧捕集装置では被衝突物の違いにより，ガーゼトラップ法と細線式（細線を円筒状に鉛直に多数張ったもの（図1.14）とに分けられる。パッシブ型では電源を必要としないために設置場所を自由に選択できるが，霧が薄く風が弱いような場合には霧水捕集量が少なく時間をかなり必要とする。また，ガーゼや細線を通過した空気量を把握できないので霧水量（liquid water content：LWC）を求めることができないなどの欠点がある。しかし，パッシブ型捕集装置は比較的安価に自作可能であり，濃い霧が頻繁に発生する山間部では有効な方法である。

1.5.4 林内雨と樹幹流の捕集方法

林内雨や樹幹流の捕集は，酸性物質が樹冠に及ぼす影響を調べるうえで重要である。日本では試料の安定性の面から，林内雨の捕集には林外雨（降雨）の捕集に広く用いられているろ過式捕集装置が推奨されている[28]。この捕集装置は孔径0.8μm程度のフィルターを備え付けた漏斗を保存容器上部に接続した構成になっており，捕集された試料の蒸発や捕集容器内での微生物の混入による試料の変質を防ぐことができる。林内雨は幹からの距離，枝の張り具合，葉の茂り方などにより変化するので捕集装置の設置場所の選定が困難である。また，1地点だけでは試料の代表性に問題があるので，通常は森林内部に捕集装置を数個設置してその平均値を用いている。

樹幹流の捕集には，図1.15に示すような塩化ビニルチューブを輪切りにした

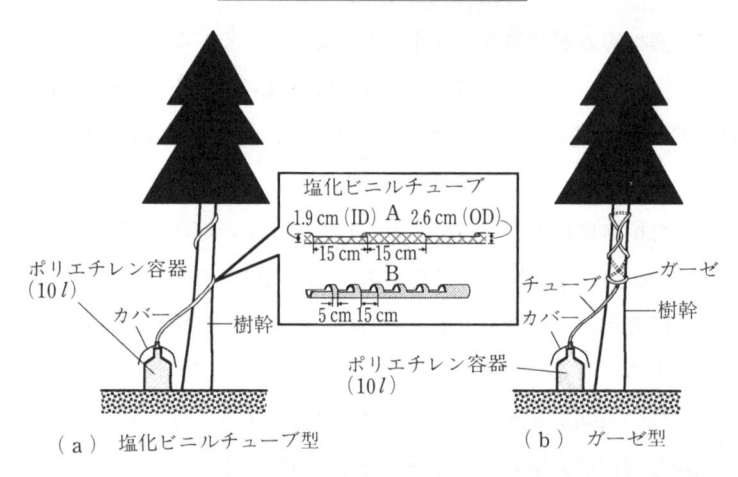

図 1.15 樹幹流捕集装置(酸性雨調査法研究会：酸性雨調査法—試料採取，成分分析とデータの整理—，ぎょうせい，p.401(1993)から引用)

り，適当な穴を設けて幹にら旋状に巻き付けたものや，ガーゼを軽くねじり，たすき状に幹に巻き付けたものが用いられている[29]。塩化ビニルチューブの代わりに，シリコンチューブ，ゴムホース，ビニルシートなども用いられている。チューブ（ホース）型では樹皮に損傷を与えることが多く，捕集された試料に樹液が混入したり，チューブと樹幹とのすきまを埋めるために用いる接着剤からの汚染が起こる可能性がある。一方，ガーゼ型では樹幹を傷つけることもなく，ガーゼがある程度のろ過機能をもつなどの利点がある。また，最近では樹幹流捕集部にシャンプーハットを使用している例もある。

　樹幹流量は，樹種や樹高，樹冠の大きさなどによって異なる。強雨時には一降水で胸高直径 55 cm のコナラで 100 l 以上，胸高直径 15 cm のヒノキで 20 l 以上捕集されることもある[29]。しかしながら，樹幹流量の捕集効率を正確に求めることは困難である。塩化ビニルチューブ型の捕集効率はおおむね高いが，大量の降水の場合には樹幹流の一部は溝からあふれ出すなどの問題点がある。一方，ガーゼ型の場合には降水によって大きな変動を示し，塩化ビニルチューブ型より捕集効率は低くなる[29]。樹幹流では試料保存部にろ過器を取り付けると目詰まりを起こすために，林外雨や林内雨のようにろ過器を取り付けることができず，

試料の安定性に若干の問題点が残されている。

　現在のところ，樹幹流に伴う森林床への化学物質の流入量（沈着量）は，樹幹流量に化学物質の濃度を掛け合わせ，これを樹冠投影面積で割ることによって見積もられている。しかしながら，前述したようにいずれの捕集方法を用いても樹幹流量を正確に求めることは難しいこと，樹冠におけるガス・エアロゾルおよび霧液滴の捕集量は樹冠投影面積ではなく葉面積（指数）に依存すること，また樹幹流は森林床に達したあとに樹冠投影面積全体に広がるわけではないことなどから，このような方法で樹幹流による物質の沈着量を正確に見積もることは困難である。樹幹流による沈着量を見積もる方法について，今後さらに検討していく必要があるだろう。

1.5.5　お わ り に

　現在，霧や樹幹流の捕集にはさまざまな装置が用いられているが，それぞれに長所や短所があり"完全な"捕集装置はない。調査研究の目的や資金，労力に応じて使い分けることが必要になる。なお，アクティブ型，パッシブ型の霧水捕集装置は市販されているものもあるが，樹幹流捕集装置は市販されておらず自作する必要がある。

1.6　化学成分の測定と精度

1.6.1　は じ め に

　酸性雨問題は，地域的，地球的両面からとらえやすいことから，1970年代後半から今日まで大気環境関連分野でつねにホットな話題である。各地で観測される酸性雨中の化学成分濃度は，硝酸イオン，硫酸イオン，アンモニウムイオンを問わずppb〜ppmレベルの3桁にわたる広い範囲で観測されるため，その測定方法と確からしさについてもつねに議論の対象となってきた。そこで，今回は，全国の地方自治体で行われている測定方法の変遷や精度管理に利用する模擬酸性雨についての情報を中心に，酸性雨モニタリングに関する日本の現状

を報告する。

1.6.2 模擬試料

分析値の精度管理を行うとき，便利で有効な手段は，未知試料の分析時に各成分濃度の保証された試料を同時に分析する方法である。そのような観点から，環境分析のための標準試料が世界各地の研究機関などから多数供給されている。例えば，NIST（アメリカ），BCR（欧州共同体），NRC（カナダ），NWRI（カナダ），NRCCRM（中国），IAEA（世界原子力機関），LGC（イギリス），NIES（日本）などがある。これらの機関で作成されている水環境標準試料は約60種類に上るが，そのうち雨水に関する標準試料は**表1.2**に示すとおり4機関8種類である。もし，観測する雨水の性状がこれら標準試料と近ければ，分析時にレファレンスとして使用することにより測定精度の向上が見込まれる。

1.6.3 分析法の精度管理

環境庁は全国規模の酸性雨実態調査を第1次調査（1984～1987年度）以降，継続して行ってきた。試料捕集方法の標準化など得られるデータのばらつき要因が多々ある中で，化学分析法に限定した精度管理実態調査が1991年度（民間分析機関も含め280機関が参加），1992～1994年度（公的分析機関のみ，60余機関参加）にわたって行われた。その調査に用いた共通試料の分析目標値は，表1.2に参考として示した。この化学分析法に限定した精度管理実態調査データ[30]を用いて，日本の現状について解説する。

表1.3は，酸雨水モニタリングにおいて，実際に用いられているおもな分析方法の一覧を表したものである。酸性雨観測を行っている公的研究機関では，pHはガラス電極法，ECは電気伝導率，陰イオン成分（Cl^-～SO_4^{2-}）は，イオンクロマトグラフ法でのみ行っている。陽イオンについては，イオンクロマトグラフ法や原子吸光法など，複数の分析法が用いられている。

1991年度に行った大規模調査では，対象成分のうちK^+の室間誤差が23.8％と際だっている。そのときのヒストグラムを**図1.16**に示す。共通試料（模擬酸

1.6 化学成分の測定と精度

表1.2 雨水に関する標準試料

	Simulated rainwater		Simulated rainwater		Simulated rainwater		Simulated rainwater		Centrifuged rainwater	模擬降水（参考）
	SRM 2694 a-I	-II	GBW 08627	GBW 08628	GBW 08629		CRM 408	CRM 409	GRM-02	100倍希釈液
	NIST			NRCCRM			BCR		NWRI	環境庁（1992年度）
pH	4.30	3.60	4.28	4.05	3.33				4.64	4.10
EC	25.4(25°C)	129.3(25°C)	26.4	50.0	235	16.6 (H$_2$O質として)	48.0 (H$_2$O質として)		49.12	70.3(25°C)
F$^-$	0.057	0.108	0.063	0.11	0.500	—	—		0.053	—
Cl$^-$	(0.23)	(0.94)	0.29	0.41	3.10	67.3	113		0.539	4.05
NO$_3^-$	(0.53)	7.19	0.41	0.61	2.90	20.1	76.1		2.427 (窒素量として)	5.17
SO$_4^{2-}$	2.69	10.6	3.65	7.50	30.0	10.5	53.2		6.81	7.11
NH$_4^+$	(0.12)	(1.06)	0.50	1.00	2.00	(21)	106		0.516 (窒素量として)	1.36
Na$^+$	0.208	0.423	0.17	0.25	0.63	42.0	82.9		0.216	1.97
K$^+$	0.056	0.108	0.105	0.16	0.45	(2.3)	4.25		0.195	0.39
Mg^{2+}	0.024 2	0.048 4	0.080	0.17	0.96	6.14	12.3		1.087	0.28
Ca^{2+}	0.012 6	0.036 4	0.08	0.13	0.95	7.68	15.5		3.33	1.46
その他成分	酸度								色度，濁度，酸度アルカリ度，DO，Si，T-N	

（注）いずれの標準試料も保証値のみを記し、許容範囲を略した。なお、各成分の単位は、pH [-]，EC [μS/cm]，F～Ca [mg/l または mg/kg] である。ただし、BCRの単位のみ、μmol/kg である。

表1.3 雨水分析に用いられるおもな化学分析方法（JIS K 0102 など）

分析項目	分析方法
pH	ガラス電極法
EC	電気伝導度計による方法
Cl^-	イオンクロマトグラフ法 吸光光度法（チオシアン酸第2水銀法，硝酸銀滴定法）
NO_3^-	イオンクロマトグラフ法 吸光光度法（サリチル酸ナトリウム法，ブルシン吸光光度法）
SO_4^{2-}	イオンクロマトグラフ法 吸光光度法（グリセリン-アルコール法，クロム酸バリウム法）
NH_4^+	イオンクロマトグラフ法 吸光光度法（インドフェノール法）
Na^+, K^+	イオンクロマトグラフ法 原子吸光法 炎光光度法
Mg^{2+}, Ca^{2+}	イオンクロマトグラフ法 原子吸光法 ICP発光分析法

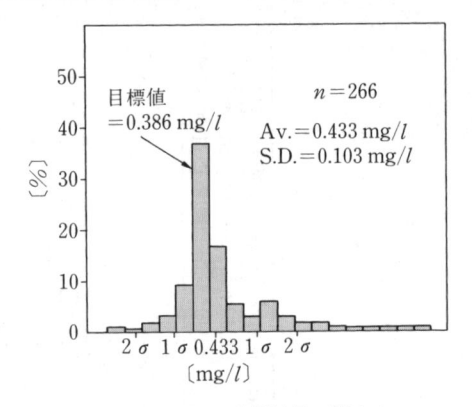

図1.16 K^+ の分析結果に関するヒストグラム

（目標値 = 0.386 mg/l，$n=266$，Av.= 0.433 mg/l，S.D.= 0.103 mg/l）

性雨）中の K^+ の目標濃度が 0.386 mg/l であったのに対し，分析に参加した 266 機関の実測平均値は 0.433 mg/l であった。目標値は，それよりも一つ高濃度側の棒グラフに属し，明らかに高濃度側に裾を引くような分布形となった。これは，参加機関の分析方法間になんらかの差が生じていることを意味している。

そこで，分析方法別の解析を行った。その結果を**表1.4**に示す。266 機関が行った分析法は，原子吸光法，炎光光度法，イオンクロマトグラフ法，ICP 発光分析法の 4 種類であった。各方法間の平均値のうち，目標値 0.386 mg/l に最も近かったのは，イオンクロマトグラフ法で，原子吸光法と炎光光度法の平均値が目標値よりも高めにずれていた。共通試料中に含まれているアルカリ系元素によるイオン化干渉の結果，後者 2 法の値が高くなったものと推定され，多くの成分が 10 ppm 以下しか含まれていないような雨水試料といえども，分析値を

1.6 化学成分の測定と精度

表 1.4 分析方法別の測定結果（K⁺）

分 析 方 法	参加数 n	平均値 〔mg/l〕	室間精度	
			S.D.	CV%
原子吸光法	128	0.437	0.107	24.6
炎光光度法	87	0.453	0.110	24.2
イオンクロマトグラフ法	46	0.388	0.058 8	15.1
ICP 法	5	0.411	0.086 4	21.0

正確に精度よく求めることに細心の注意をする必要があることが理解される。このような結果が明らかになったことから，環境庁の4年間にわたる酸性雨の精度管理プロジェクトにおいて，公的機関では採用する分析方法が年ごとに変化してきた。例えば，カリウムについても，調査開始の1991年度では原子吸光法が公的機関の54%を占めていたのが，1994年度には37%に低下し，代わってイオンクロマトグラフ法が全体の57%を占めるようになってきた（**表 1.5**）。

表 1.5 模擬酸性雨中のカリウムの分析に用いられた方法の変遷（公的機関）

分 析 方 法	1991 年 $n=68$	1992 年 $n=60$	1993 年 $n=61$	1994 年 $n=65$
原子吸光法	54%	53%	41%	37%
イオンクロマトグラフ法	31%	38%	51%	57%
炎光光度法	12%	5%	7%	5%
その他	3%	3%	2%	2%

酸性雨のモニタリングにおいて，自動測定装置が多くの地方自治体で導入されている。自動測定装置の多くは，pH と EC が 0.5 mm ごとあるいは 1 mm ごとの分取に伴って連続的に測定されるようになっている。一部のメーカーでは，pH，EC のほかに陰イオンや陽イオンまでも自動測定されるような装置を近年製品化した。実際の測定結果に近い共通試料を用いて自動測定装置の現在の性能を把握することができれば，日本の実測値の精度が明らかになることとなる。

1994年度に環境庁から報告があった第1次，第2次酸性雨対策調査結果[31]によれば日本の平均的な雨水中の pH の値は，それぞれ1次が pH 4.8，2次も pH 4.8 であった。そこで，環境庁では，表1.2の模擬酸性雨（100倍希釈液）の4倍希釈液（400倍希釈液）を共通試料とともに分析し，その室間誤差を調べた。

その結果を表1.6に示す。なお，模擬酸性雨の400倍希釈液の目標値は，pH 4.7～4.8である。全国66か所の公的機関が設置している自動測定装置（$n=61$）による測定値は，100倍，400倍希釈液とともに，初期1～3 mm目のpHの測定値が高めになった。

表1.6 模擬酸性雨による自動測定機の精度管理結果（pH項目，$n=61$）

積算降水量 〔mm〕	100倍希釈液 （目標値，4.1）		400倍希釈液 （目標値，4.7）	
	測定値	CV%	測定値	CV%
1.0	4.25	4.2	4.94	7.7
2.0	4.18	3.3	4.86	5.7
3.0	4.16	3.0	4.81	4.3
4.0	4.14	2.8	4.78	3.9
5.0	4.15	3.0	4.77	3.5
6.0	4.14	2.7	4.77	3.6
7.0	4.13	2.9	4.75	3.4
8.0	4.13	2.9	4.75	3.3
9.0	4.13	2.9	4.75	3.1
10.0	4.13	2.9	4.75	3.1

（注）模擬酸性雨を降雨量5～10 mm/hに相当する速度で連続注入した。

雨水の実試料の場合も，初期降雨の値の精度に不安をいだかせる結果となったが，3 mm目以降は非常に安定した値が得られ，自動測定器による日本の雨水pHのモニタリングの現状は，降雨量5 mm以上のとき，相対標準偏差5%のレベルで信頼できることが推察される。

1.7 府中市における「市民による酸性雨調査」の歩み

1.7.1 市民による酸性雨調査の事始め

「大気測定車を見せてくれませんか。」

いまから思えば，府中市における市民による酸性雨調査は，この一言が事始めである。

府中市では，市内の大気汚染状況を，固定局のほか移動測定車で定期的に測定している。それらの点検中に通りがかりの市民に声をかけられることはよく

1.7 府中市における「市民による酸性雨調査」の歩み

あるが，その日に声をかけていただいたのは，大学へいく途中の東京農工大学の橋谷教授であった。

当時，市内の東京農工大学には環境関連の学科があるのに，市の環境保全課とはほとんど交流がなかった。それにもかかわらず，その日は，ほんの少しの間の立ち話のなかで，測定車を学生のレポートの課題としたいとの話になり，大学との距離が縮んだように感じた。

一方，府中市では，同時期，公害や環境問題の現状を市民向けにPRするための小冊子を作っていた。内容は，地球環境問題を中心として，それらが市民生活と無関係ではないことをテーマとしたものである。また，それにあわせて市民向けの環境に関する講演会を実施する予定があったので，数か月後に橋谷教授に講演のお願いにあがった。教授は「その内容でしたら，私より適任者がいます。」と同じ大学の小倉教授を紹介してくださった。小倉教授の講演は，地球レベルの問題をまさに身近なところから考えるもので，なにか行動しなければと感じたのは筆者だけではなかったと思う。

その後，筆者ともう一人の担当は，大学との交流を理由に公害測定などの現場へいくついでに，図々しくも小倉教授の研究室に相談や雑談に押しかけるようになってしまった。教授にはさぞかし迷惑なことだっただろうと思うが，またこれも市民測定の引き金となったのである。

ある日の雑談の中で，講演や勉強ばかりでなくてなにか活動ができるといいね，というような話題が出て，それならアメリカで市民による酸性雨測定が簡単に実施されている報告書がある，との話を教授から聞くことになった。「府中市でもできるでしょうか。」「pH測定用試験紙が手に入るならそれほど問題ないでしょう。」こんなやりとりがあったように記憶している（1990年4月）。

筆者たちは，実施の可能性について早速検討し，酸性雨測定に使用できるpH試験紙が簡単に安く手に入るとの情報を得たので，市民による酸性雨調査実施を起案することにした。当時から環境問題を考えるうえでは，堅苦しく大上段に振りかぶらず，楽しみながら遊び感覚で実施することから始めようと考えていたから当然の流れであったかもしれない。

しかし，どこでも同じであろうが，実施にあたって最も大きな障害は内部調整であった．市民による測定に対する反対は思いのほか大きかった．その理由は，市民参加に対する懸念，他の市がやっていない，まだ時期が早い，イデオロギーの主張に利用されるのではないかという不安など，新しい施策を実施しようとするときにはよくあるものであった．いまでは市民の行政への参加や参画は一般的になってきたが，当時は必ずしもそうではなかったのである．

当時の筆者には，地球規模の環境問題を市民の手で簡単に遊び心で実感できるのになぜ賛同されないのかのほうが理解できなかった．それゆえ多くの反対があったにもかかわらず，筆者たちはあきらめようとは思わなかったかもしれない．最終的には，内部の理解を得ながらも，一部の反対者を押し切ってしまったような形で実施の運びとなった．

市広報で参加者を募集したところ，小学生から大学生，主婦，会社員など，年齢も立場もさまざまな，予想を超える20数人の方々からの応募があり，大手新聞数紙には関連記事が好意的に掲載された．また，測定が始まると，測定者の中で，元陸軍で気象を担当していた方は百葉箱を手作りし毎日の気温を測定し，気象関係の理学博士による情報の提供の申し出，ある大学生は調査結果と自分で調べた論文とを比べて疑問を市に送付してくれた．小学生の毎月の感想文もあった．参加者の方々が楽しくかつ一生懸命実施していただいていたことを，いまでも思い出す．

振り返ってみれば，橋谷教授との偶然の出会い，小倉教授との研究室での相談と雑談，環境冊子作り，遊び人のもう一人の担当，そして第1回の募集にあたって参加していただいた市民の皆さん….どれか一つが欠けても，府中市の市民による酸性雨調査は立ち上げも成功もなかったと思っている．

府中市では，すでに10年近くもの間，市民による酸性雨調査が続けられている．1996年からは，姉妹都市八千穂村の協力を得ることができた．筆者は，担当ではなくなったいまもこのような活動は，国内だけでなく諸外国の市民調査とも連携して，地球規模で協力できることを祈っている．市民による地道な活動は，地球環境の保全に大きく貢献すると思っているからである．

1.7.2 調査には工夫がいっぱい

(1) 調査の概要と調査方法

　市民による酸性雨調査は，1990年度から1997年度までは冬季に，1998年度からは夏休みを含む8,9月に実施している。参加者の募集は広報で行い，器具を貸し出すとともに説明会を開催している。結果は，市で集計ととりまとめを行い，報告書を作成し参加者に報告している。

　調査は，アメリカオードゥボン協会のマニュアルをもとに開始し，その後市民の意見を加えて改良し，独自のマニュアルが確立した。原則として雨は降り始めから降り終わりまで集め，pHをパックテストで測定し，降水量をメスシリンダーで計量する（**図1.17**）。測定はいたって簡単であるが，雨は測定者たちの都合はお構いなしに降ったりやんだりで，なかなか根気がいる作業である。

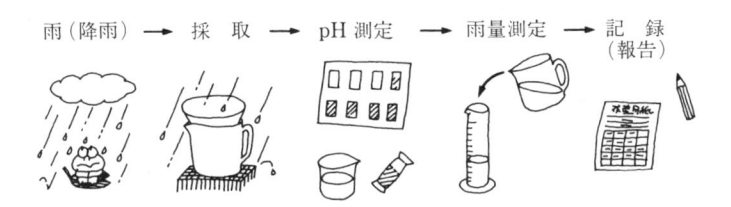

雨（降雨）→ 採取 → pH測定 → 雨量測定 → 記　録（報告）

図1.17 調査の流れ（府中市：酸性雨調査マニュアル(1999)から引用）

　調査を進めるにあたっては，単なる体験にとどまらず，調査結果が科学的に正確なものとなるようにするため，小倉教授にご指導をいただいている。また，市では酸性雨自動測定機を設置し，pHと電気伝導率を常時測定しているが，酸性雨はpHだけでは判断できないことから，大学と市の共同研究として，雨の成分分析を小倉教授の研究室にお願いしている。

(2) これまでの調査結果

　調査結果から，府中にも酸性雨が日常的に降っていることが明らかになり，参加者からも驚きの声が多く寄せられた。また，しとしと降る雨や雨の降り始めでpHが低いこと，正月にpHが改善したことなどが考察として報告された（調査結果は**表1.7**と**表1.8**）。

　降水量については，東京管区気象台府中地域気象観測所のデータと比較した

表1.7 pHの測定結果

年度	11月	12月	1月	2月	3月
1990	5.1	4.4	5.0	5.1	4.6
1991	5.1	4.5	4.8	4.8	4.8
1992	4.9	5.2	5.0	5.0	4.8
1993	5.1	5.1	5.1	5.2	5.0
1994	4.9	5.0	5.1	5.0	4.8
1995	5.2	4.9	5.1	5.1	4.8
1996	−	−	−	4.7	4.7

年度	8月	9月
1997	4.2	4.8
1998	4.8	4.8

表1.8 降水量の測定結果〔ml〕

年度	11月	12月	1月	2月	3月
1990	159	31	41	57	117
1991	71	46	19	35	172
1992	85	73	87	51	64
1993	140	53	48	65	87
1994	44	30	28	47	172
1995	40	1	13	75	107
1996	−	−	−	15	89

年度	8月	9月
1997	84	220
1998	274	329

ところ，個々の雨では差がみられるものの月ごとの降水量ではよく一致した。雨を集めるための器具は簡単なものであるが，降水量の傾向を知るためには十分であることがわかった。

(3) 考察と調査方法の工夫

調査の参加者からは，測定結果だけでなく考察や感想も報告されている。

考察では，雨の降り方とpHの関係，雪や雷雨のときのpH，降雨前の晴天日数とpHの関係，降水量の市内における地域差など，興味深い内容が報告されている。また，草木や農作物の異変に疑問を感じて参加した方からは，植木鉢に木炭を入れた実験（図1.18）や若葉の出る時期に盆栽を雨に当てないようにしたところ枯れなくなったといった話も寄せられた。

調査方法では，雨の捕集容器に泥はねが入らないように土台を作って固定したり，集合住宅でベランダから捕集できるよう身近な素材で装置をつくったり，

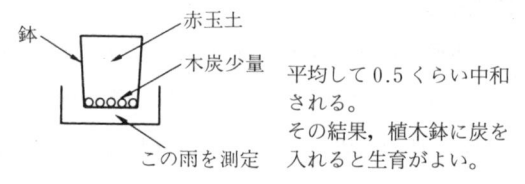

図1.18 土壌の実験報告（本間三四郎：府中市・酸性雨調査の記録―市民による酸性雨調査3年間の記録―（1993）から引用）

雨を集めるには厳しい住宅事情のなか，工夫いっぱいの設計図が数多く寄せられた。できる限り正確に雨を集めたい，測定したいという気持ちの現れだと思うのである（**図1.19**）。

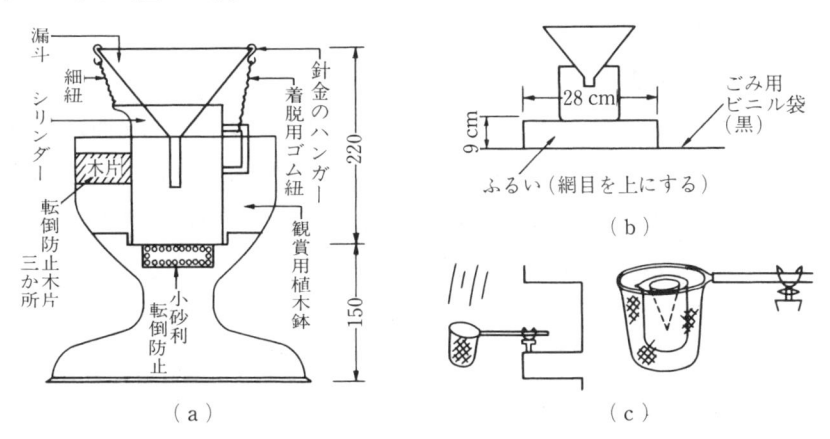

図 1.19 雨の捕集方法の工夫例（石井正蔵，高橋勝重，小澤曉美：府中市・酸性雨調査の記録—市民による酸性雨調査3年間の記録—（1993）から引用）

1.7.3 簡易測定法トラブル発生！

（1） pH試験紙の製造変更

1992年度の調査が始まると，配布した試験紙による測定値が前回の試験紙よりpHが1程度低いという指摘が，継続して参加していた市民から続々と寄せられた。販売元やメーカーに問い合わせたところ，原因は試験紙の製造変更で，雨のような成分濃度の低い試料では測定が困難になったことがわかった。

調査が始まっている以上，何とかしなくては…。そんな状況のなか，苦肉の策ではあるが，前の試験紙と比較データを集め補正を試みることにした。測定への協力を呼びかけたところ，8人の方から100を超えるデータが寄せられ，直線回帰による補正式も出すことができ，曲がりなりにも1992年度の値を得ることができた。幸運なことに，このときすでに酸性雨用パックテストが開発されており，翌年度からパックテストに切り替えて調査を続けることになった。

調査の基本である測定に異常が生じたことは，だれでも測定できることが前

提の環境学習の設定としては好ましくない結果になってしまった。しかし，このトラブルをとおして，市民が科学的に厳しい姿勢で調査に取り組んでいることが明らかになった。これは今後環境学習を進めるうえでも重要な意味をもつと考えている。

（2） 簡易 pH 計のモニター報告

pH 試験紙のトラブルをきっかけに，ほかの測定方法の一つとして簡易 pH 計の導入を検討した。簡易 pH 計は市民調査向けに開発されたもので，校正用の標準液もセットになっている。測定値が数字で表示されるため，比色の個人差に対する不安を解消する反面，器械は得手不得手があるかもしれないという不安があった。そこで，参加者の中から 7 名の方にモニターとして使っていただいたところ，予想以上に詳細な研究結果が寄せられた。

簡易 pH 計と試験紙（このときはまだパックテストに切替え準備中）の関係や，測定時間による値の変化のほか，電池交換が測定値に与える影響といった器械ならではの実験報告（**表 1.9**）もあり，その科学的な発想には本当に脱帽であった。

表 1.9 簡易 pH 計電池交換前後の実験報告例

方　法	電池交換前				電池交換後			
	雨水		水道水		雨水		水道水	
	測定 No.	pH 値	測定 No.	pH 値	測定 No.	pH 値	測定 No.	pH 値
スポイト	26	5.9	28	7.3	30	5.2	32	6.5
浸　漬	27	5.5	29	7.5	31	4.7	33	6.7
平　均		5.7		7.4		4.95		6.6
		←差 0.75→			←差 0.8→			

（田島行雄：府中市・市民による酸性雨調査報告書（1996）から引用）

また，同じころ，雨の pH は土壌粒子などの物質の中にはアルカリ性のものがあり，酸を中和する作用をもつと，酸性の汚染物質が多く入っていても中和されてしまうという話を，報告会の小倉教授の講演で知った。そこで雨の状態をより詳しく知るため簡易電気伝導度計を購入し，pH 計と同様にモニターに貸出しをした。同じ雨でも汚れ方が違うことへの驚き，親子で雨だけでなく川の上

流から排水路，地下水まで測定したレポートなどが寄せられた。器械をとおして，限りなく広がる市民パワーを感じたモニター調査であった。

なお，簡易pH計と試験紙の比較測定結果については，幸運にも日本化学会酸性雨問題研究会のシンポジウムで紹介させていただくことができた。

シンポジウムのあと，国立公衆衛生院の原先生に多くのご指導をいただき，その内容は調査の参加者にも紹介させていただいた。市民調査をとおして多くの研究者の方々と交流できることは，参加者にとっても非常に大きな魅力になっている。

1.7.4 まとめと課題

市では，酸性雨自動測定機を設置し測定を行っているが，複数設置することは難しいのが現状である。一方，市民調査では市内の酸性雨の状況を面的にとらえることができ，二つの調査の結果をあわせることでより的確に市内の状況を把握することができる。この利点には，市民調査が科学的に正確であることが不可欠である。この調査で，市民と同時に，研究者の協力が得られたことは幸運としかいいようがない。

環境学習には，さまざまなテーマや手法がある。行政で一つのテーマだけを続けることの是非や，改善に莫大な時間と作業を要する地球環境問題の現状を考えると，成果の見えにくい環境学習に対する予算の壁も大きくなりがちである。そのようななか，長期にわたって深く掘りさげて取り組むことができた理由の一つに，参加した市民の調査に対する熱意がある。その熱意に引っ張られてやってきたといったほうがよいかもしれない。

それでは，その熱意はどこからくるのだろうか。筆者は，その答が，小倉教授の提唱する「市民環境科学」[36]の中にあると思うのである。調査の科学的な正確さ，タイムリーな研究情報が，やりがいとおもしろさを生んでいるのである。筆者自身も，市民の方が生活を通して得た思いがけない環境情報に触れ，この調査にのめりこんでしまった一人である。気づき考え解き明かすことの楽しさ，あるいは大きな社会問題に取り組んでいくやりがいといったものが，この調査

にあるのだと強く感じている。

環境学習は，すでに多くの自治体によって取り組まれ，体系的に整理し取り組んでいる事例も数多くみられる。この調査では，とにかく続けてきたというのが正直なところで，環境学習の成果をなんらかの形にする必要もあり，まだまだ課題は残っている。

現代社会では，毎日のように環境問題が報道され，さまざまな数値が飛びかっている。筆者は，この調査が生活の中の環境情報を科学的に考える土台になり，複雑化する環境問題を定量的に考え行動するきっかけになっていると確信している。そして，市民，大学，市の連携を生かしていけば，環境学習にとどまらず地球環境問題を改善するための活動として取り組んでいくことも不可能ではない。今後，得られた結果を行政の仕組みの中に取り込んでいく仕掛けが，市における課題であると思うのである。

引用・参考文献

1) 原　宏：酸性雨の生成と沈着，(社) 日本化学会酸性雨問題研究会編，身近な地球環境問題―酸性雨を考える―, pp.2〜6，コロナ社 (1997)
2) 原　宏：大気汚染物質の増加と大気質変化，「岩波講座地球環境学　3. 大気環境の変化」(安成哲三，岩坂泰信編), pp.158〜182，岩波書店 (1999)
3) D. Bolze and J. Beyea : The citizen's acid rain monitoring network, Environmental Science and Technology, **23**, pp.645〜646 (1989)
4) R.J. Vet : Wet Deposition : Measurement Techniques, The Handbook of Environmental Chemstry, Vol.2, Part F, O. Hutzinger, ed., Springer-Verlag, pp.1〜163 (1991)
5) 北村守次，原　宏：酸性雨の測定法，気象研究ノート, 182号, pp.59〜66 (1994)
6) Y. Ishikawa and H. Hara : Historical change in precipitation pH at Kobe, Japan ; 1935-1961, Atmospheric Environment, **31**, pp.2367〜2369 (1997)
7) 藤田慎一，高橋　章，西宮　昌：わが国における酸性雨の実態―降水の観測網の構築―，環境科学会誌, **7**, pp.107〜120 (1994)
8) S. Fujita and R. K. Kawaratani : Wet deposition of sulfate in the Inland Sea region of Japan, J. Atmos. Chem., **7**, pp.59〜72 (1988)

引用・参考文献

9) R. Saito et al.: The climate of Japan and her meteorological disasters, Geophys. Mag., **28**, pp.89〜93 (1957)
10) 国土地理院：日本国勢地図帳，p.366, 日本地図センター (1977)
11) 角皆静男：雨水の分析，講談社サイエンティフィク (1972)
12) 村野健太郎：酸性雨と酸性霧，裳華房 (1993)
13) 環境庁大気保全局：酸性雨等調査マニュアル「改訂版」(1990)
14) 益子 安：pH の測定と理論，(分析ライブラリー), 東京化学同人 (1971)
15) 田中一彦：イオンクロマトグラフィーによる酸性雨成分の解析，ぶんせき，pp.332〜341 (1991)
16) 藤田慎一，高橋 章，村治能孝：わが国における硫黄化合物の乾性沈着量に関する検討，大気汚染学会誌，**25**, 5, pp.343〜353 (1990)
17) 例えば，J.A. Businger: Evaluation of the accuracy with which dry deposition can be measured with current micrometeorological techniques, J. Climate Appl. Meteorol., **25**, pp.1100〜1124 (1986)
18) A. Bytnerowicz, P.R. Miller and D.M. Olszyk: Dry deposition of nitrate, ammonium and sulfate to a ceanothus crassifollus canopy and surrogate surfaces, Atmos. Environ., **21**, pp.1749〜1757 (1987); J.B. Shanley: Field measurements of dry deposition to spruce foliage and petri dishes in the black forest, F.R.G., Atmos. Environ., **23**, 2, pp.403〜414 (1989)
19) S.E. Lindberg and G.M. Lovett: Deposition and forest canopy interactions of airborne sulfur: Results from the Integrated Forest Study, Atmos. Environ., **26A**, 8, pp.1477〜1492 (1992); T. Okita, K. Murano, M. Matsumoto and T. Totsuka: Determination of dry deposition velocities to forest canopy from measurements of throughfall, stemflow and the vertical distribution of aerosol and gaseous species, Environ. Sci., **2**, 2, pp.103〜111 (1993); 高橋 章，佐藤一男，藤田慎一：樹冠雨測定法によるスギ林への硫黄化合物および窒素化合物の沈着速度の推定，環境科学会誌，**11**, 1, pp.39〜48 (1998)
20) H. Gusten, G. Heinrich, R.W.H. Schmidt and U. Schurath: A novel ozone sensor for direct eddy flux measurements, J. Atmos. Chem., **14**, 1-4, pp.73〜84 (1992); H. Gusten and G. Heinrich: On-line measurements of ozone surface fluxes: Part I. Methodology and instrumentation, Atmos. Environ., **30**, 6, pp.897〜909 (1996)
21) Reynolds Analogy の問題として多くの文献で議論されている。例えば文献 18) や A.K. Blackadar : Turbulence and Diffusion in the Atmosphere, p.36, Springer (1998); B.E. Logan: Environmental Transport Processes, pp.186〜187, Wiley-Interscience (1999) など。
22) 青木正敏：耕地面の熱収支におけるセンシングシステム，橋本　康，丹波　登，

山崎弘郎編, 最新バイオセンシングシステム, pp.156〜163, R&D プランニング (1988); H. Muller, G. Kramm, F. Meixner, G.J. Dollard, D. Fowler and M. Possanzini : Determination of HNO_3 dry deposition by modified Bowen ratio and aerodynamic techniques, Tellus, **45B**, 4, pp.346〜367 (1993)

23) 金元植, 伊豆田　猛, 青木正敏, 堀江勝年, 戸塚　績：コムギ群落による二酸化炭素とオゾンの収着能力の評価, 第36回大気環境学会年会講演要旨集, p.494 (1995)

24) R. Delumyea and R.L. Petel : Deposition velocity of phosphorus-containing particles over southern Lake Huron, April-October, 1975, Atmos. Environ., **13**, 2, pp.287〜294 (1979)

25) J.W. Milne, D.B. Roberts and D.J. Williams : The dry deposition of sulphur dioxide— Field measurements with a stirred chamber, Atmos. Environ., **13**, 3, pp.373〜379 (1979)

26) G.M. Lovett, W.A. Reiners, and R.K. Olson : Cloud droplet deposition in subalpine balsam fir forests : Hydrological and chemical inputs, Science, **218**, pp.1303〜1304 (1982)

27) 村野健太郎：酸性霧, 公害と対策, **25**, pp.725〜731 (1989)

28) 酸性雨調査法研究会：酸性雨調査法―試料採取, 成分分析とデータの整理―, ぎょうせい, p.401 (1993)

29) 玉置元則, 平木隆年, 正賀　充, 中川吉弘, 小林禧樹：酸性雨調査における樹幹流採取法の比較, 兵庫県立公害研究所研究報告, 第24号, pp.1〜9 (1992)

30) 環境庁企画調整局環境研究技術課編：平成3年度環境測定分析統一精度管理調査結果, p.299 (1992)

31) 環境庁酸性雨対策検討会編：第2次酸性雨対策調査結果, p.80 (1994)

32) 府中市：酸性雨調査の記録―市民による酸性雨調査3年間の記録― (1993)

33) 府中市：市民による酸性雨調査報告書 (1994, 1995, 1996, 1997, 1998)

34) 府中市：酸性雨調査マニュアル (1999)

35) 小倉紀雄：きれいな水をとりもどすために, あすなろ出版 (1992)

36) 小倉紀雄：調べる・身近な水, 講談社 (1987)

37) 伊瀬洋昭：コープ・ブックレット20「雨を調べる」, コープ出版 (1993)

38) 原　　宏：酸性雨と環境科学, 環境技術, **24**, 11, pp.628〜633 (1995)

2. 文化財保護と大気環境

2.1 まえがき

　文化財と大気汚染，この二つの関係が，今回のテーマである。ではこの二つの結びつきは，どのようなところにあるのだろうか？

　日本には，古いものでは1000年以上も前に作られて現在まで存在しているさまざまな文化財が，各地にたくさんある。それらは，私たちが直接見ることのできない過去の世界に連れていってくれるだけでなく，過去の歴史を正しく知るうえで貴重な資料でもある。過去から長い間にわたって，人間が汗水たらして作ってきた歴史的な文化遺産を保護することが大切であることは，いうまでもない。しかし，その文化財も，これまでの歴史の中で翻弄され，戦火にあい，また地震などの自然災害で消滅したり破損したものが，たくさんあることだろう。その中で，あるものは再び復元され，私たちの前にその姿を見せてくれている。

　ところで，東京上野の西洋美術館の中庭にあったロダンの考える人の像には，白っぽい線がたくさん入っている。最初からそのようなものが作品の一部としてあったわけではない。なんらかの原因で，そのあとにできたものと考えられている。中国でも，はるか昔に石に刻まれた漢字が，薄くなってなんと書いてあるか読めないものがある。また，ヨーロッパでは，古い建築物の外壁に大理石で作られた彫像をよくみかけるが，その顔の一部が溶けたように薄くなって，輪郭すらわからないものが増えている。これらは，いずれも屋外にあるので，長

い間，外気や雨や霧などにさらされてきた。

　産業革命以後，人間は石炭を使用し，また最近では石油を利用して，産業を大きく発展させ，私たちの生活は非常に便利になってきた。しかしそれは，ご存じのように，一方ではたくさんの汚染物質を大気や土壌，そして水などの環境中に放出してきたので，人間の健康をむしばみ，また生物に悪い影響を与えてきたのも事実である。地球の環境は，人間活動による影響を長い間受けてきている。

　工場や自動車から放出される硫黄酸化物や窒素酸化物は，大気中に放出されたあとに直接，生物に影響を与えるだけではない。汚染物質を含んだ大気に太陽の紫外線が当たると，光化学反応が起こって光化学スモッグが発生する。その中には，オゾンや酸性物質のガス，そして微粒子などの生物に有害な物質がたくさん含まれている。

　日本では，1970年代からこの光化学スモッグによって多くの人々が被害を受けてきており，大きな社会問題にまでなった。さらに，これらの汚染物質の一部は，雲や雨にも取り込まれるので，地上に降り注ぐ雨はしばしば，硫酸や硝酸を含んだ酸性の雨となる。この結果，日本でも多くの地点で，酸性の雨や雪が1年中測定されている。

　ところで私たちが，このような大気汚染物質や酸性雨が，文化財にも深刻な影響を与えているのではないか，と考えるようになったのはつい最近のことである。そして，そのことを憂えた方々が，大気汚染物質や酸性雨が文化財などに与える影響について地道な調査研究を，1950年代から取り組んできた。

　また，最近では，日本，中国，韓国の研究者や技術者が共同で，東アジアの大気汚染が文化財に及ぼす影響に関して，長期的な視野で調査研究を行うようになった。

　2000年の秋，仕事の関係で韓国の慶州の博物館に寄ったが，その入口脇の一角に，柵に囲まれた中に金属板などが大気にさらされていた。これは間違いなく文化財保護の一環として大気汚染との関係を調査しているのだ，と確信して博物館の方に伺ったら，「そのとおりです」とのご返事で，とても感慨深いもの

があった。

　さらに，私たちが日常着ている衣服はしばしば色があせることがあるが，それと大気汚染物質との関係についても，専門に研究されている方々のおかげで，いろいろなことがわかってきた。

　このように，文化財や衣服への影響を，大気環境との観点から調査する研究は，最近になって大きく進展してきた。また，私たちは屋外だけでなく多くの時間を屋内で過ごしているので，室内の大気環境が人間の健康に及ぼす影響に関して，多くの調査研究が進められている。一方，多くの文化財は現在，博物館などの室内に保存されているので，室内の大気環境が文化財に与える影響を無視することはできない。なぜなら，文化財は百年，いや，なん千年もの間室内や屋外の環境中に存在し続けるのである。そのために，室内の大気環境と文化財などの関係についての調査研究を，屋外での研究とともに長期的に行う必要がある。

　私たちは，文化財がこのような長い間に大気環境から受ける影響をできるだけ少なくしなければならない。そこで今後は，さらに調査研究を進めて，長期の保存環境に関する望ましい基準を確立していくことが，保存科学の分野では非常に重要なことになる。

　もちろん，古い文化財がいたんでくる原因は，ほかにもいろいろあるだろう。しかし，大気汚染物質や酸性雨も影響を与えていることは間違いない。私たちは，貴重な文化財を大切に保護し，それらを後世に残し伝えていく義務がある。そのために，大気環境の改善に向けて努力するとともに，これらの調査研究の成果をもとに，どのように保護すればよいかなどの調査研究を，今後も長期的に進めていく必要がある。

　今回は，これらのことに関して，早くから地道に研究されてこられた専門家の方々に，その研究成果をわかりやすくお話していただく。どうか，大気環境からみた文化財保護に関しても，多くの方々のご理解とご協力をいただきたいとせつに願っている。

2.2 大気汚染・酸性雨の文化財への影響

2.2.1 はじめに

　大気汚染や酸性雨など環境汚染が大きな社会問題となっているが，その影響は貴重な文化財の保存，保護を検討するうえでもきわめて深刻な課題である。しかし，環境汚染に対する研究は，発生メカニズムや分析法に対しては精力的に進められているが，それが及ぼす影響についての研究は，人の健康あるいは植物の成育などに主眼がおかれ，文化財など材質に対する影響についてはきわめて貧困である。文化財は古来からの人類形成における遍歴を実証し，現代および未来の文化的社会を構築するための貴重な資料であり，いずれも長い年月を経過して自然条件を含むあらゆる要因の影響を受けつつ現在まで継承されてきた。これらは一度失うと再び造出することはできない。

　わが国で文化財保護の立場から環境問題をとりあげたのは比較的早く，1959年であった。貴重な文化遺産を保存している正倉院（奈良県）付近の観光道路計画が発端である。当時の空気汚染度の指標は現在ほどはっきりせず，ロンドン，ロサンゼルスでとりあげられた二酸化硫黄（亜硫酸ガス）濃度で代表されていた。その後，急速に大気汚染が広域化し，深刻な社会問題に発展して二酸化硫黄や二酸化窒素などが注目されてきた。測定法も二酸化鉛法，アルカリろ紙法などの積算法や高価な自動測定機が出現してきた。

　東京国立文化財研究所では，正倉院付近の調査に引き続き測定方法に変遷はあるが，東京，京都，奈良などにおいて博物館，美術館，社寺院の内外，展示室，収蔵庫などの文化財保存環境で二酸化硫黄，二酸化窒素，炭化水素，浮遊微粒子などの測定あるいは金属片，染色布の暴露試験による影響評価法の検討などを行ってきた。特に1991年ごろより酸性降下物が石灰質材料の劣化に大きく関与することに着目し，大理石質文化財に対する環境汚染の影響，さらに大理石テストピースを用いて，文化財に及ぼす酸性降下物などの影響評価モニターの開発などを行ってきた。

2.2 大気汚染・酸性雨の文化財への影響

文化財の特殊性から対応が難しくその研究は限られた分野に制約され，影響についてのデータはきわめて少ないのが現状といえる。しかし，1992年大気環境学会内に「酸性雨が文化財等材質に対する影響に関する研究分科会」が発足し，国内をはじめ中国を主とした東アジア地域における文化財などの材質に及ぼす環境汚染の影響について研究が進められ，多くの研究者の参加により着々と成果が表れてきている。ここでは総論として，現在までの文化財と環境汚染に関する研究の経過を紹介し，参考に供したいと思う。

2.2.2 1955年前後；初期のころ
(1) 奈良正倉院構内における大気汚染調査[1],[2]

正倉院構内の大気汚染調査では，汚染因子として二酸化硫黄濃度の測定，材質に及ぼす影響に関する暴露試験を行った。環境汚染度の測定法が確立されていなかったため，衛生試験法に基づきフクシン・ホルマリン法で正倉院構内（奈良県）および比較のため東京国立博物館構内（東京都）で二酸化硫黄の測定と影響評価を目的として，鉄粉，顔料，金属板の暴露試験を行った。正倉院構内の二酸化硫黄濃度は，同時期に測定した東京上野公園の約1/10程度であった（図2.1）。材質の暴露試験は，2年間（1958年度まで）継続して行い，変質，変色，腐食度を測定したが，大気汚染の影響を特徴づける結果は表れなかった。

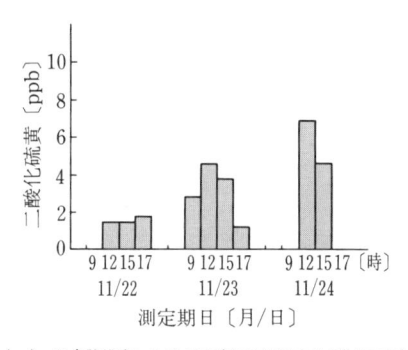

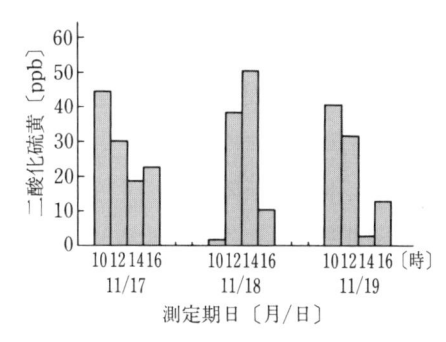

（a） 正倉院構内における二酸化硫黄測定結果（1957年）　（b） 上野公園内における二酸化硫黄測定結果（1957年）

図2.1 フクシン・ホルマリン法による正倉院付近および上野公園の二酸化硫黄測定結果

（2） 二酸化鉛法による測定

文化財はほかの材料と異なり，その環境で汚染因子などを測定する場合，電源，騒音，機器の維持管理あるいは経費など制約を受けることが多く，測定方法の選択は慎重に行う必要がある。1960年代に至って，多くの機器メーカーにおいて機器の開発が意欲的に進められ，自動測定機，一定期間の平均値が求められる方法などが紹介されてきた。二酸化鉛法[3]は，二酸化硫黄（亜硫酸ガス）の測定にイギリスで採用されていた方法で，30日間の平均濃度を求めることができ，郵送により試料交換が可能であるため，種々の制限を受ける文化財環境での測定には有利な方法であった。

2.2.3　1960～1965年代

（1）　上野公園周辺（東京都）における空気汚染調査[4]

正倉院付近の測定に引き続き1960年ごろから上野公園内の東京国立博物館を中心に，国立科学博物館，西洋美術館，浅草・浅草寺（東京都台東区）など16か所で二酸化鉛法による二酸化硫黄の測定や金属板の暴露試験を行った（図2.2）。

上野公園内の二酸化硫黄濃度は，公園台地の東端に近い国立科学博物館の地上付近，公園内側に入った東京国立博物館の屋上で高い値が観測された。これらの結果から公園台地を汚染する二酸化硫黄は，江東，江戸川区方面より風に運ばれ，台地に当たり吹き上げられることを示していると考察される（表2.1）[5]。それ以後は，必要と思われる地点を選び，横浜三渓園，京都国立博物館などで測定し基礎データの収集に努めた。

（2）　横浜三渓園[6]

神奈川県横浜市の本牧海岸を埋め立て，石油コンビナートの建設が予定された。その際，隣接する三渓園内の国指定建造物に対し，コンビナートから排出されるガスの影響が懸念された。園内7か所において二酸化鉛法で二酸化硫黄濃度を2年間継続測定した。ここでは二酸化硫黄と二酸化窒素を30日間ごとの積算濃度または平均濃度を同時に測定できるアルカリろ紙法[7]を採用した。海方

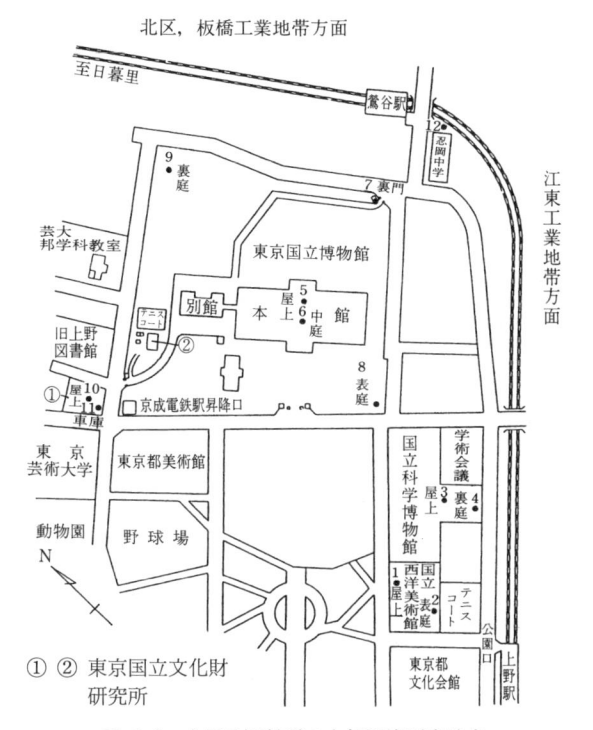

2.2 大気汚染・酸性雨の文化財への影響

図 2.2 上野公園付近の大気汚染測定地点

向に開口した園内では海風を受け当時の大気汚染度は軽微であったが，三重搭が位置する高台では川崎方面から大気汚染の影響を受けている結果が得られた。

（3） 京都国立博物館，平等院における環境調査[8)~10)]

京都市内で自動車交通量の多い道路を東と南に配置した京都国立博物館で，自動車の排出ガスが博物館環境に及ぼす影響が懸念され，二酸化硫黄の測定，金属板（銅，銀板）の暴露試験を行った。測定点は本館展示室内，北収蔵庫外，東山道路寄り官舎軒下の3地点で1964年3月から1966年11月まで，また，これと並行して宇治市平等院で鐘楼の軒下（1965年6月から）で測定した。平等院では近くの工場から排出される臭気による影響が懸念されたからである。

京都国立博物館構内の二酸化硫黄濃度は，同時期に測定した上野公園内の約1/2，展示室内ではさらに低く外気の1/10以下であった。また平等院の外気は

2. 文化財保護と大気環境

表 2.1 上野公園付近の二酸化硫黄測定結果

[mgSO$_3$/日/100 cm^3 PbO$_2$]

	測定場所	年月 季節	'60 3～5 春	'60 6～8 夏	'60 9～11 秋	'61 9～11 秋	'61 '62 12～2 冬	'62 3 春	'62 11 秋	'62 '63 12～2 冬	'63 9～11 秋	'63 '64 12～2 冬	総平均
1	西洋美術館屋上		0.809	0.446		0.837	0.672	0.849	0.980	0.708	0.785	0.889	0.775
2	〃 表庭		0.800	0.330	0.410	0.766	0.666	0.751	0.741	0.715	0.678	0.836	0.669
3	科学博物館屋上		1.113	0.504	1.045	0.940	0.807	0.824	1.111	0.819	1.210	1.087	0.946
4	〃 裏庭		0.438	0.489	0.419	0.533	0.515	0.603	0.528	0.436	0.610	0.803	0.537
5	国立博物館屋上		0.670	0.330	0.783	0.449	0.764	0.750	0.847	0.872	0.956	0.968	0.739
6	〃 中庭		0.398	0.215	0.490	0.595	0.633	0.538	0.660	0.617	0.545	0.752	0.724
7	〃 裏門		0.301	0.119	0.325	0.317	0.406	0.424	0.343	0.705	0.371	0.441	0.375
8	〃 表庭		0.855	0.429	0.870	0.589	0.812	0.930	1.056	0.827	1.051	1.181	0.860
9	〃 裏庭		0.426	0.230	0.100	0.500	0.315	0.628	0.558	0.441	0.543	0.762	0.450
10	文科財研究所屋上		0.522	0.693	0.747	0.776	0.727	0.612	0.836	0.724	0.851	0.940	0.743
11	〃 車庫		0.514	0.222	0.387	0.462	0.416	0.473	0.550	0.375	0.453	0.691	0.454
12	忍岡中学			0.309	0.380	1.109	0.796	0.832	1.001	0.808	1.128	0.910	0.807
13	住宅地, 府中		0.134	0.094	0.106	0.181	0.271	0.416	0.099	0.314	0.172	0.319	0.211
14	〃 八王子		0.145	0.045		0.098	0.129	0.171	0.110	0.160	0.093	0.254	0.134
15	〃 国分寺										0.139	0.466	0.203

		年月 季節							'63 1～2 冬	'63 3～5 春	'63 9～11 秋	'63 '64 12～2 冬	
16	浅草寺 本堂上								0.865	0.942	0.865	0.754	0.856
17	〃 本堂下								0.919	0.825	0.705	0.857	0.827
18	〃 聖天院								1.047	0.700	0.625	0.620	0.748

2.2 大気汚染・酸性雨の文化財への影響

京都国立博物館の屋外より低い濃度で，臭気を特定する結果は得られなかった。金属板の暴露試験結果は，京都国立博物館では，銅板から酸化第一銅（CuO）（cuprite），銀板から硫化物（AgS）のほか塩化物（AgCl）が検出された。平等院では同様な物質が検出されたが，銀板で AgS より AgCl の回折線の成長が目立った（図 2.3）。

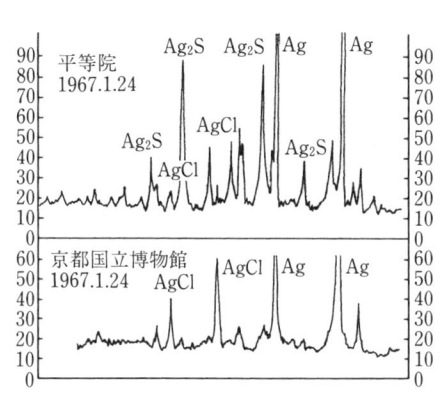

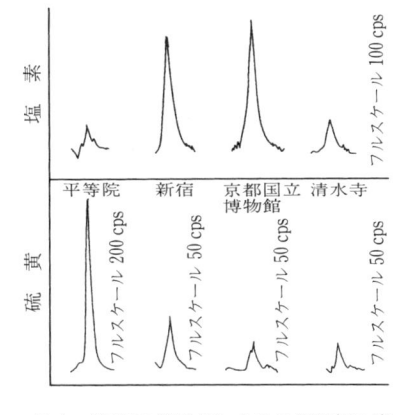

(a) 暴露金属板の腐食生成物の X 線回折スペクトル（同じような紫黒色に変色した銀板であるが，平等院は硫化銀 Ag_2S が多く，京都国立博物館は塩化銀 AgCl が多い）

(b) 蛍光 X 線分析による暴露銀板の腐食生成物中の塩素，硫黄の検出

図 2.3　暴露金属板表面生成物の測定結果

2.2.4　1965〜1975 年代

エネルギーの大量消費時代に入ると化石燃料は石炭から石油に移行し，環境問題はいよいよ深刻になり，硫黄酸化物に加えて自動車から排出される窒素酸化物，炭化水素類など汚染物質が複雑化してきた。これらが光化学反応によりオキシダントなどの 2 次汚染物質を出現させてきた。特に文化財環境には大型観光バスが集中し，自動車の排出ガスによる環境汚染がとりあげられてきた。

（1）　**ガスクロマトグラフィーによる環境調査**[11]

特別研究の一環として，京都市，宇治市，鎌倉市の寺院の既設収蔵庫 8 地点

において，文化財の収蔵環境に及ぼす屋外汚染の影響を検討するため，ガスクロマトグラフィーで環境中の炭化水素濃度を測定した。測定方法は活性炭を充填した濃縮管を脱気して現場に運び，環境空気を 1 l/min で 30 分間吸引採取してもち帰りガスクロマトグラフィーにより分析した。その結果，収蔵庫内部の炭化水素濃度は外気と同程度が測定され，組成は石油系燃料からくる自動車の排気ガス成分で，収蔵庫の内部に容易に侵入することが確認された（**図 2.4**）。

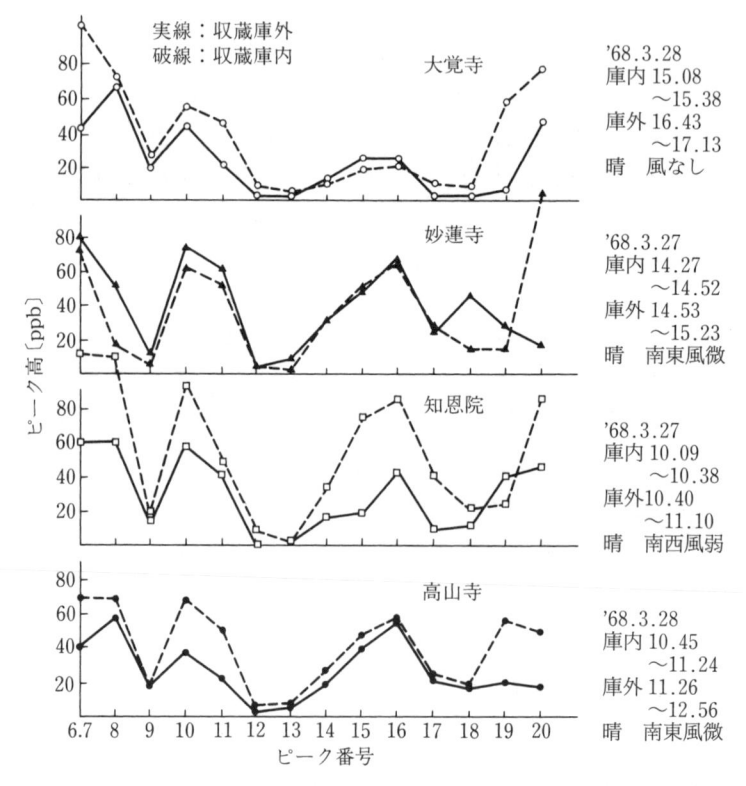

図 2.4　文化財の収蔵庫内外の炭化水素測定結果

（2）　特別展における大気汚染調査

1970 年代の前半は各地で大気汚染による公害問題が大きくとりあげられ，博物館や美術館で行われる特別展会場の環境問題が注目されてきた。1972 年奈良国立博物館における正倉院展示環境調査[12]，万国博覧会美術館の展示環境調

査[13]など展示環境における汚染因子の測定が行われた。

（3） 障壁画の環境に及ぼす汚染空気の影響[14]

1971～1973年に特別研究「書院造等建造物内障壁画保存の科学的研究」が計画され，障壁画の保存環境―主として空気汚染―に関する測定を行った。ここでは京都市内二条城，知積院，妙蓮寺，南禅寺，天球院，西本願寺の寺院内外および収蔵庫内の合計14か所でアルカリろ紙法による二酸化硫黄，二酸化窒素の測定と金属板の暴露試験を行った。二酸化硫黄の濃度は京都市中心部の二条城でわずかに高く，上野公園の約1/3であった。金属板の腐食度は1965年ごろと同程度かやや減少の傾向であった。

（4） アンケートによる文化財の被害調査[15]

1973年に公害による文化財の被害調査と題して，国内104の博物館，美術館，資料館などを対象にアンケートによる意識調査を行った。解答率は76.9％で，調査の結果は直接被害を受けているとの解答が17件，いまは受けていないがその心配があるとの解答が13件であった。被害を受けている内容については，自動車の排気ガスによる金属の腐食をあげていた。

2.2.5　1975～1985年代

（1） 文化財環境における粉塵に関する研究

環境中に浮遊する微粒子はガス汚染物質とともに文化財を汚損するため，組成および挙動に関するデータの収集はきわめて重要な研究である。1972年ごろからこの課題に取り組み，奈良国立博物館の収蔵庫，展示室，展示ケース内浮遊微粒子の挙動についてパーティクルカウンターによる調査を行い，大型展示ケースでは見学者の熱でケース内空気の対流が起こり微粒子の上昇が観測され[16]，銅葺き屋根が褐色に変色したさびについては，X線マイクロアナライザーによる断面分析で鉄粉の沈着を確認した[17]。また浮遊微粒子の組成について京都市三十三間堂，岡崎市大樹寺などでアンダーセンサンプラーにより捕集しX線マイクロアナライザーによる分析で粒径1μmを境に組成の異なることが確認された[18]。

（2） 緑青成分による大気汚染解析[19]

　測定機器の開発に伴い研究は多角的に発展し，銅または銅合金に発生したさびの組成から大気汚染の指標を表す試みも行った。文化財を対象として試料採取はできないため，住宅の銅葺き屋根，雨どい，銅板表札あるいは橋の銅金具などから銅さびを 10 mg 程度採取し，α-クロルプロピレン酸で分解後，ガスクロマトグラフィーおよびイオンクロマトグラフィーで分析し，さび中の炭酸，塩素，硝酸，硫酸イオンを比較した。神奈川県下で海岸から山岳地にかけて 100 件の試料について分析を行った。その結果，海岸地帯では塩素イオンが，コンビナートでは硫酸イオンが，山岳地帯でも塩素イオンが高い濃度で検出された（図 2.5）。

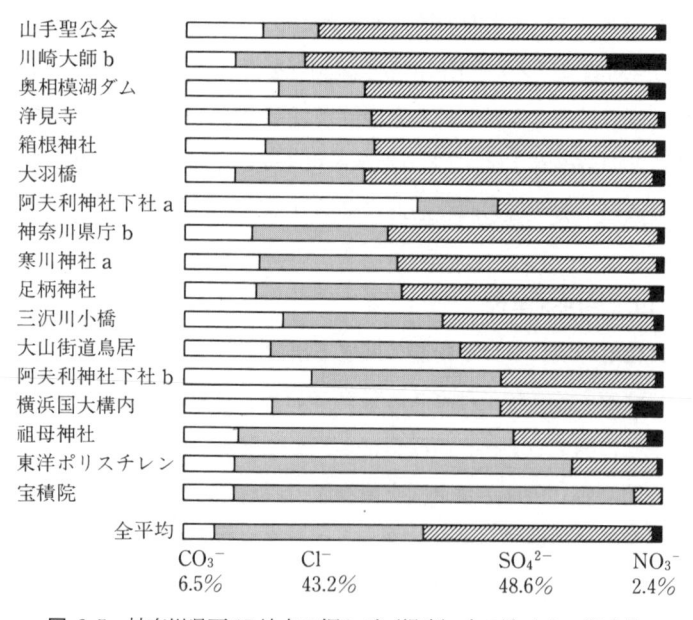

図 2.5　神奈川県下 17 地点の銅さび（緑青）中の陰イオン組成比

2.2.6　1985〜1995 年ごろ

　1980 年代後半には東京国立文化財研究所でイオンクロマトグラフィー装置が設備され，汚染度の測定は気体汚染質に加えて酸性霧，酸性雨に拡張された。二

酸化硫黄，二酸化窒素の測定にトリエタノールアミン含浸ろ紙を用いた簡易積算捕集器が開発され，イオンクロマトグラフィーを併用して測定がより容易となった。

（1） 二酸化窒素が染織文化財に及ぼす影響[20),21)]

1986，1987年には環境条件の異なる美術館，博物館の展示室，収蔵庫において古代染料で染色した絹，木綿のテストピースを暴露し，同じ位置で二酸化窒素濃度を測定し染織文化財に対する二酸化窒素の影響について実験を行った。その結果，二酸化窒素が染織布の変退色に関与すること，基質の影響が確認され，綿布における退色が絹布より顕著であることが明らかになった。その後，文化財の保存管理の立場から大気中の二酸化硫黄，二酸化窒素が天然繊維および天然染料に及ぼす影響に関する研究が進められている[22)]（**図 2.6**）。

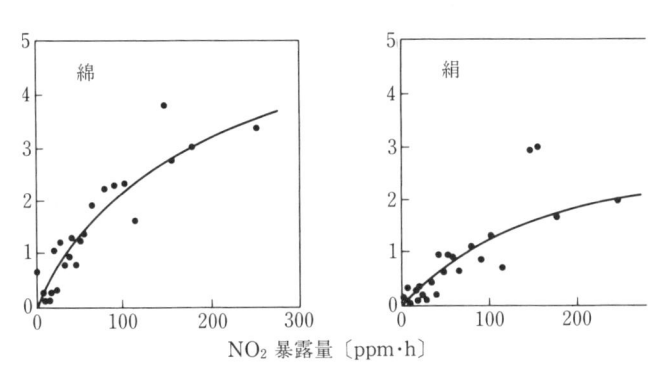

図 2.6 ブラジリン染色による綿布および絹布における NO_2 環境暴露量と変退色との関係（ドース・レスポンス）

（2） 酸性霧が金属文化財に及ぼす影響[23),24)]

酸性の霧は，直接雨のあたらない軒下の装飾に対して影響を及ぼすおそれが考えられる。

雨の組成を測定すると初期の 1 mm 降雨中に塩素，硝酸，硫酸イオンが高い濃度で含まれているが，降雨が継続するとしだいに低濃度となり器物に付着した雨は洗浄される。

酸性霧は空気中を浮遊して直接雨のあたらない軒下などに侵入して付着する。

霧は雨のような洗浄効果が期待されないため，長く酸性物質を表面に残存させる。これは霧がはれたあとまで継続し，濃縮して影響を増大させる。

海岸に隣接した美術館，日本家屋，都心高速道路際美術館，公園地区など条件の異なる4地帯の屋外，展示室，収蔵庫など合計20か所に銅板，銀板を暴露し，同地点でガーゼ法による霧を15か月間継続測定したところ，霧は空調の完備した展示室，収蔵庫内ではきわめて低濃度であったが，日本家屋内では塩素，硝酸，硫酸の各イオンが検出された。

金属板に対して暴露前後の色差（ΔE）と環境汚染濃度の関係をdose-responseの値で比較する実験を試みた結果，説明するに足るデータの収集には至らなかった。

（3） **大理石テストピースによる酸性雨の影響評価法の検討**[25]~[30]

文化財環境に大理石テストピースを暴露し，同地点で降雨を採取した。雨水の分析はイオンクロマトグラフィーにより塩素，硝酸，硫酸の各イオン濃度を測定し，大理石テストピースの重量変化について検討した。テストピースの重量変化は，個々のイオン組成よりは全水素イオン濃度に依存することが確認された。降雨の酸性度は初期降雨が高く，継続した場合急速に低下し数mmで平衡となることから，小降雨の繰返しがより影響を大きくするという結果が得られた。

多くの文化財は特定位置に設置され，すべての環境汚染物質の影響を受ける

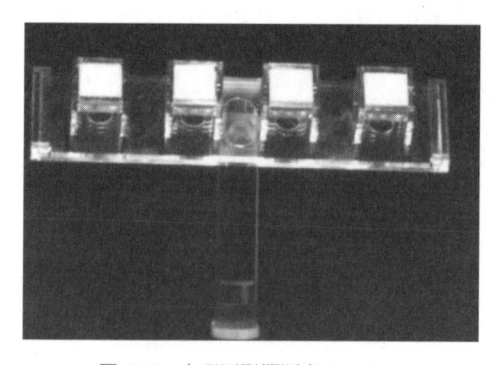

図 2.7 大理石影響測定モニター

立場にあり，この現実から文化財としての材質でもあり，酸性物質の影響を受けやすい大理石テストピースによる影響測定モニターは有効で，今日では各地で使用しているようである（図2.7, 図2.8）。

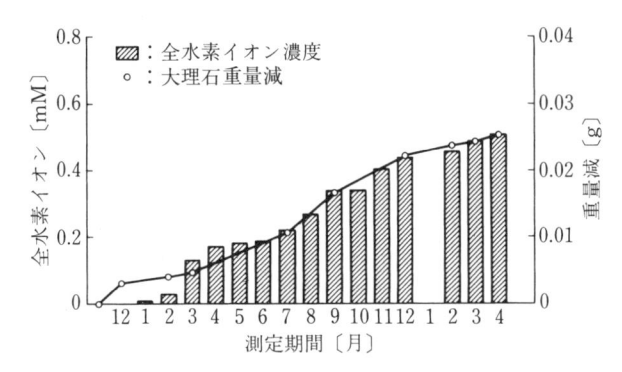

図 2.8 大理石影響測定モニターによる影響測定例
降雨中の全水素イオン濃度と大理石モニターの重量減との関係

2.2.7 酸性雨が文化財等材質に対する影響に関する研究分科会

文化財の特殊性から対応が難しくその研究は限られた分野に制約されていたが，1992年大気環境学会内に「酸性雨が文化財等材質に対する影響に関する研究分科会」が発足し，国内をはじめ中国を主とした東アジア地域における文化財などの材質に及ぼす環境汚染の影響について研究が進められている。多くの研究者の参加により着々と成果が現れてきている[31]〜[33]。

2.2.8 お わ り に

1958年ごろから環境問題をとりあげて行ってきた文化財の保存環境に関する実験，研究の経過をまとめた。長期間の監視を必要とする文化財保護に関する課題はきわめて多く，環境問題は社会構造や産業活動を反映するため各分野の研究者の協力が必要である。

2.3 東アジア地域を対象とした酸性大気汚染物質の文化財および材料への影響調査

2.3.1 はじめに

　金属材料・製品は一般に耐用年数があり，耐用年数を過ぎれば廃棄され，新しく更新されるのが普通である。同じ材料でも製品が優れた作品であり，人々に感動を与える文化財であったり，年代を経て大切に受け継がれた希少な財産であったりすると，それらが存在し続けること自体に大きな意味を認めることができる。また，人為の活動規模が気候変動をももたらすほどに拡大してきた現代社会においては，耐用年数だけで割り切るような資源の利用，使用では地球環境，特に生物の環境は良好に保てないことは普通一般の認識となってきた。

　文化財，材料の損傷と酸性雨，大気汚染について研究調査をすることは人類文化の継承，また資源の浪費を防ぎ，地球環境をさらに悪化させることから防衛することに対して大きな意義をもつと考えられる[32]。ここでは1993年から着手された大気環境学会文化財および材料影響評価分科会を中心とした「東アジア地域を対象とした酸性大気汚染物質の文化財および材料への影響調査」の結果[35]を中心に触れる。

2.3.2 調査方法

　東アジア地域を対象とした統一手法による材料影響調査がこれまでなされてこなかったため，同一精度のデータによる東アジア地域の腐食，材料影響の程度を比較検討することはできなかった。

　そこで「東アジア地域を対象とした酸性大気汚染物質の文化財および材料への影響調査」では日本，中国，韓国の23地点を選定し，同一方法によって調査を実施した。

　図2.9に調査地点を，表2.2に試験試料の材質を示す。暴露方法は屋内，屋外暴露，期間は3か月から7年を計画した。環境項目は気象項目（気温，湿度，

表 2.2 文化財および材料への影響調査に用いた試験試料

材料	暴露方法	寸法 (mm)	成分・規格	表面仕上	暴露試験地
青銅	屋外暴露 屋内暴露 溶出試験	2.0×30×40	JIS H 5111 BCB Cu 85%, Sn 5%, Pb 5%, Zn 5%	#400 研磨	日本, 韓国, 中国の23か所
古銅	屋外暴露 屋内暴露	0.8×30×40	東大寺大仏殿銅屋根の銅から作成 Cu 99.25%, Pb 0.58%, As 0.02%, Zn 0.002%, Fe 0.001%	同上	同上
純銅	屋外暴露 屋内暴露	0.4×30×40	JIS H 3100 C1201P Cu＞99.9%	同上	同上
炭素鋼	屋外暴露 屋内暴露	1.2×30×40	JIS G 3141 SPCC	同上	同上
大理石	屋外暴露 屋内暴露	5.0×30×40	白色イタリー		同上
凝灰石	屋外暴露	20×50×50	臼杵産		中国, 韓国, 大阪の9か所 (積算暴露)
スギ	屋外暴露	10×70×70	吉野産		北京, 重慶, 上海, 大邱, 東京, 大阪, 奈良, 京都など9か所
ヒノキ	屋外暴露	10×70×70	木曽産		北京, 重慶, 上海, 大邱, 東京, 大阪, 奈良, 京都など9か所
漆	屋内暴露	7.0×50×50	基材：ヒバ, 粗塗：漆, 粘土, 鉄粉の混合 表層：漆と炭粉混合2回塗		北京, 重慶, 上海, 大邱, 東京, 大阪, 奈良, 京都など9か所

2. 文化財保護と大気環境

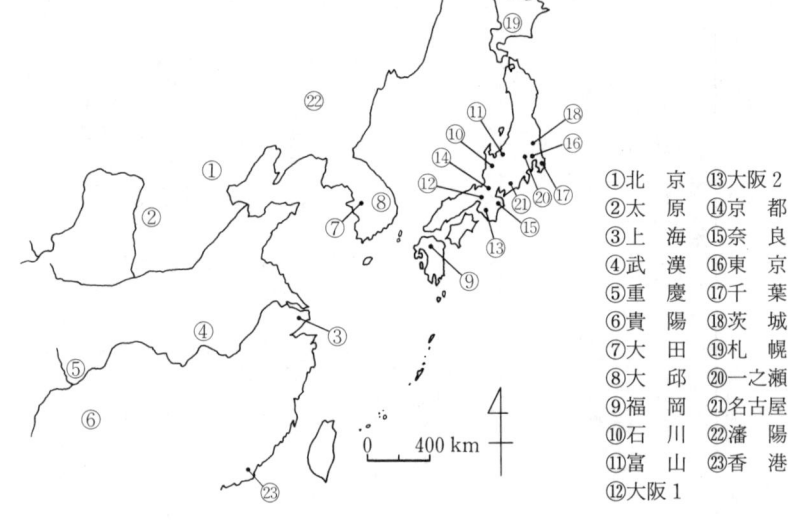

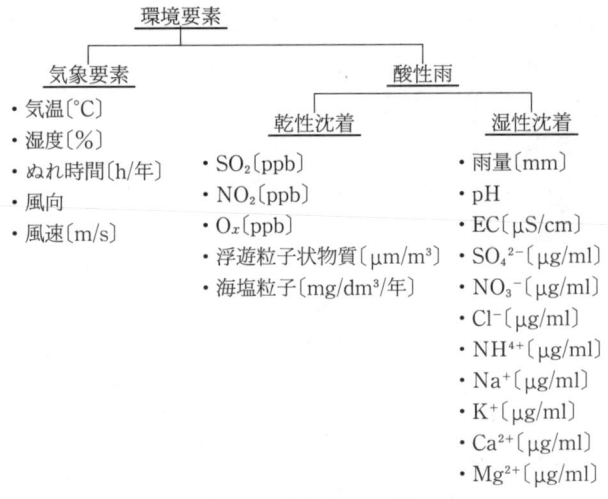

①北　　京　⑬大阪 2
②太　　原　⑭京　　都
③上　　海　⑮奈　　良
④武　　漢　⑯東　　京
⑤重　　慶　⑰千　　葉
⑥貴　　陽　⑱茨　　城
⑦大　　田　⑲札　　幌
⑧大　　邱　⑳一之瀬
⑨福　　岡　㉑名古屋
⑩石　　川　㉒瀋　　陽
⑪富　　山　㉓香　　港
⑫大阪 1

図 2.9　調査地点

環境要素

気象要素
・気温〔℃〕
・湿度〔％〕
・ぬれ時間〔h/年〕
・風向
・風速〔m/s〕

酸性雨

乾性沈着
・SO_2〔ppb〕
・NO_2〔ppb〕
・O_x〔ppb〕
・浮遊粒子状物質〔μm/m³〕
・海塩粒子〔mg/dm³/年〕

湿性沈着
・雨量〔mm〕
・pH
・EC〔μS/cm〕
・SO_4^{2-}〔μg/ml〕
・NO_3^-〔μg/ml〕
・Cl^-〔μg/ml〕
・NH_4^+〔μg/ml〕
・Na^+〔μg/ml〕
・K^+〔μg/ml〕
・Ca^{2+}〔μg/ml〕
・Mg^{2+}〔μg/ml〕

図 2.10　環境要素の測定

風向，風速，ぬれ時間），大気汚染項目（SO_2，NO_2，O_x，SPM，海塩粒子），降水成分（pH，EC，陰イオン，陽イオン）であった（図 2.10）。

2.3.3 調査結果の概要
(1) 気象,大気汚染

全調査地点の年平均気温は 14〜18℃でほぼ一定であった。ぬれ時間は日本海沿岸地域,日本の比較的低汚染地域が年間 4 000 時間以上であった。風速は中国重慶などの比較的高汚染地域で冬期に弱く,汚染物質の滞留しやすい気象状況であった。大気汚染物質のうち SO_2 は中国の比較的高汚染地域で日本の約 10 倍の濃度を示した (図 2.11, 図 2.12)[35]。

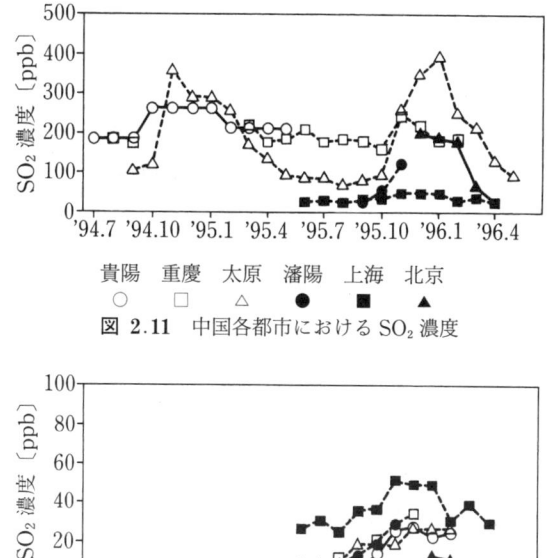

図 2.11 中国各都市における SO_2 濃度

図 2.12 韓国と中国清浄地域の SO_2 濃度

特に中国内陸部の重慶,貴陽,太原の SO_2 濃度が高い傾向であった。また,冬期の太原は平均濃度で 400 ppb にも達するほどの高濃度であり,日本の現在の平均濃度の約 50 倍であった。韓国の 2 地点の SO_2 濃度は中国と比較すると低い傾向であったが最高 30〜40 ppb を示し,わが国と比較すると相当に高濃度であった。NO_2 濃度は中国では上海,香港,韓国の 2 地点,日本の大都市部が高濃度

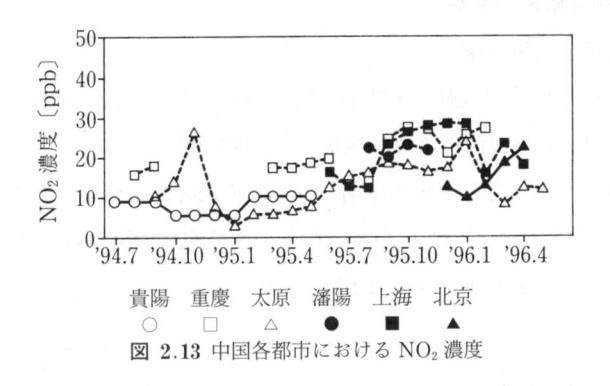

図 2.13 中国各都市における NO_2 濃度

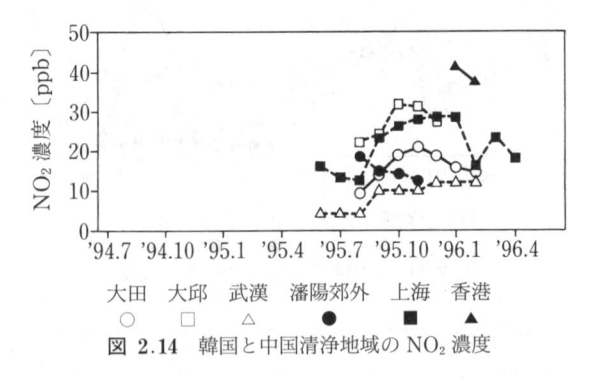

図 2.14 韓国と中国清浄地域の NO_2 濃度

を示した（図 2.13，図 2.14）。

（2） 降水など降下物中の化学成分濃度

各調査地点の降水成分の分析結果を表 2.3 に示す。pH では東京以外の日本の各地点が低く，特に奈良は 4.09 であった。中国では重慶が低く 4.73 であった。SO_4^{2-} 濃度は貴陽が最も高く 45.8 μg/ml と京都の約 30 倍の濃度を示した。NO_3^- 濃度は重慶が最も高く，3.34 μg/ml と奈良の約 3 倍を示した。中国の各都市は酸性雨の原因物質である SO_4^{2-}，NO_3^- 濃度はわが国の各地点より顕著に高いが降水酸性化の緩衝物質である Ca^{2+} 濃度も同様に高いため，今回の調査では降水 pH を年平均値で比較すると，わが国の降水 pH のほうが相対的に中国よりも低い傾向であった。

2.3　東アジア地域を対象とした酸性大気汚染物質の文化財および材料への影響調査　75

表 2.3　暴露地点の雨水の分析結果

暴露地点	期間	降雨量 (mm)	μpH	EC 2.5°C (μS/cm)	SO_4^{2-} (μS/l)	NO_3^- (μg/ml)	Cl^- (μg/ml)	NH_4^+ (μg/ml)	Ca^{2+} (μg/ml)	Mg^{2+} (μg/ml)	K^+ (μg/ml)	Na^+ (μg/ml)
貴陽	94.7-96.5	—	5.06	98.1	45.81	3.08	0.57	1.34	14.09	1.73	0.50	0.18
重慶	93.6-94.5	926	4.73	117.1	35.90	3.34	3.43	6.29	11.19	1.15	0.89	2.59
上海	93.6-94.5	1274	6.55	104.1	27.60	2.31	1.84	3.08	10.31	0.53	0.33	0.73
北京	93.6-94.5	591	5.77	159.8	33.70	0.80	2.14	6.51	13.53	1.32	0.69	0.80
大邱	93.8-94.5	689	4.91	51.0	12.85	1.94	0.80	4.25	1.79	0.24	0.57	0.45
石川	93.6-94.5	2580	4.67	33.8	2.40	1.15	4.73	0.32	0.36	0.34	0.23	2.70
東京	93.6-94.5	1474	5.92	28.0	2.35	1.41	1.47	0.54	1.97	0.27	0.17	0.77
大阪	93.6-94.5	1487	4.18	41.0	4.88	1.40	0.92	1.23	0.82	0.08	0.01	0.38
奈良	93.6-94.5	1375	4.09	37.5	5.10	1.02	0.61	0.76	0.42	0.07	0.04	0.32
京都	93.6-94.5	1745	4.71	13.3	1.44	1.13	0.49	0.41	0.17	0.04	0.10	0.19
茨城	94.6-95.5	1152	4.67	21.2	1.91	1.87	1.35	0.56	0.20	0.06	0.04	0.27

表 2.4　金属材料の腐食速度 [μ/年]

暴露地点	期間	青銅		古銅		銅		炭素鋼		大理石	
		屋外	屋内	屋外	屋内	屋外	屋内	屋外	屋内	屋外	屋内
貴陽	94.7-96.5	6.33	2.85	7.99	2.30	7.60	2.01	262.2	21.84	—	—
重慶	93.6-94.5	6.81	4.03	6.84	2.54	5.26	2.37	147.0	37.50	20.62	-3.06
上海	93.6-94.5	2.24	1.54	2.78	0.95	2.24	0.84	78.5	63.20	9.29	0.90
北京	93.6-94.5	—	—	0.92	—	1.00	—	25.7	—	—	—
大邱	93.8-94.5	1.67	—	1.91	—	1.61	—	45.5	—	7.76	—
石川	93.6-94.5	1.99	1.18	1.92	0.51	1.74	0.60	31.8	12.80	9.54	-0.49
東京	93.6-94.5	1.95	0.64	1.74	0.45	1.44	0.46	50.1	18.99	8.18	-1.40
大阪	93.6-94.5	1.27	0.68	1.05	0.45	0.94	0.33	27.4	18.40	4.54	-0.03
奈良	93.6-94.5	1.47	0.58	1.17	0.47	1.12	0.33	26.3	11.70	5.37	-0.74
京都	93.6-94.5	0.84	0.27	1.44	0.19	1.10	0.19	24.6	8.70	4.97	-0.15
茨城	94.6-95.5	0.51	—	1.07	—	1.08	0.21	26.5	8.80	5.31	-0.34

(3) 金属材料の腐食速度

各金属材料別の屋外，屋内の腐食速度を**表 2.4** に示す。材料別にみると重慶では腐食速度の最も大きな材料は炭素鋼であり，ついで大理石，青銅，古銅，純銅の順であった。重慶では炭素鋼は腐食速度が最も大きく屋外で 147.0 μm/年，最も小さい材料は屋外では銅であり，5.26 μm/年であった。このように重慶では炭素鋼は銅の約 30 倍も腐食速度が大きいことが認められた。また，炭素鋼の腐食速度では貴陽は茨城の約 10 倍の腐食速度であった。全体的には中国の貴陽，重慶は大きな腐食速度を示した。

(4) 銅の腐食生成物

金属の腐食生成物はその金属が暴露されている環境を反映し，特徴的な組成物を形成することが知られている[36]。図 2.15，図 2.16 に銅の腐食生成物の X 線回折分析結果を示す。

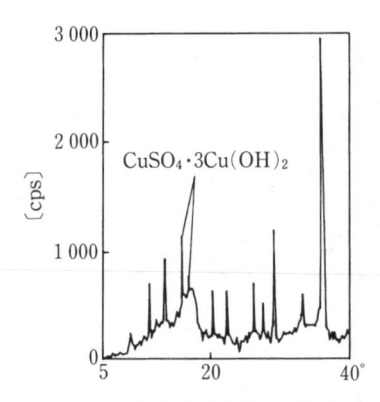

図 2.15 重慶市で暴露した銅表面の腐食生成物（X 線回折分析結果）

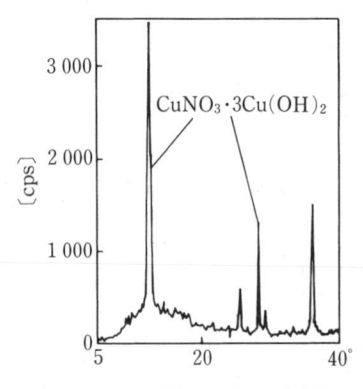

図 2.16 大阪市で暴露した銅表面の腐食生成物（X 線回折分析結果）

図 2.15 は重慶の場合であるが短期間の 4 か月暴露にもかかわらず，塩基性硫酸銅が検出された。一方，大阪では図 2.16 に示すように塩基性硝酸銅が検出された。重慶の腐食生成物は硫黄酸化物を中心とする高濃度の大気汚染環境を反映し，大阪は自動車など移動発生源から多く排出される窒素酸化物による大気汚染環境を反映していると推測される。

（5） 大 理 石

大理石表面の大気，降水などとの反応生成物をX線回折により分析した結果を図2.17に示す。

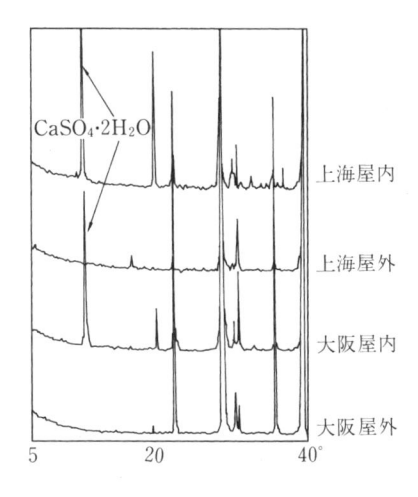

図 2.17 X線回折による大理石試料の圏外・圏内での腐食生成物

上海，大阪とも屋内では石こう（$CaSO_4 \cdot 2H_2O$）が生成されていることが示されている。しかし，屋外では検出されなかった。このことは屋外では石こうが生成されても降水により溶解し，表面に蓄積されることがない。すなわち，SO_2は大理石の主成分である炭酸カルシウムと反応し，硫酸カルシウムを生成する。生成した硫酸カルシウムは水に対する溶解度が炭酸カルシウムより大きいため，降水により溶解する。このためSO_2濃度の高い環境ではより早く劣化が進行することになる。

（6） 材料への大気汚染物質の沈着速度

屋内の材料表面には汚染物質が蓄積されるため，材料への乾性沈着を見積もることができる。**表2.5**に屋内の大気中の化学成分の沈着量を示す。ブロンズなど銅系の表面への沈着速度が最も小さく，つぎに炭素鋼，大理石の順位であった。特に大理石はSO_2で銅の10倍以上の速度を示した。NO_2はSO_2と比較し，沈着速度は小さく，特に炭素鋼で小さかった。

表2.5　屋内の材料表面への乾性沈着速度〔cm/s〕

屋内の材料		4か月暴露		1年間暴露	
		SO_2	NO_2	SO_2	NO_2
青　銅	平均 標準偏差 数	0.008 0.010 24	0.006 0.004 26	0.004 0.002 11	0.003 0.002 10
古　銅	平均 標準偏差 数	0.007 0.004 24	0.004 0.003 26	0.004 0.002 11	0.002 0.001 10
純　銅	平均 標準偏差 数	0.007 0.005 30	0.004 0.003 28	0.004 0.002 11	0.002 0.001 10
炭素鋼	平均 標準偏差 数	0.036 0.040 30	0.0003 0.0003 26	0.017 0.012 10	0.0002 0.0001 9
大理石	平均 標準偏差 数	0.100 0.092 48	0.016 0.018 43	0.066 0.026 8	0.007 0.004 9

2.3.4　ま　と　め

「東アジア地域を対象とした酸性大気汚染物質の文化財および材料への影響調査」は，材料影響評価を東アジアという広範囲な地域で実現したことで画期的な調査といえる。この調査が材料，文化財の保存，および保護のための環境評価，対策まで含む研究として発展していくことを期待する。なお，本調査研究は国立環境研究所，大気環境学会，その他多くの研究機関，研究者による共同研究として実施されてきた。

2.4　酸性雨・大気汚染が大理石に及ぼす影響

2.4.1　は　じ　め　に

大気汚染や酸性雨など環境汚染が文化財に及ぼす影響が懸念されている[37]。特に，酸性汚染物質が大理石文化財に及ぼす影響は深刻な状況にある。大理石は建造物や彫刻などの材料として一般に広く用いられているが，酸性汚染物質による影響をきわめて受けやすい物質であることが知られている[37]~[39]。

2.4 酸性雨・大気汚染が大理石に及ぼす影響

大理石は，方解石（$CaCO_3$）の粒状集合体からなる岩石で，石灰岩の再結晶により生成したもので，結晶質石灰岩と同義であるが，特に方解石の結晶が大きく美しい岩石だけを大理石と呼ぶこともある[40]。結晶質の大理石は，酸に脆弱であり，大理石製文化財などに影響を与えるおもな大気汚染因子として酸性雨，酸性霧，ミスト中のCl^-，NO_3^-，SO_4^{2-}，大気中のNO_xとSO_x，などがあげられている[37]～[39]。

文化財の保存環境を検討するうえで，大気環境汚染物質が文化財・材質に及ぼす影響を定量的な視点から考察することは重要な課題であると考えられる。本研究では，その影響が顕著である大理石を影響評価のテストピース[41]として用い，直接の降雨による影響だけでなく降雨以外の酸性降下物などにも注目し，大理石の屋外暴露（暴雨環境）試験，リーチング試験，屋内暴露（遮雨環境：百葉箱内に大理石テストピースを置くことにより，雨にあたらない）試験を行い，同一地点での環境測定の結果との比較により，酸性雨・大気汚染が大理石に及ぼす影響の実態を具体的に把握することを試みた。

2.4.2 調査方法
（1）調査地点

調査地点は以下のとおりである（図2.18）。
① 高徳院（屋上）：神奈川県鎌倉市長谷（鎌倉駅西）
② 円覚寺・帰源院：神奈川県鎌倉市山ノ内（北鎌倉駅東）
③ 鶴岡八幡宮：神奈川県鎌倉市雪の下（鎌倉駅北北東）
④ 永福寺跡（遺跡）：神奈川県鎌倉市二階堂（鎌倉駅北東）
⑤ 東京国立文化財研究所（屋上）：東京都台東区上野公園
⑥ 東京学芸大学（自然科学棟屋上）：東京都小金井市貫井北町
⑦ 京都国立博物館（雨水のみ屋上）：京都府京都市東山区茶屋町

鎌倉市内においては，露座の大仏として有名な鎌倉大仏や多くの文化遺産をもち，人間の社会活動に起因する酸性雨・大気汚染や海水飛沫に起因する海塩粒子の文化財に及ぼす影響が懸念されており，深刻な問題となっている。この

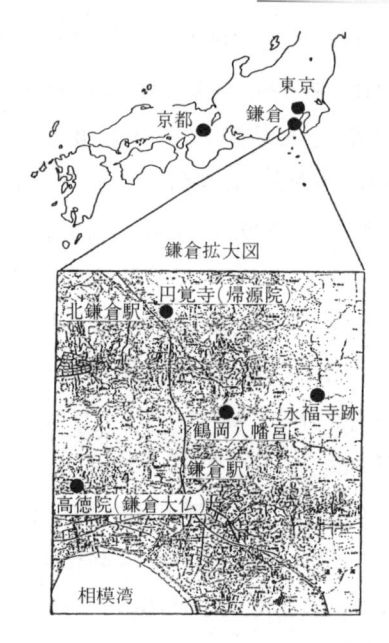

図 2.18 大理石の環境暴露試験の調査地点 (S. Ninomiya, T. Ono, S. Udagawa, T. Kadokura Y. Maeda and T. Mizoguchi：Study on the Influence of Acid Deposition on Cultural Properties, Proceedings of the International Symposium on Acidic Deposition an its Impacts, Tsukuba, Japan, pp.127～133（1996）から引用)

ため，地理的に代表的な4地点を選定した（地点 ①～④)。また，数々の美術館や文化遺産をもつ上野公園周辺や京都市内においては，1960年ごろから門倉らにより継続的な環境調査が行われており，経年変化を追跡するためには重要な調査地点である（地点 ⑤，⑦)。さらに，環境の異なる東京都郊外に位置する小金井市も比較検討のために観測地点とした（地点 ⑥)。

（2） 環境測定項目

環境測定を行った項目[42]は以下のとおりである。

① 降雨中の陰イオン（NO_3^-，SO_4^{2-}，Cl^-）と陽イオン（NH_4^+，Ca^{2+}，K^+，Mg^{2+}，Na^+）濃度の測定：雨水は，柴田化学製 W-101 型雨水採水器（5 μm メンブランフィルター付き）で1か月ごとに回収した。必要に応じて，堀場製作所製雨水採水器（レインゴーランド）により一降雨についても1mmごとに回収した。

Ca^{2+}，Mg^{2+} は誘導結合プラズマ発光分光分析（ICP-AES)，そのほかの各イオンはイオンクロマトグラフィー（IC）により求めた。

② 大気中の二酸化窒素（NO$_2$）と二酸化硫黄（SO$_2$）濃度の測定：積算法により1か月の平均濃度として求めた。簡易モニターとして市販されている NS モニター［トリエタノールアミン（TEA：(HOCH$_2$CH$_2$)$_3$N）試薬を吸収液として含浸させたろ紙をディフュージョンタイプのホルダーにセットしたもの］を百葉箱内に設置し，雨，直射日光が直接あたらない環境中で1か月間暴露して，大気中の NO$_2$ および SO$_2$ ガスを捕集した。抽出液（蒸留水）で抽出したのち，IC 法で測定した。

③ ミスト中の NO$_3^-$，SO$_4^{2-}$，Cl$^-$，NH$_4^+$，Na$^+$，K$^+$ 濃度の測定：ガーゼ捕集器［純水で洗浄・乾燥した新しいガーゼを直径 100 mm（表面積 157 cm^3），幅 10 mm のアクリル樹脂製リングに固定したもの］を用いてミストを捕集した。NS モニターと同様に，百葉箱内で1か月間暴露し回収した。回収されたガーゼは純水で 24 時間抽出し，IC 法により各イオン濃度を求めた。

（3）大理石の環境暴露試験・リーチング試験

用いた大理石試験板は，建築用大理石化粧板を 20×20×3 mm（約 6 g）に成形され市販されているものである。純水-超音波洗浄後，乾燥させ，デシケーター中に保管した。

大理石の暴露試験[38),43)]は，屋外（暴雨環境）暴露と屋内（遮雨環境）暴露の2種類の環境で行った（図 2.19）。暴雨環境暴露は大理石試験板をアクリル板に取り付け南面 45 度の暴露台上に設置した。遮雨環境暴露は大理石試験板を百葉箱内にポリエチレン細紐を用いて懸垂した。

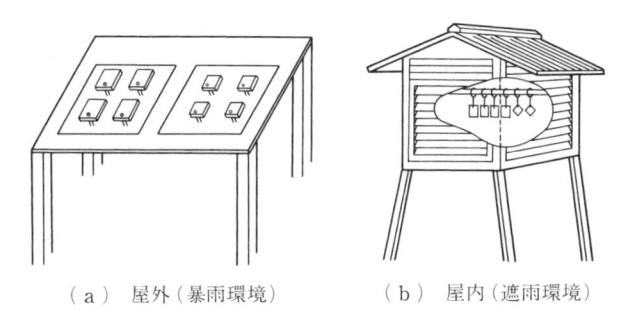

（a）屋外（暴雨環境）　　（b）屋内（遮雨環境）

図 2.19　大理石の環境暴露試験（引用先は図 2.18 に同じ）

暴雨環境暴露は，大理石試験板を4か月間ごとに暴露したあと，回収された大理石試験板を純水-超音波洗浄により表面の付着物を除去し，乾燥後の質量を測定した。暴露後の質量変化量を影響度として評価した。遮雨環境暴露は，暴雨環境暴露と同一期間ごとに（4か月間）大理石試験板を暴露した後，回収された大理石試験板の質量を測定した。つぎに，回収された大理石試験板を純水20 ml 中で超音波洗浄し，純水中に溶出した NO_3^-，SO_4^{2-}，Cl^-，NH_4^+，Na^+，K^+ を IC 法により，Ca^{2+}，Mg^{2+} を ICP-AES 法により定量した。

なお，大気環境暴露により起こる大理石試験板の表面での化学変化は，X線回折法により検討した。ここでは，大理石試験板を粉末にしないでそのまま測定する方法を用いた。

大理石のリーチング試験[39]は，4台のレインゴーランド雨水採水器を並列に設置し，そのうち2台の雨水採水漏斗（80 mmϕ）内に大理石試験板を南面45度にセットし大理石試験板を流下した降雨，残り2台は降雨のみについて，初期降雨から1 mm ごとの雨水を採水した。NO_3^-，SO_4^{2-}，Cl^- を IC 法，Ca^{2+} を ICP-AES 法により定量した。

2.4.3 結果および考察[44),45)]

（1）酸性雨・大気汚染の実態と地域的比較[44)]

（a）降雨の測定　7地点における降雨の測定結果（年平均濃度）の一例として1995年の結果の一部を表2.6に示す。降雨中の陰イオン濃度月別変化の一例を図2.20に示す。

1993年11月から2年間における7調査地点での1か月ごとの降雨中に含まれる陰イオン，陽イオンを比較すると，地域的な特徴が顕著に認められた。鎌倉地域4地点では，ほかの3地点に比べて Cl^- が多く，それに対応して Na^+ も多いという結果が得られた（図2.21）。NO_3^- は，京都が最も低く，鎌倉，小金井の順に高くなり，上野が最も高くなった。nss（non sea salt：非海塩）-SO_4^{2-}については，NO_3^- と同様の順で上野が最も高く，続いて小金井，鎌倉と京都の順で，鎌倉と京都が同程度であった。

2.4 酸性雨・大気汚染が大理石に及ぼす影響

表2.0 1995年の年間降雨量および年間平均pHと年間平均濃度〔μeq/l〕

		降雨量〔ml〕	pH	NO_3^-	nss-SO_4^{2-}	Cl	NH_4^+	nss-Ca^{2+}	Na^+
①	高徳院	1 339	4.7	43.8	30.0	149.2	38.7	36.2	130.3
②	円覚寺	1 354	4.8	42.7	35.1	132.4	22.6	50.0	95.7
③	鶴岡八幡宮	1 090	5.5	52.2	56.1	226.5	40.1	72.1	154.3
④	永福寺跡	1 462	4.6	35.7	43.4	142.8	27.4	39.2	99.4
⑤	東京国立文化財研究所	997	5.1	72.3	91.2	124.6	74.4	124.6	95.1
⑥	東京学芸大学	1 294	5.1	49.9	62.8	100.9	46.6	141.9	72.1
⑦	京都国立博物館	1 016	4.5	26.5	45.0	59.6	29.1	26.5	60.7

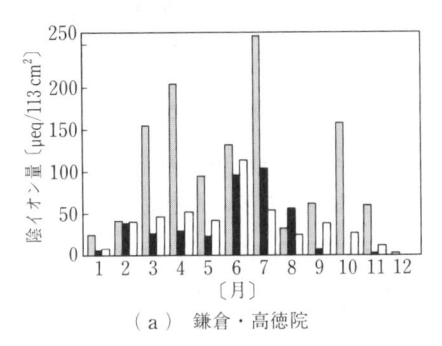

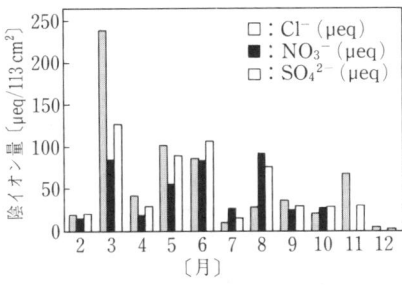

（a）鎌倉・高徳院　　　　（b）東京国立文化財研究所

図 2.20 降雨中の陰イオン濃度の月別変化（1995年）（引用先は図2.18に同じ）

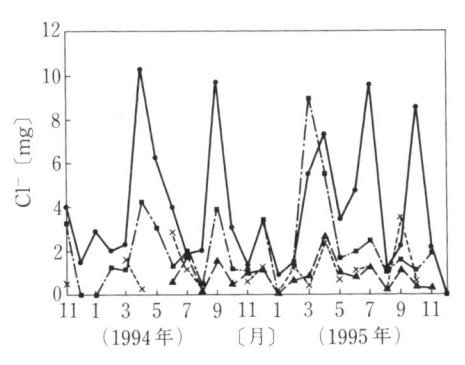

図 2.21 降雨中の Cl^- の月別変化（1993年11月～）
（引用先は図2.18に同じ）

初期1mmの降雨について，酸性降下物を多量に含む上野（東京国立文化財研究所）と少ない鎌倉（高徳院）について比較した。上野では，pHの値が3.5～4.0の低い雨と6.5～7.5の高い雨の大きく2群に分類され，初期降雨が酸

性の場合と中性の場合があり，後者の中性の雨に関しては，電気伝導率が酸性の雨のときと同様の値を示すことから，ほかの地域に比べ濃度が高い NH_4^+ が関与していたものと思われる。一方，鎌倉（高徳院）では，pH の値が 4.0～5.5 に集中していた。同時に測定した電気伝導率の結果でも同様の結果が得られた。さらに，両者の電気伝導率の値を比較すると，全体的に上野が高くなった。降雨ごとの電気伝導率を比較すると，雨が降らない期間が長くなればなるほど，つぎの降雨の電気伝導率が高くなる傾向が認められた。

（b）大気中の NO_2 と SO_2 の測定　NS モニターによる大気中の NO_2 の測定結果を**図 2.22** に示す。全体的な傾向として，NO_2 濃度は季節的な変動を大きく受け，冬期に高く夏期に低くなるという季節的な変動が認められた。地域別には鎌倉≦京都＜小金井＜上野の順に NO_2 濃度が高く，都市部の上野で最も大きな値を示している。鎌倉市内の 4 地点では交通量の多い高徳院や鶴岡八幡宮が，永福寺跡や円覚寺・帰源院より年間を通じて高い値を示した。

大気中の SO_2 についても NO_2 と同様に，都市部の上野が最も高く，鎌倉≦京都＜小金井＜上野の順に高くなっていた。

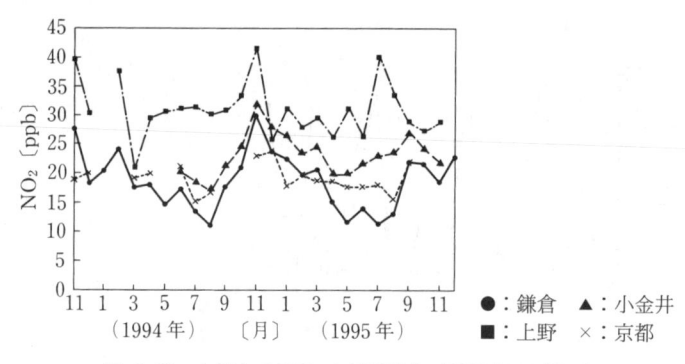

図 2.22　大気中の NO_2 の月別変化（1993 年 11 月～）
（引用先は図 2.18 に同じ）

（c）ミスト中の浮遊物の測定　ガーゼに捕集されたミスト中の各イオンの濃度は，降雨，大気と同様に，上野が K^+ を除く Cl^-，NO_3^-，SO_4^{2-}，Na^+，NH_4^+ イオンともに最も高い値を示し，全体的にみると鎌倉≦京都＜小金井＜上

野の順であった。沿岸地域である鎌倉においては，海塩粒子由来のCl^-，Na^+が高いことからSO_4^{2-}の多くは海塩粒子由来で，nss-SO_4^{2-}は京都に比べてかなり少ないものと思われる。

季節的な特徴としては，降雨中のNO_3^-は夏期に高く冬期に低くなる傾向が顕著に認められた。この傾向は，大気中のNO_2と逆の傾向である。一例として鎌倉・高徳院の結果を図 2.23 に示す。窒素酸化物は，湿度の低い冬期にはNO_2気体成分として大気中に，湿度の高い（降雨の多い）夏期にはNO_3^-イオン成分として降雨やミストに含まれるためと思われる。このため，夏期においては，温度も高く反応も進行しやすいので環境や材料に与えるミストの影響が大きいものと考えられる。一方，冬期においても，この時期に特有の夜露や結露による水分を媒体とした大気中のNO_2気体の大理石への沈着も配慮しなくてはならないだろう。

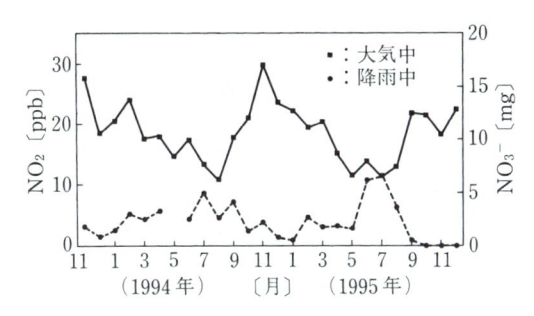

図 2.23 大気中のNO_2と降雨中のNO_3^-との関係
鎌倉・高徳院（1993 年 11 月～）
（引用先は図 2.18 に同じ）

（2） 大理石暴露試験・リーチング試験

（a） 大理石の暴露試験による質量変化　　大理石試験板の暴露は，鎌倉・高徳院，東京国立文化財研究所，東京学芸大学の屋上の 3 地点で，4 か月，8 か月，12 か月，24 か月間の暴露を行った。大理石の 4 か月間ごとの質量変化を表 2.7 に示す。

屋外（暴雨環境）暴露した大理石試験板は，いずれの観測地点・暴露期間に

表 2.7 環境暴露（4か月間）による大理石の質量変化〔mg〕

暴露期間	東京国立文化財研究所		鎌倉・高徳院		東京学芸大学	
	暴雨	遮雨	暴雨	遮雨	暴雨	遮雨
1994.6～1994.9	−11.2	2.3	−8.3	0.6	−10.3	0.6
1994.10～1995.1	− 4.3	2.5	−4.9	0.9	− 3.4	1.4
1994.2～1995.5	− 7.5	1.2	−8.0	0.8	− 8.4	1.2
1995.6～1995.9	− 9.8	2.2	−8.6	0.6	−10.3	0.6

おいても質量の減少がみられた。一方，屋内（遮雨環境）暴露した大理石試験板の重量変化は，おおむね質量が増加した。大理石試験板の質量変化と暴露環境との間には相関性が認められた。大理石試験板の暴露試験と同一地点の環境調査の結果では，鎌倉・高徳院＜東京学芸大学（小金井）＜東京国立文化財研究所（上野）の順に大気環境の汚染が大きく，大理石の質量変化率もおおむねこの順番であった。特に，屋内暴露において，大気やミスト中に酸性汚染物質の多かった上野，小金井での質量増加が顕著であり，狭義の酸性雨の問題としてとらえるだけでは不十分であり，広義の酸性雨・大気汚染の全体像の中でその影響を評価する必要があることを大きく示唆しているものと思われる。

さらに，大理石の質量変化を季節的にとらえると，若干異なる傾向が認められそうであるが，詳細については継続的な実験が必要と思われる。

（b）暴露大理石試験板の表面生成物の同定　暴露した大理石試験板をX線回折により分析し，大理石表面の化学変化を追究した。その結果の一例を，東京国立文化財研究所での24か月間の暴雨環境，遮雨環境暴露と未暴露の大理石試験板について図2.24に示す。本研究での環境暴露に用いた大理石試験板は純水中で超音波洗浄したもので，暴露前はいずれも炭酸カルシウム［カルサイト（calcite：$CaCO_3$）］のみであることをX線回折により確認し，環境暴露に供したものである。

暴雨環境で暴露した大理石試験板では，カルサイト以外のX線回折ピークはほとんど認められなかった。一方，遮雨環境として百葉箱内で暴露した大理石試験板においては，すべての大理石から硫酸カルシウム［石こう（gypsum：$CaSO_4 \cdot 2H_2O$）］が検出された。X線回折による石こうの同定では，回折角

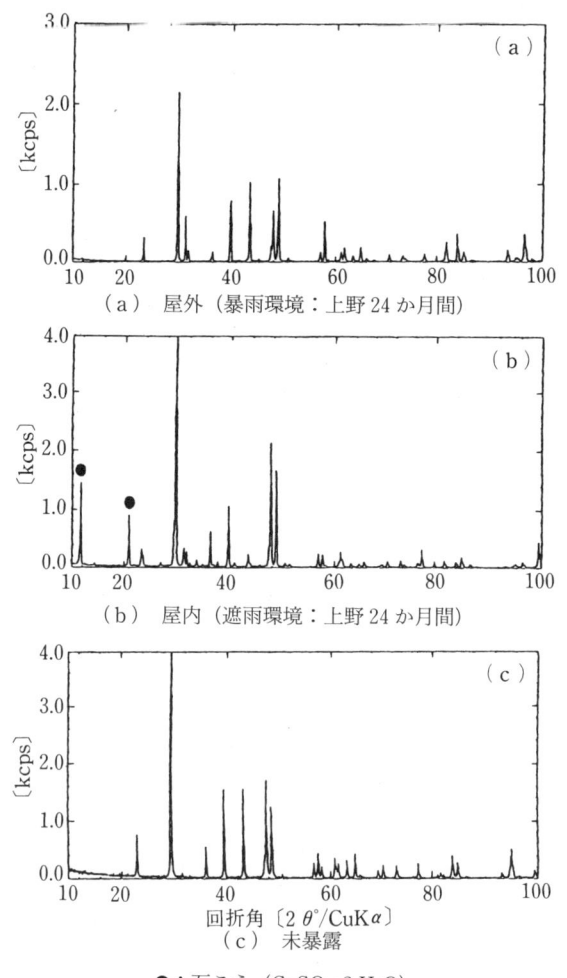

2.4 酸性雨・大気汚染が大理石に及ぼす影響

（a）屋外（暴雨環境：上野24か月間）

（b）屋内（遮雨環境：上野24か月間）

回折角〔2θ°/CuKα〕
（c）未暴露

●：石こう（$CaSO_4 \cdot 2H_2O$）
図 2.24 大理石試験板のX線回折スペクトル

Cu 2θ°で11.6°と20.7°に特徴的なX線回折スペクトルが出現するのでこの2本のピークを基準とした。大理石表面での石こうの生成量は，暴露地点や暴露期間，ならびに暴露環境での大気汚染度などと相関関係が認められた。特に，遮雨環境における大理石表面の石こうの生成量と暴雨環境における大理石の質量減少率に正の相関性が確認された。

(c) 暴露大理石試験板表面生成水溶性物質の分析　暴露した大理石表面に生成した水溶性物質を純水 20 ml で溶解し，各種イオン濃度とその電気伝導率を測定した。その結果の一例を**表 2.8** に示す。

表 2.8 環境暴露による大理石表面の水溶性物質の電気伝導率と各イオン濃度：4 か月間暴露（1994.6～1996.9）/純水 20 ml に溶解

測定項目	東京国立文化財研究所		鎌倉・高徳院		東京学芸大学	
	暴雨	遮雨	暴雨	遮雨	暴雨	遮雨
電気伝導率〔μS/cm〕	151	230	162	200	143	210
Cl^- 〔ppm〕	0.30	4.63	1.84	2.31	0.23	3.00
NO_3^- 〔ppm〕	0.28	8.15	0.16	3.64	0.36	5.72
SO_4^{2-} 〔ppm〕	0.56	41.72	1.64	18.15	0.26	15.05
Ca^{2+} 〔ppm〕	6.22	26.95	13.48	18.76	12.39	17.77

陽イオンは，Ca^{2+} のみが検出され，他の陽イオンは検出限界以下であった。炭酸カルシウムの水への溶解[46]は，25°Cで，純水 100 ml に 1.3 mg，空気中の二酸化炭素（CO_2）が 300 ppm 溶けた水 100 ml に 5.2 mg であり，わずかではあるが CO_2 を含む水に溶解する。石灰岩台地にみられる洞穴はこの現象である。このため，暴露していない大理石試験板（暴露試験用の大理石と同様に純水‐超音波洗浄したものを密封保管しておいたもの）をブランクとして測定した。ブランクからは，Ca^{2+} が当然検出されたが Cl^-，NO_3^-，SO_4^{2-} は検出されなかった。

遮雨環境で暴露された大理石表面では，大気中の SO_2，NO_2 気体の酸化により生じた H_2SO_4，HNO_3，ミスト中の SO_4^{2-}，NO_3^-，Cl^-（H_2SO_4，HNO_3，HCl）により，大理石の主成分である炭酸カルシウム（$CaCO_3$）が，硫酸カルシウムの二水和物（$CaSO_4 \cdot 2H_2O$），硝酸カルシウムの四水和物（$Ca(NO_3)_2 \cdot 4H_2O$），塩化カルシウムの水和物（$CaCl_2 \cdot xH_2O$）に変化したものと考えられる。大理石表面で大気およびミスト中の酸性汚染物質との反応により生じたこれらの塩は，いずれも炭酸カルシウムより溶解度が大きいために，純水中に溶出されたものである。

一方，暴雨環境で暴露した大理石は，CO_2 を含んだ水や酸性の雨で溶解されただけでなく，降雨にさらされていないときに遮雨環境実験時と同様に，乾性

2.4 酸性雨・大気汚染が大理石に及ぼす影響

降下物やミストなどに含まれる酸性汚染物質が吸着して生成した可溶性のカルシウム塩が降雨ごとに雨水によって溶解していると考えられる。

（d） リーチング試験　レインゴーランドを用いた酸性雨による大理石リーチング試験の結果の一例を図 2.25 に示す。降雨 1 mm ごと（採水容量としては 5 ml：レインゴーランドの採水漏斗の直径が 80 mm であり降雨 1 mm でほぼ 5 ml 採水できる）の Ca^{2+} の濃度，このときの降雨の pH，降雨中の陰イオン濃度を示してある。

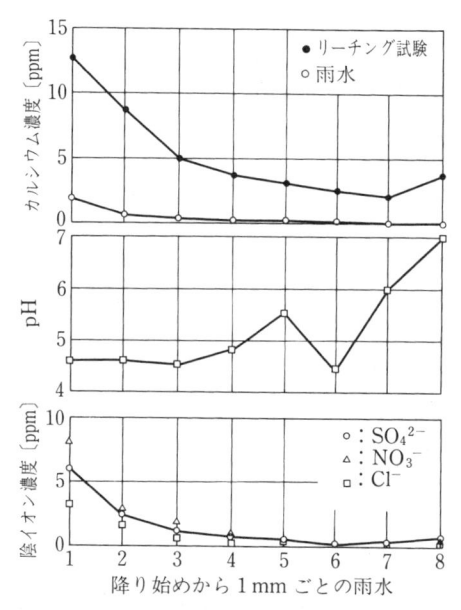

図 2.25　降雨による大理石試験板のリーチング試験(pH，陰イオン濃度は，雨水中の数値を表す)（小金井（1993.9.23））
（引用先は図 2.18 に同じ）

降雨による大理石からの Ca^{2+} の溶出は，多くの場合で初期 1 mm に集中しており，全溶出量の約 30% が溶出した。同時に採水した降雨中の陰イオン濃度も，降雨ごとに異なるものの初期 1 mm に集中しており，溶出した Ca^{2+} 量との関係を見出すまでに至っていないが，大理石のリーチング試験から溶けだす Ca^{2+} 量

はpH, あるいは酸性汚染物質の量に依存する結果が得られた。また, 溶出するCa^{2+}量は, 降雨間隔や降雨量, 降雨時間などとも大きく関係していることがわかった。

(4) 大理石の劣化

大理石の暴雨環境（屋外）暴露試験では, 暴露時期や測定地点による差はあるものの, いずれもその質量が減少した。屋外暴露の大理石の減量と大気環境との関係を見出すために, 大理石試験板の減量率を環境汚染度の観点から検討した。一例として, 屋外暴露の大理石の減量とミスト中の陰イオンとの関係を上野の場合について図2.26に示す。3地点ともミスト中の陰イオン濃度が高い期間ほど大理石の減量が大きい傾向が認められた。地点別に比較すると, 同一時期における暴雨環境暴露では大理石の減量の割合は, 上野＞小金井＞鎌倉の順に小さく, 地点ごとの環境測定の結果と一致した。

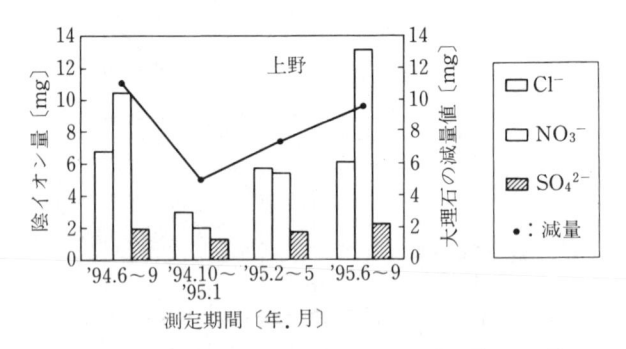

図2.26 屋外暴露大理石の減量とミスト中の陰イオン量との関係（ミスト中の陰イオン量を, 測定期間中に157 cm^{2}のガーゼが捕集したmg量で表記した）（上野・東京国立文化財研究所）（引用先は図2.18に同じ）

遮雨環境（屋内）暴露試験において, 暴露した大理石試験板から抽出（溶出）されたCa^{2+}量を比較すると, 上野＞小金井＞鎌倉の順に小さく, 暴雨環境暴露と同様の結果が得られた。陰イオンについては, 上野, 小金井, 鎌倉ともにSO$_4^{2-}$の濃度がNO$_3^-$, Cl$^-$に比べてきわめて大きくなった。このことは遮雨環境での大理石のX線回折で石こうの生成のみが確認されたことともよく整合する。そ

の理由として，SO_2，SO_4^{2-} の大理石への沈着速度が著しく大きいために，選択的な SO_2，SO_4^{2-} の沈着となって現れていると思われる。

つぎに，屋外に暴露した大理石の減量と，同一時期に遮雨環境で暴露した大理石から抽出された SO_4^{2-} の濃度との関係について，上野を例に図 2.27 に示す。抽出された SO_4^{2-} の濃度が高い（遮雨環境で大理石に沈着した SO_2，SO_4^{2-} が大きい）ほど屋外暴露での質量減少が大きくなった。

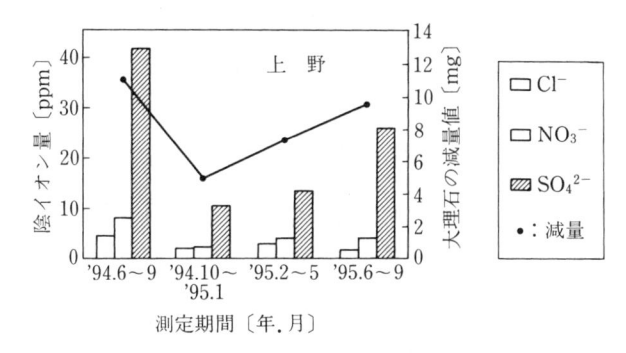

図 2.27 屋外暴露大理石の減量と屋内暴露大理石から溶出した陰イオンとの関係（上野・東京国立文化財研究所）（引用先は図 2.18 に同じ）

2.4.4 まとめ

以上の観点から，大理石の劣化には，大きく二つの現象が関与していると考えられる。一つは，大理石が酸に弱い物質であり，酸性の雨（大気中の二酸化炭素と平衡にある雨も含む）による溶解である。もう一つは，雨が降っていないときに大気やミスト中の酸性汚染物質により起こされる化学的反応による可溶性物質の生成である。特に，後者においては，SO_2，SO_4^{2-} の寄与が大きい。

暴雨環境では，雨が降らないときに後者の可溶性物質の生成が進行し，降雨によりこの可溶性物質の溶解と酸による大理石の溶解が同時に進行する。このとき，降雨により大理石表面に生成した可溶性物質が洗い流され，つねに新しい大理石表面が出現し，大気環境にさらされる。この繰返しにより大理石表面の溶解と変質が進行するものと考えられる。

遮雨環境である室内におかれた大理石においても，大気やミスト中の酸性汚染物質により，後者の反応が起こり，炭酸カルシウムが可溶性の硫酸カルシウム水和物，硝酸カルシウム水和物，塩化カルシウム水和物に変化する。特に，SO_2，SO_4^{2-} の寄与が高いが，文化財としての長期間での劣化を考えるならば NO_2，NO_3^-，Cl^- の寄与も当然考慮する必要があるだろう。室内での大理石文化財の保存環境や展示環境としては，これらの大気汚染物質の濃度を極力小さくするように努めなくてはならない。

大理石への影響を考えるうえで，湿性および乾性酸性降下物からの大気環境汚染の実態の把握，大理石試験板を用いた暴雨環境ならびに遮雨環境の両面からの暴露試験，リーチング試験など多面的かつ総合的な検討を継続的に行う必要があるものと思われる。特に，文化財の保存と活用としての大理石の取扱いには多くの論議をする必要があるだろう。

一方，大理石の酸性降下物に対する脆弱性を利用して，影響を具体的に明らかにすることにより，環境評価のモニターとしても適用できうる可能性が見出された[48]。かかる観点からも，大理石に及ぼす大気環境の影響を研究する意義は大きいものと考えられる。

2.5 染織布の変退色への大気汚染物質および酸性雨の影響

2.5.1 はじめに

大気環境中には雨水の水素イオン濃度を上昇させ，酸性雨現象を引き起こす要因として各種の汚染物質が存在する。これらは，wet deposition というべき雨水に溶解してからの影響とともに，ガス状物質のままでも dry deposition として，水蒸気との共存下で看過しえない影響を与えうると見込まれる。

酸性物質による影響についての研究は，これまでにも人体への健康影響，植物被害，金属腐食などの多くの報告がある。しかし，われわれの日常生活で常用されており，最も重要な生活資材ともいえる染織物に関するものは，必ずし

も十分とはいいえない状況にある。

ここでは，大気環境中の主要な酸性ガスである窒素酸化物（NO_x）および亜硫酸ガス（SO_2）に着目して，染織物の変退色への影響についてとりまとめることにする。

2.5.2 大気環境への暴露による布帛への硝酸根および硫酸根の付着

衣服への汚れ物質の付着の原因としては，汗および人体から排泄される物質のみならず，大気環境中に存在する各種の大気汚染物質が考えられる。1990年9月より1993年11月まで1か月ごとに3年間にわたり継続して，東京都千代田区および八王子市の共立女子大学キャンパスで布帛を暴露した。図 2.28 には，布の種類ごとの硝酸根（NO_3^-）および硫酸根（SO_4^{2-}）の平均付着量を示した[48]。

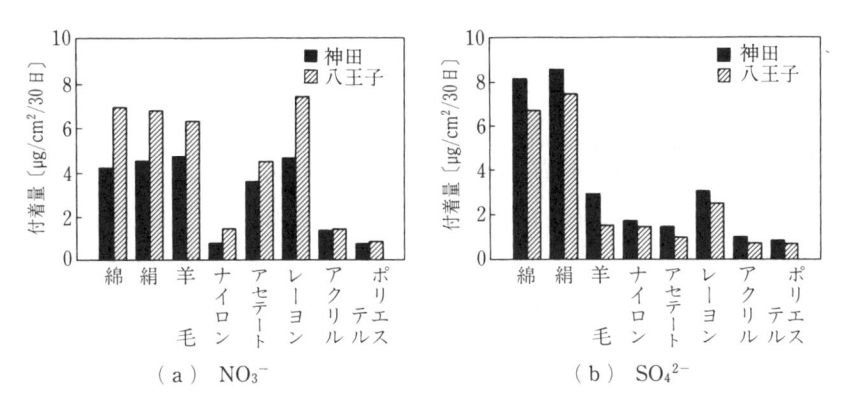

図 2.28 環境暴露における布帛への硫酸根（SO_4^{2-}）および硝酸根（NO_3^-）の平均付着量（1990 年 10 月より 1993 年 11 月）

布の種類により大きな相違があるが，綿，絹，レーヨンでの付着量が多い特性となっている。硝酸根では都心の千代田区より郊外の八王子での付着量が多いことが注目される。一方，硫酸根では地域差が少ない傾向が認められる。

さらに，月別分析値の時系列データを検討したところ，硝酸根は明らかに夏期に高く冬期に低い傾向が認められた。また，郊外の八王子で高いことからも，光化学反応が影響を与えているものと思われた。一方，硫酸根は，道路ダスト

由来も見込まれるためか，夏期のみならず，冬期にも高レベルが認められた。

以上から，衣服の着用時には，大気環境由来の酸性物質が付着し被服材料の損傷劣化が生じるおそれがあるといえるだろう。

2.5.3 染料の化学構造と変退色特性

繊維製品にかかわる染料の変退色は，第1次世界大戦前の20世紀初頭のドイツですでに知られていた。当時は，アーク灯やガス灯が室内の照明に用いられており，それらから排出される NO_x によってウール製品が被害を受けていた。アミノ基をもつ合成染料による染織品であった。

1920年代に開発された新しい半合成繊維であるアセテートを染色するために分散染料が登場したが，これがガス退色の新たな対象物質となった。分散染料の多くにはアミノ基が含まれており，NO_2 の攻撃を受けるからである[49),50)]。

一方，NO_2 が直接染料や建染(たてぞめ)染料で染色された木綿の退色の原因となっていることも見出されている。また退色防止剤，染色したフィルムでの退色，環境および実験室的暴露などの NO_2 にかかわる変退色の報告がある。分散染料の構造とガス退色性の関係を検討した結果が**表2.9**である。アミノアントラキノンの置換基と NO_2 との反応性の関連を明らかにしたもので，ガス退色特性を染料構造の塩基度によって説明している例である。染料のアミノ基の塩基度は，Ⅰ＞Ⅱ＞Ⅲ＞Ⅳであり，ガス退色特性も同様にⅠ＞Ⅱ＞Ⅲ＞Ⅳとなっている。NO_2 がアミノアントラキノン染料と反応する場合には，第1級アミノ基をジアゾ化，第2級アミノ基をニトロ化して染料の酸化が開始されるとみられる。

このようにガス退色の第1段階はアミノ基への NO_2 の付加反応であるから，アミノアントラキノンのN原子上の電子密度が退色の起こりやすさを決定することになる。したがって，堅ろう性は第1級，第2級，第3級の順で向上していく。同じ第2級アミンならばアルキル基よりもアリル基のほうが堅ろう度は高くなる。さらに，アミノ基に対してオルト位に $-Cl$，$-NO_2$，$-CN$，$-CF_3$ などの電子吸引性基を導入することによっても堅ろう性は増大する。

ガス退色の機構のおもな反応としては，N－脱アルキル反応，アミノ基のイミ

2.5 染織布の変退色への大気汚染物質および酸性雨の影響

表 2.9 分散染料のアミノ基の塩基度と NO_2 ガス退色性の関係

アミノ基	ガス退色性	塩基度
(I) 〔構造式：アントラキノン、$NHCH_3$ ×2〕	大	大
(II) 〔構造式：アントラキノン、NH_2, NHC_6H_5〕	中	中
(III) 〔構造式：アントラキノン、NH_2, CN, CN, NH アルキル〕	小	小
(IV) 〔構造式：NO_2, OH, OH, NH アルキル〕	極小	極小

ノ基への酸化,アミノ基の水酸基への加水分解,アントラキノン核への水酸基の導入があげられている。

2.5.4 繊維の黄変

染料の変退色とともに染織物の変退色の原因には基質である繊維の黄変がある[51]。NO_2 の影響による黄変は絹,羊毛,ナイロン,ポリウレタンなどの繊維組成的に類似しているものに発生しやすくなる。広義のアミノ基をその化学構造の一部にもっていることによる。分析化学で周知のとおり,キサントプロテイン反応により芳香族アミノ酸類であるチロシンやトリプトファンが希硝酸と反応すれば,鮮黄色に呈色する。こうしたニトロ化合物の生成が黄変の機構と

いえる。NO₂ 暴露では，NO₂ が水分と反応して硝酸を生成することによる。

一方，繊維の加工剤である酸化防止剤 BHT（ブチル化ヒドロキシトルエン）あるいは蛍光増白剤は，NO₂ と反応して黄色物質を生成する。図 2.29 には，BHT から生成する黄変物質の例を示した。

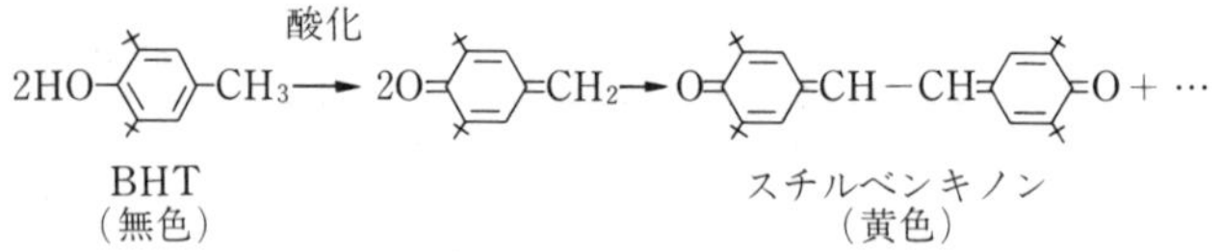

$$2HO-\bigcirc-CH_3 \xrightarrow{酸化} 2O=\bigcirc=CH_2 \rightarrow O=\bigcirc=CH-CH=\bigcirc=O + \cdots$$

BHT（無色）　　　　　　　　　　　　スチルベンキノン（黄色）

図 2.29　酸化防止剤（BHT）の黄変化反応

2.5.5　Dose-Response 特性

有害物質の影響評価において暴露の濃度と時間の積を求めて，それに対する影響を検討するという研究アプローチは不可欠といえるが，これまで内外のガス退色の文献においては皆無であった。著者らは，こうした dose-response の観点からガス退色の課題を検討している[21]。

図 2.30 は，アミノアントラキノン染料の一つであるディスパース・ブルー・3 によりアセテート染色布の NO₂ ガスによる変退色特性である。この試験布は，JIS L 0855 の窒素酸化物堅ろう度試験で暴露条件のモニターに使われているものである[52]。これに 10，20，30 ppm の NO₂ ガスを流通させながら暴露した。60% RH の標準的な湿度状態と 90% RH の加湿状態において実施したが，どちらの場合にも横軸に濃度と暴露時間の積をとると，それぞれが一つの特性曲線で表されることがわかる。したがって，少なくともこの濃度範囲では，dose-response 特性が成立するといえる。

図 2.31 は同様の試験布を遮光しながら，環境大気に暴露したときの dose-response 特性である。また，破線は前述の実験室的な暴露である図 2.30 での傾きを書き入れたものである。1.8 倍程度の相違があるが，NO₂ 濃度自体の間には約 1 000 倍の相違があることを考慮すると，この程度の差はおおよその一致とみてよいと思われる。環境大気へ暴露した場合に変退色が著しいのは，共存

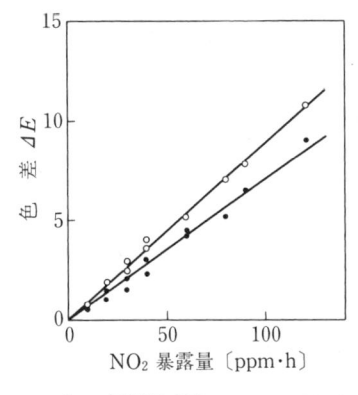

2.5 染織布の変退色への大気汚染物質および酸性雨の影響　　97

(●：標準湿度時，$y=0.0702x$
○：加湿時，$y=0.0883x$)
図 2.30　アセテート染色布(ディスパース・ブルー・3)の実験室的暴露における NO_2 ガス退色のドース・レスポンス特性

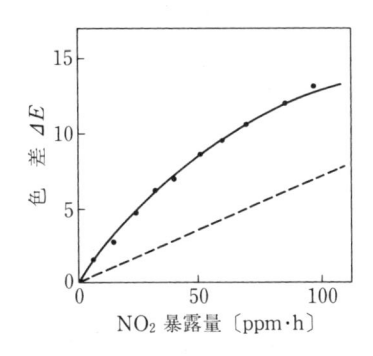

(破線は実験的室暴露における特性)
図 2.31　アセテート染色布(ディスパース・ブルー・3)の環境大気暴露における NO_2 ガス退色のドース・レスポンス特性

するオゾンおよび SO_2 などの影響が表れていると思われ，特に湾曲した特性からオゾンによる変退色の寄与がうかがわれる。

図 2.32 は，同様の染色布を用いてオゾンについての特性を検討した結果である[53]。

●：標準湿度時
▲：加湿時

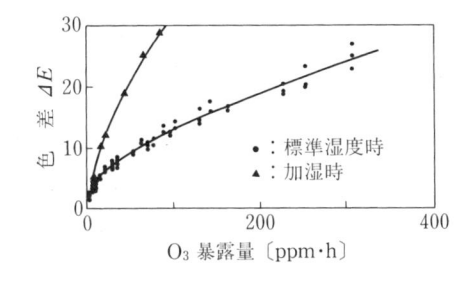

図 2.32　アセテート染色布(ディスパース・ブルー・3)のオゾン暴露時の変退色特性

2.5.6　染織文化財の変退色

著者らは染織文化財の保存に資するため，日本で伝統的に用いられてきた染料を用いて綿および絹を染色して，その変退色特性を明らかにしてきた[21),53)]。

図 2.6 (2.2.6 項参照)は江戸期までの赤色染料として重用され，いわゆる南

蛮貿易の一つであった蘇芳の主成分であるブラジリンの変退色特性である。横軸は東京都内の美術館，博物館などの合計8か所の文化財の保存・展示環境における NO_2 暴露量である。これは，NO_2 濃度を受動型サンプラーで実測し暴露時間との積を ppm・h の単位で求めたものである。ブラジリンは，化学構造的にはベンゾピラミン系に属し，水酸基はもっているがアミノ基は含まれていない。若干のばらつきはあるが，観測地点が異なっていても暴露量で整理することによって前述の図 2.30 および 2.31 と同様に一つの変退色特性曲線で表しうることがわかる。また基質の影響が明らかに認められ，綿における変退色が絹におけるよりも著しくなる。

　光による変退色についての従来の研究成果によれば，綿布上では酸化過程により，絹布上では還元過程により染料の変退色が進行することが知られている。NO_2 が反応する機構としては，酸としての作用と酸化剤としての作用が考えられる。前述の基質の影響は後者の作用が因子となっており，絹布表面には還元機構を促進する反応性があって，そのため酸化過程に対する抵抗力が存在するとしてこの結果は理解できる。

　図 2.33 は，伝統的な染料 5 種類を用いて綿と絹を染色した結果である。環境大気への暴露と実験室的暴露とによる変退色を比較してある。両暴露における

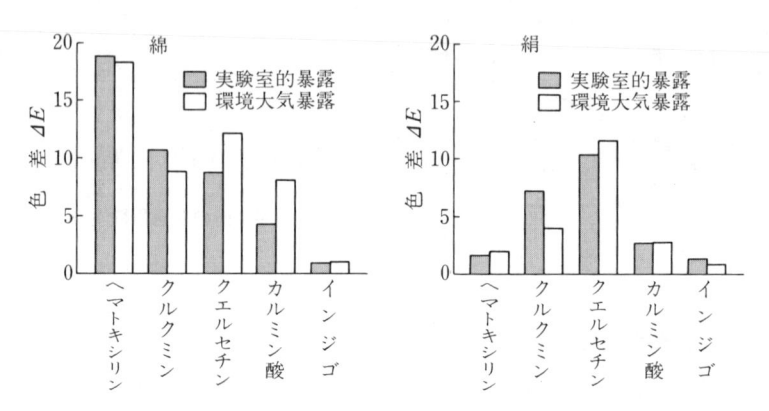

図 2.33　伝統的染料による染色布の実験室的および環境大気暴露による NO_2 ガス退色の比較（実験室的暴露量：284 ppm・h，環境大気暴露量：309 ppm・h）

2.5 染織布の変退色への大気汚染物質および酸性雨の影響

NO_2 暴露量はどちらも 300 ppm·h 程度であるが，二つの異なる暴露条件であるにもかかわらず変退色の程度は一致しているとみることができる。また基質の影響として，綿におけるヘマトキシリン，クルクミン，カルミン酸の変退色が顕著であることが明瞭に認められる。

Whitmore らは，日本での伝統染料を含めて各種の染料を 0.5 ppm の NO_2 に 12 週間にわたって暴露している[55]。その結果，アルミ媒染のエンジュの ΔE が 7.8 となることが認められたが，それ以外は色素（ΔE）が 3 程度以下の変退色となっていた。

2.5.7 SO_2 ガスによる変退色

SO_2 は還元性ガスであり，酸化性ガスである NO_2 とは異なる特性をもってい

表 2.10 大気汚染物質への 12 週間実験的暴露による染料の変退色度
（単位：ハンター色差単位）

染　料	基　質	SO_2 (0.1 ppm)	NO_2 (0.1 ppm)
直　接（C.I.レッド・1）	木　　綿	4.2	8.0
直　接（C.I.レッド・1）	レーヨン	tr	tr
酸　性（C.I.レッド・151）	羊　　毛	6.8	tr
反応性（C.I.レッド・2）	木　　綿	tr	tr
塩基性（C.I.レッド・14）	アクリル	tr	tr
ア　ゾ（C.I.レッド）	木　　綿	tr	tr
酸　性（C.I.オレンジ・45）	ナイロン	5.4	17.0
酸　性（C.I.イエロー・65）	羊　　毛	tr	tr
塩基性（C.I.イエロー・11）	アクリル	tr	tr
硫　化（C.I.グリーン・2）	木　　綿	tr	3.3
酸　性（C.I.バイオレット・1）	羊　　毛	tr	tr
直　接（C.I.ブルー・86）	木　　綿	9.2	9.5
分　散（C.I.ブルー・3）	アセテート	12.4	42.3
分　散（C.I.ブルー・3）	ナイロン	4.7	14.7
分　散（C.I.ブルー・27）	アセテート	tr	4.9
分　散（C.I.ブルー・27）	ポリエステル	tr	tr
反応性（C.I.ブルー・1）	木　　綿	5.7	13.6
反応性（C.I.ブルー・2）	木　　綿	7.2	10.6
建　染（C.I.ブルー・14）	木　　綿	tr	6.7

（注）tr＜3 ハンター色差単位　温度：32°C　湿度：50％および 90％における暴露結果の平均値。

る。一般的には NO_2 よりも染色への影響は小さい傾向にあるが，染料の種類によっては選択的に大きな退色効果がある。

アメリカの EPA は，AATCC と共同でフィールドおよび実験室的な暴露試験を行い種々の染料と繊維の組合せに対する大気汚染物質の影響について検討した。NO_2，SO_2 および O_3 は変退色に対して最も大きな影響を与えるものであることが結論された[55)~57)]。

一般的にフィールド調査においては，個々の大気汚染物質の効果を分離して評価するのは難しい。この調査で変退色が顕著であったものを 20 種について実験室的暴露実験を行った結果が**表 2.10** である。ここにみられるように SO_2 と NO_2 への感受性は必ずしも同様ではなく，染料および基質との組合せにより異なることがわかる。

2.5.8 衣服への酸性雨の影響

図 2.34 は，市販の染色布が雨水で湿潤した場合に，重ね着をしている綿の着衣への色移りが生じる可能性があるかを検討した例である。雨水の酸性度が高くなるにつれて，添付白布への色移りも著しくなる傾向が認められる[59)]。

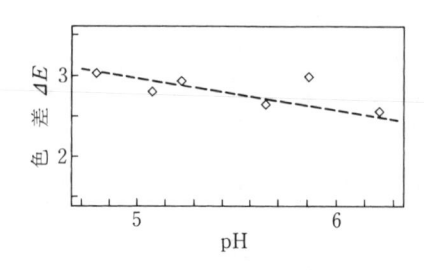

図 2.34 染色布の添付白布への色移りにおける雨水中の pH 値の影響

ここに用いた染色布は，レーヨン 77％，ポリエステル 23％ の素材を 4 種類の分散染料と 1 種類の直接染料で混染した実用のものである。こうした試験布での色移りの現象が確認されたことから，酸性雨の被服への影響は看過しえないといえるだろう。

2.5.9 おわりに

　大気汚染物質の影響に関するわが国での研究が，従来人間の健康および植物被害に重点がおかれてきたことは否めない傾向だろう。しかし現状は，生活環境の質的向上を図るための文化財の保存を含めた大気環境の多様な影響の評価を検討すべき段階に至っているものと考えられる。アメリカでいうところのsecondary air quality standardの基礎的な検討が必要とされているといえる。大気汚染物質による染織物への影響に対する概念を考慮に入れた，短期的のみならず，長期的視点からの総合的な取組みが今後の課題として不可欠である。

引用・参考文献

1) 東京国立文化財研究所：空気汚染の美術品に及ぼす影響（正倉院附近の環境調査報告）Ⅰ～Ⅲ（1956～1958）
2) 門倉武夫：上野周辺の大気汚染，古文化財の科学，No.8, pp.32～44（1963）
3) 寺部本次訳：大気汚染測定法，技報堂（1958）
4) 江本義理，門倉武夫：文化財保存環境としての各地の大気汚染濃度の測定結果，保存科学，No.3, pp.1～22（1967）
5) 江本義理，門倉武夫：汚染空気による生成物の分析，保存科学，No.8, pp.29～38（1971）
6) 江本義理，門倉武夫：三渓園大気中の亜硫酸ガスの測定，神奈川県大気汚染調査報告書，No.9, pp.103～108（1967）
7) 福井昭三：アルカリろ紙法による亜硫酸ガスの測定，分析化学，**12**, p.1005（1963）
8) 江本義理，門倉武夫：大気汚染測定結果，昭和40年度京都市衛生局公害調査報告書，pp.60～65（1965）
9) 江本義理，門倉武夫：大気汚染測定結果，昭和41年度京都市衛生局公害調査報告書（1966）
10) 江本義理：大気汚染の文化財に及ぼす影響，大気汚染，**1**, 3, pp.172～179（1965）
11) 江本義理，門倉武夫：ガスクロマトグラフィーによる収蔵庫内外の文化財環境調査，保存科学，No.8, pp.39～50（1972）
12) 門倉武夫：奈良国立博物館における正倉院展展示環境調査，保存科学，No.8, pp.51～60（1972）
13) 江本義理，門倉武夫：万国博覧会美術館の展示環境調査，保存科学，No.9,

pp.15〜24 (1972)
14) 門倉武夫, 江本義理：障壁画の環境に及ぼす汚染空気の影響, 保存科学, No. 12, pp.19〜34 (1974)
15) 門倉武夫：公害による文化財の被害調査, 保存科学, No.11, pp.69〜85 (1973)
16) 門倉武夫：文化財環境の塵埃に関する研究［Ｉ］―奈良国立博物館に於ける調査―, 保存科学, No.14, pp.17〜25 (1975)
17) 門倉武夫, 鈴木良延, 西当修作：文化財周辺気中の塵あいに関する研究［II］―走査型電子顕微鏡 X 線マイクロアナライザーによる銅板葺屋根の汚染物質測定―, 保存科学, No.18, pp.19〜25 (1979)
18) 門倉武夫：文化財周辺気中の塵埃に関する研究[III]―塵埃粒子の組成―, 保存科学, No.19, pp.29〜34 (1980)
19) 加藤龍夫, 秋山賢一, 門倉武夫：緑青成分による大気汚染解析, 古文化財の科学, No.27, pp.18〜28 (1982)
20) T. Kadokura, K. Yoshizumi, M. Saito and M. Kashiwagi : Concentration of NO_2 in the Museum Environment and its Effects on the Fading of Dyed Fabrics, Preprint of 12th IIC Congress Kyoto pp.87〜89 (1988)
21) 芳住邦雄, 柏木希介, 斉藤昌子, 門倉武夫：文化財の保存・展示環境における NO_2 濃度と染色布の変褪色への影響, 環境科学会誌, **3**, 2, pp.111〜130 (1990)
22) 斉藤昌子, 芳住邦雄, 柏木希介, 門倉武夫：NO_2, SO_2 ガスによる天然繊維の劣化と天然染料染色布の変退色, 古文化財の科学, No.36, pp.8〜17 (1991)
23) 門倉武夫：文化財と大気腐食, 日本材料学会腐食防食部門委員会資料, Vol. 30, No.165, pp.46〜54 (1991)
24) T. Kadokura : Acidic Mist in the Surroundings of Cultural Property and its Effect on Metals, Preprint of The 14th International Symposium on the Conservation and Restoration of Cultural Property ― Cultural Property and Environment ―, Tokyo National Research Institute of Cultural Properties 21 (October 11〜13), (1990)
25) 門倉武夫：文化財に及ぼす酸性雨の影響評価法の検討, 第 14 回古文化財科学研究会大会要旨集, p.48 (1992)
26) 門倉武夫：文化財の保存環境と汚染因子, 環境と測定技術, **19**, 10, pp.34〜46 (1992)
27) 門倉武夫, 小野拓人, 宇田川滋正, 大里美穂, 野中克彦, 本田美和, 二宮修治：文化財におよぼす大気汚染の影響と評価（1）―大気汚染の実態と地域的比較―, 日本文化財科学会第 13 回大会要旨集 (1996)
28) 宇田川滋正, 小野拓人, 本田美和, 野中克彦, 大里美穂, 二宮修治, 門倉武夫：同上（3）―大理石を用いた環境暴露実験―, 日本文化財科学会第 13 回

大会要旨集（1996）
29) 小野拓人，宇田川滋正，野中克彦，本田美和，大里美穂，二宮修治，門倉武夫：同上（2）—金属を用いた環境暴露実験—，日本文化財科学会第13回大会要旨集（1996）
30) S. Ninomiya, T. Ono, S. Udagawa, T. Kadokura, Y. Maeda and T. Mizoguchi: Study on the Influence of Acid Deposition on Cultural Properties, Proceedings of the International Symposium on Acid Deposition and its Impacts, 10-12, Dec. 1996, Tsukuba, Japan, pp.127～133（1996）
31) China-Japan' Friendship Environmental Protection Center: Proceedings of International Conference on the Effects of Acid Deposition on Cultural Properties and Materials in East Asia, March 13, 1997, Beijing, CHINA (1997)
32) 辻野喜夫：酸性雨の文化財への影響，大気環境学会誌，**33**，6，pp.A 94～A 103（1998）
33) The Institute of Industrial Technology, Taejon University: Proceedings of the 2nd International Conference on the Effects of Acid Deposition on Cultural Properties and Materials in East Asia, August 29, 1999, Seoul, Korea(1999)
34) 辻野喜夫他：東アジア地域を対象とした酸性大気汚染物質の文化財および材料への国際共同影響調査，全国公害研究誌，**20**，1，pp.11～16（1995）
35) 環境庁：環境白書（総説）（平成9年版），pp.369～375（1997）
36) 前田泰昭：東アジアにおける酸性雨の文化財及び材料への影響調査，第37回大気環境学会講演要旨集，p.218（1996）
37) 酸性雨問題周知啓発企画検討委員会編：環境保全活動のための酸性雨ハンドブック，日本環境衛生センター酸性雨研究センター（1999）
38) 門倉武夫，二宮修治：大理石文化財におよぼす酸性雨の影響に関する検討（1）—酸性雨による大理石の溶解—，第34回大気汚染学会講演要旨集，p.264（1993）
39) 二宮修治，門倉武夫：大理石文化財におよぼす酸性雨の影響に関する検討（2）—酸性雨による大理石のリーチング試験—，第34回大気汚染学会講演要旨集，p.265（1993）
40) 化学大辞典編集委員会編：化学大辞典　5，p.608，共立出版（1963）
41) 溝口次夫（研究代表者）：C-4　東アジアの酸性雨原因物質等の総合化モデルの開発と制御手法の実用化に関する研究（3）酸性雨の文化財および材料への影響評価に関する研究（平成7年度国立公衆衛生院受託研究成果報告書），社団法人大気環境学会（1996）
42) 門倉武夫，小野拓人，宇田川滋正，大里美穂，野中克彦，本多美和，二宮修治：文化財に及ぼす大気汚染の影響と評価（1）—大気汚染の実態と地域的比

較一，日本文化財科学会第 13 回大会講演要旨集，pp.158〜159（1996）
43) 宇田川滋正，小野拓人，野中克彦，二宮修治，門倉武夫：文化財に及ぼす大気汚染の影響と評価（3）―大理石を用いた環境曝露実験―，日本文化財科学会第 13 回大会講演要旨集，pp.162〜163（1996）
44) S. Ninomiya, T. Ono, S. Udagawa, T. Kadokura, Y. Maeda and T. Mizoguchi : Study on the Influence of Acid Deposition on Cultural Properties, Proceedings of the International Symposium on Acidic Deposition an its Impacts, Tsukuba, Japan, pp.127〜133（1996）
45) 溝口次夫（研究代表者）：C-4 東アジアの酸性雨原因物質の制御手法の実用化に関する研究―制御技術・長距離輸送・影響評価―平成 6 年度〜平成 8 年度（環境庁地球環境研究総合推進費終了研究報告書），厚生省国立公衆衛生院ほか（1997）
46) 芝 哲夫：化学物語 25 講―生きるために大切な化学の知識―，pp.40〜44（1997）
47) 環境学習ネットワーク事務局編：平成 11・12 年度―環境データ観測・活用事業―環境学習ネットワーク（Environmental Investigation and Learning Networks : EILNet），環境学習ネットワーク事務局報告書，東京学芸大学環境教育実践施設（2001）
48) 芳住邦雄，小林有紀子：大気環境曝露布帛への付着酸性イオン種の特性，共立女子大学家政学部紀要，第 43 号，pp.45〜51（1997）
49) F.M. Rowe and K.A. Chamberlain : The "fading" of dyeings on cellulose acetate rayon, The action of "burnt gas fumes" (oxides of nitrogen, etc. in the atmosphere) on cellulose acetate rayon dyes, J. Soc. Dyers Colour, **53**, p.268（1937）
50) V.S. Salivan, W.D. Paist and W.J. Myles : Advances in theoretical and practical studies of gas fading, Amer. Dyest. Reptr., **14**, p.297（1952）
51) K. Yoshizumi and J. Koshikawa : Gas fading characteristics of dyed acetate cellulose due to exposure to nitrogen dioxide, Sen'i Gakkaishi, **48**, pp.663〜666（1992）
52) K. Yoshizumi and J. Koshikawa : Gas fading characteristics of dyed acetate cellulose due to exposure to nitrogen dioxide, Sen'i Gakkaishi, **48**, pp.663〜666（1992）
53) K. Yoshizumi and J. Koshikawa : Dose response characteristics of the ozone fading of dyed fabric, American Dyestuff Reporter, **82**, 6, pp.31〜35（1993）
54) K. Yoshizumi, M. Kashiwagi, M. Saito and T. Kadokura : Effects of Atomospheric SO_2 and NO_2 on the Fading of Dyed Fabrics by Traditional Dyestuffs, Proceedings of 1st International Colloqium on Role of Chemistry in Archaeology, pp.131〜136（1991）

55) P.M. Whitmore and G.R. Cass : The fading of artists' colorants by exposure to atmospheric nitrogen dioxide, Studies in Conservation, **34**, p.85〜97 (1989)
56) N.J. Beloin : Fading of dyed fabrics by air pollution, Text. Chemist and Colorist, **4**, pp.77〜82 (1972)
57) N.J. Beloin : Fading of dyed fabrics exposed to air pollutants, Text. Chemist and Colorist, **5**, pp.128〜133 (1973)
58) J.E. Hemphill, J.E. Norton, O.A. Ofjord and R.L. Stone : Colorfastness to light and atmospheric contamination, Text. Chemist and Colorist, **8**, pp.60〜62 (1976)
59) 芳住邦雄, 渡辺明日香：東京都および周辺地域における酸性雨の実態と被服への影響, 共立女子大学家政学部紀要, 第42号, pp.23〜29 (1996)

3. 中国における酸性雨問題
——研究の現状とその課題点——

3.1 まえがき

　東アジア地域は，ヨーロッパ大陸，北アメリカ大陸についで酸性雨の前駆体物質である二酸化硫黄（SO_2），窒素酸化物（NO_x）の排出量が多く，工業の発展と人口の増加により，今後さらに増大することが予想されている。特に中国は12億の人口を抱えた大国であり，年率約10％の経済成長をしており，今後さらに経済大国への転換を目指している。日本の経済発展の初期がそうであったように，煙突からの黒煙は経済発展の象徴であり，みなが歓喜の目で見ている。現在の中国は経済発展を第一にして環境対策には配慮がみられない。このため，新聞報道によると工業地帯近郊では極度の大気汚染に悩まされ，酸性雨，大気汚染の大きな被害も指摘されている。

　アジア諸国の経済発展の将来予測による各種エネルギー源の使用量予測をもとに，1986年を現状として，2000，2010年のアジア各国のSO_2放出量の予測が行われた。SO_2の放出量が最も多い中国は，1986年には約1 900万tを示しているが，2000年には3 400万t，2010年には4 900万tに急増すると予測されている。大気汚染物質は国境を越えて移流することから，中国の東側に位置するわが国は，今後環境酸性化物質の越境汚染による影響がますます強まると考えられる。この越境大気汚染問題は国民の中心的な関心であり，行政としても東アジア全体での大気環境の保全を推進する中で，越境大気汚染の程度とそれが日本に被害をもたらすかどうか，また，もたらす場合にはどのような対策を進め

3.1 まえがき

るかなどは早急に解明しなりればならない課題である。

このような状況のもとで，欧米の研究者を中心にして，アジアの酸性雨とその対策を記述する酸性雨総合モデル"レインズアジア"が作成されてきた。酸性雨問題はヨーロッパでは国境を越える問題として認識され，国際的な共同研究プログラムが精力的に行われてきた。この中にはヨーロッパの多数の国々間での越境汚染に関するコンセンサスを得るためのモデル構築（レインズ（RAINS）モデル：Regional Acidification Information and Simulation）も行われた。このモデルのアジア版が"レインズアジア"である。

このモデルは緯度・経度 $1°×1°$ のグリッドを基礎とし，いくつかのサブモジュールからなっている。発生源モジュールと経済発展モデルに対策導入オプションを加えて，今後のエネルギー種別の化石燃料使用量の変化をシナリオ化した。さらに，大気汚染物質の輸送，変質，沈着モデルを作成した。またアジア地域の土壌，植生分布のデータから，アジア地域における酸性雨による酸性物質の負荷に対する感受性マップを作成した。これらを統合化して，パソコンで動く簡易酸性雨モデルとして現在世界に配布している。日本でも越境大気汚染の寄与率の推定が試みられている。

また，中国では内陸部の盆地である重慶地域で，酸性雨が観測され大気汚染が激しく，大気汚染対策が検討されている。工業発電部門に関しては，日本で多く用いられている火力発電用の排煙脱硫装置「湿式石灰石石こう法」は，以下の理由により，中国ではほとんど導入されていない。この装置は高価であり，管理が難しい。さらに，日本では製品となる高品質の石こうが得られるが重慶地域では近郊に石こうが産出されるために，廃棄物になるだけで利点がない。民生部門では，家庭での暖房，調理に使用されている石炭の直焚きによる高濃度の SO_2 発生を削減するために石灰石と石炭を植物繊維で粘着させたバイオブリケットが研究され，その使用拡大が検討されている。

このような状況の中で，越境大気汚染・酸性雨問題に関して，中国との共同研究が，広範に行われてきた。この章では，3.2節で日本列島環境防衛ラインを想定した，大気汚染測定網（JACK ネットワーク），成都市を中心とする環境総

合調査，「環境モデル地区」建設と進められてきた中国環境研究が紹介される．3.3節で，中国重慶からの研究者による重慶市の酸性雨の現状が紹介される．3.4節で，中国の酸性雨の現状と先に述べたバイオブリケットを含めた酸性雨対策が紹介される．3.5節で，「東アジア地域における大気汚染物質の排出と輸送」として，大気汚染物質の排出量推計，輸送モデルによる，酸性降下物の沈着量寄与率の推定が紹介される．

3.2 JACKネットワークから環境保全へ
――東アジア環境保全戦略の一つの試み――

3.2.1 酸性雨予防への挑戦―大陸の環境保全30年作戦―

　日本列島を酸性雨の被害から守ろうという考えにはいろいろな角度からのものがあって一口でいうのは容易ではない．中長期的将来の状況を想定して大陸起源の酸性雨を未然に防止する決定的な手段はないものだろうか．

　将来予想される大陸からの大気汚染をもとから予防するための方法としては，発展の途上にある東アジアの国々の環境汚染を低減させて，それによってわが日本列島への大気汚染物質の流入を防止するというのはどうだろうか．このようにしてわが国への酸性雨の被害を防ごうという考えがある．これは単なる空想で現実を無視したゲームであるように思われがちであるが，これは考えようによっては一番あたり前な考え方である．大陸の経済発展を予測するとこれは必要なシナリオである．本節はそうした考えに基づいた提案とその実施の経過報告である．計画は全体でいうと40年戦略ということになるが，いまはその17年目にあたり，あと2，3年で中間点にまでたどり着くところである．

　地球および人類の廃棄物処理能力が変わらないとする．そして持続的な物質経済の発展が続いて，その生産物が人類の廃棄物処理能力を上回ると予想される時点を環境の危機点としてみよう．その時点がいつくるかを正確に予測することはできないが，2020年と2030年の間にその環境の危機の時点があると仮定する．そして簡単のためにこの時点を2025年と考える．

すると環境の危機を避けるために，社会は遅くてもその10年前までに，つまり2015年までには本格的な環境保全活動を開始しなければならない。さらにこの活動開始の準備にかかる時間がかりに10年間かかるとすると，2005年までには実動的な環境対策の準備が開始されなければならないだろう。そう考えてくるとわれわれが活動を開始した1985年の時点からすると，40年の歳月が必要になる。

　このプログラムの計画者が目的完成を見届けることはできないことはわかりきったことである。しかし，この計画はだれかが手柄をたてるために実施されているものではなく，わが日本列島の緑の森林を大陸からの大気汚染，あるいはその結果として受けるかもしれない酸性雨の被害を未然に防ごうというリスクへの必然的な対応措置である。したがって，研究者の世代が変わり，プログラムの母体が消滅することがあっても新たな推進母体がなんらかの方法で同様な事業を推進する必要があるだろう。

3.2.2　環境保全戦略の背景

　大気汚染は空気の流れによって拡散するので広い地域を対象として考えなければならない。しかし日本の場合には，国土の周囲を海に囲まれているので近隣諸国からの大気汚染の流入についてはあまり心配する必要はないというのが一般の考えである。近ごろはテレビや新聞などのマスメディアが大陸から酸性雨がくることを伝えているが，酸性雨の研究者たちはたいへんに慎重である。大陸の大気汚染が日本列島に酸性雨を降らせていると発言するのをまだ躊躇している。

　しかし世の中には「大陸性の酸性雨」が日本列島にやってきて山の樹木を枯らし始めていると考える人がたくさんいる。それは杞憂にすぎないとしてすますこともできるが，環境対策には急ハンドルはきかないので，先を見越して手を打つことが重要である。多くの場合，現象がだれの目にも明らかになってからでは対策は間に合わない。

　そうはいっても，外国で発生する大気汚染が気流に乗って日本にくるという

なら，それはどうやってくい止められるだろうか。最も確かなことは発生源で大気汚染の発生を止めればよいのだろうが，それは難しく猫の首に鈴をつける話に似ている。大気汚染を出さないでほしいといっても，出すほうの国にも事情があるから，簡単に止めることはできない。しかし，大気汚染はどの国の人々にとっても好ましいものではないので，たがいに協力すればその防除に努めることができるはずである。

そこで国際協力によって大気汚染を防除しようという考えになる。しかし外国人が自分たちの国にやってきて慈善事業ぶった振りをして大気汚染をなくそうなどとすれば，場合によってはその国や社会のプライドを傷つけることになるかもしれない。この点は十分に気をつけなければならない。しかし国でも個人でも基本的にはそれぞれの利益になることは受け入れられるはずである。だから外国でなにかをやろうと思ったら，少なくともその土地の人々に喜ばれるようなことをしなければならない。

環境問題は一定の期間内に目に見えるような成果がなければやる甲斐がないだろうが，一方で2，3年の期間でやり遂げられるようなものでないことも事実である。そこでわれわれの場合には東アジアの環境問題を改善するための長期計画が必要になる。しかしこのようなことはいうのは容易だが実行するのはそれほど容易ではない。

この考えは明瞭で確かな構図をもたないままに時間が経過したが，それは前提条件についての知識不足が大きな理由であった。大陸の状態は実際にはどうなのか，どうやって大陸へ足を踏み入れるのか。そこでなにをすれば環境保全の目的につながるのか。こうした初歩的な事柄ですらわからなかった。そして思いついたのが大陸に大気測定網を作って大気汚染の詳細な測定をすることであった。技術屋には外国政府や地方自治体と話ができるチャンネルはないので，自分の能力の限界内で活動を開始するほかには手段がなかったのである。

3.2.3　JACK ネットワーク（東アジア大気測定網）

朝鮮半島から中国大陸の奥地にかけての大気測定網を建設するのが大陸への

接近の最初のプロジェクトとなった。

　日本には1971年から稼働を始めて現在もなお着々としてデータを集積している国設大気測定網がある。これは世界に誇ってよいものである。この測定網が特に優れているところは，大気汚染物質の二酸化硫黄や窒素酸化物などのガス状物質だけを測定対象としないで，大気中に浮遊している微小な粒子状物質の成分の測定に重点をおいているところである。いまから考えると日本の環境庁が始めたこの大気測定網は世界的にみても30年先の必要を見越したものであったようである。微小な粒子状物質が空気中に浮かんで分散している状態はエアロゾルと呼ばれている。その粒子が浮遊粒子状物質である。それは医学をはじめとする他の科学の領域でも重要な研究対象である。

　大陸における大気測定網の建設はわが国のこの国設大気測定網のコピーから始まった。この国設大気測定網には長い年月をかけた経験の集積があり，測定の目標だとか対象，そして捕集や分析の方法が決まっているので，そうした事柄は吟味する必要がない。測定結果が得られれば，それらはすぐに日本の大気測定データあるいは国際的な測定結果と比較することができる。いままではこのような詳細な測定は東アジアの広い範囲にわたって行われた実績がないので，こうした測定は朝鮮半島や中国の大気質あるいは大気汚染についての新しい知識を与えてくれるに違いない。

　大陸で大気観測網の測定点をどこに置くかについて決定しなければならない。しかしそれを決めるのに必要な資料はまったく見当らない。はじめは朝鮮半島に2か所と中国に20か所の大気観測点が必要であると考えた。国設大気測定網とだいたい同じ数である。東西約4 500 km，南北ざっと4 000 kmの広大な韓国と中国の広がりをカバーするにはもっと多くの測定点が必要である。しかし，民間の草の根運動が国家予算でやっている国設大気測定網の真似をしようとするのは無理である。結局は資金面の事情から観測点の数は6か所になった（図3.1）。

　朝鮮半島の測定点はソウルになった。中国には北京をはじめとする5か所とし，一つの測定点は内蒙古のバオトウ（包頭），また旧ソ連国境に近い天山山脈

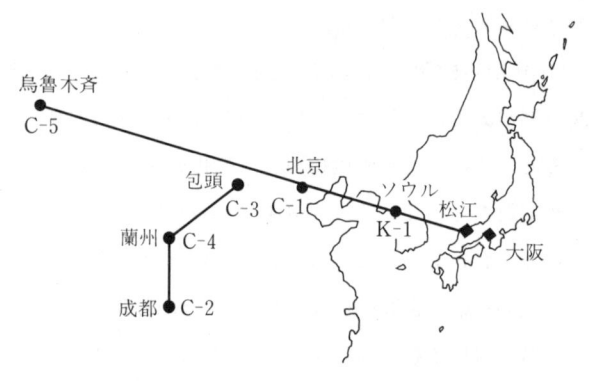

●：JACKの測定点　◆：国設大気測定網の測定点
図 3.1　JACKネットワークの測定点の配置

の山麓の町ウルムチ（烏魯木斉）も測定点に選ばれた。バオトウは都市の中心近くに製鉄工場があり，また世界的にも有名な希土類元素の産地である。これらの測定点の選択は，黄土が大気中を流れて春先には日本からも観測されることがある黄砂現象の上流の地点であるといえる。ウルムチ，バオトウ，北京を地図上で結ぶと，これらの測定点はほぼ直線上にある。これを東方に延長すると韓国のソウルを通り，海を渡ってわが国の国設大気測定網の松江と大阪の両測定点にいく。

　もともとの目的，つまり中国の環境改善に便利な条件を考えると中国の内陸部にももっと多くの観測所が欲しくなる。そこで甘粛省の蘭州が加えられた。黄河は中国の奥地から東に流れて，いったんは700 kmほど北へ蛇行して再び南下してから海へ流れ込む。蘭州は黄河が北上する屈曲点にある。

　蘭州の南800 kmに成都がある。成都は四川省の首都で四川盆地の西部にあり，三国志演義や詩人杜甫など中国の歴史や古典でよく知られている文化都市である。豊穣な土地という意味で「天府の国」ともいわれている。成都市も観測点の一つに加えられた。

　いよいよ観測網の建設がスタートする。ソウルの観測点には良い友達がいて，その共同研究者によって簡単に測定が始められた。しかも測定技術は完璧なものであった。しかし中国では観測所の開設予定地にいくことにも苦労した。ま

た交渉相手を探すことも難しくて時間はどんどん過ぎていった。こうした未知の事柄が多い計画を実施するのに特に必要なのは信頼のできるパートナーである。のちにやっとよい人と出会えて大気測定網は予想外の進展をみたが，そのパートナーと出会うまでには数年の月日が必要であった。

1991年に当初の計画どおりの観測網ができあがり，この測定網は日本の英語名JAPANのJAと中国CHINAの頭文字C，韓国KOREAのKをつなぎあわせてJACKネットワークと命名された。しかし当時は中国と韓国の間には外交関係がなかったので，中国の友人たちはJACKネットワークという呼び名よりも「東アジア大気測定網」という名称を好んだ。

この測定網によって中国大陸で初めての大気中浮遊粒子状物質の詳細な分析データが得られた。データは放射化分析，蛍光X線分析などを入れた微量分析法によって得られたもので，海外の研究者からも資料の請求がたくさんあった[1]。

しかし，このJACKネットワークは完成後1年間で幕を閉じることとなった。海外からはJACKネットワークの継続を希望する声もあったが，経済的負担があまりにも大きいのと経済界の不安定を予感してJACKの中止を決定した。あとから考えれば，この時点での終了宣言はまさに幸運であったといえるだろう。この中止がなければ，日本経済を飲み込んだバブル崩壊によってJACKネットワークも根こそぎになぎ倒されたことだろう。

3.2.4 観測から環境保全へ

このような大気汚染測定網の建設は前途にある環境保全事業の一つの手がかりにすぎない。こうして得られた足場を利用して，どのように環境保全への道を切り開いていくかが大切なことである。

環境保全の事業をするための信頼できるパートナーを得ることがつぎの課題であった。信頼関係は探し回っても得られない。信頼関係を作り出すためには共同の仕事をするのが最もよいのである。そのためまず日中両国の研究者が協力して環境総合調査を行うことを計画した。

5か所の測定点の中から成都市が選ばれた。環境についての本格的な総合調

査を行おうという計画である．大気，室内空気，水質など普通に行われる環境総合調査項目のほかに，公衆衛生や経済，社会，法律などを加えた幅広い調査となった．これらの調査は中国側のきわめて熱心な協力が得られたために予想をはるかに超える成果を収めて終了した[2]．この調査の一つの特色は環境を総合的なものとして考えて大学の理系と文系の双方が緊密な連絡のもとに共同の事業を行ったことであるかもしれない．

この共同調査は成都市から表彰された．その最も大きな成果は日本側と中国側双方の研究者の間に強い信頼感ができたことであった．これを契機に双方は成都市の「環境モデル都市」化への熱い思いを募らせることになる．

3.2.5 調査研究から経済発展へ

成都を環境モデル都市にすることができれば，そのことは周辺都市にも影響を及ぼす．そして多くの中国都市へも広まっていくということが予想された．そのためにまず成都市の中にある一つの区を対象に集中的な環境改善事業に取り組んだ．これはいく先々で資金難に出会った．しかし経済発展と環境改善の事業に頭を痛めていたこの期間に，社会や地方行政などについてのさまざまな知見と経験が得られた．これらはその後の環境保全の企画立案に参考になることがたくさんあった．

その一つは環境事業では研究論文よりも行動とその結果が重要だということであった．大学の研究者は研究論文が最も大切であるが，われわれに対する現地の意見は，理屈をいう前にまず生活の現状をどのように改善するつもりなのかという問いであった．生活に十分なゆとりのないところで環境改善の話をしても，だれも耳を傾けないのは当然である．

経済が優先するならば，産業育成のための技術導入や企業誘致がまず必要になる．大学が直接にこのような事柄を取り扱うわけにはいかないので，そのために日本側では社会事情に通じた学外の人たちの援助を得るために，「行動計画研究会（AP研究会）」が組織された．

成都には1994年に設立された通称「華日中心」（成都華日環境総合技術中心）

という半官半民の企業体があり，この中心が成都でのわれわれの環境と経済の活動の中心点となっていた。実際問題として日本側はその活動を実行するために華日中心の中に業務センターを設置した。現地におけるすべての活動はこの業務センターによって行われた。

　また華日中心はAP研究会の組織に参加した。以後AP研究会は研究調査プロジェクトの進行にあわせて現地に適した実践的，実業的な活動を行うことになった。

　AP研究会は国内では成都市への企業誘致の準備をし，中国では現地の経済事情にあった事業を起こすための協力をした。バブル経済崩壊後の日本の経済情況が改善するのを待ち，中期的将来計画の立案を検討しながら将来の活動にそなえた。しかし日本経済を襲った不況の嵐のもとで，ひとまずAP研究会の中国側メンバーである華日中心にある程度の経済的な実力をつけてもらうことがよいと判断し，華日中心が日本の経済力をあてにしないですむ実力を蓄積することに力点がおかれるようになった。

　環境保全の目標に沿ったAP研究会の当面の事業としては石油燃焼の効率化が一つの有用な活動であるとされた。日本の技術を導入して中小企業や民生の需要を中心とする石油消費の効率を上げることは，成都市の大気の改善に少なからぬ貢献をするはずである。AP研究会の中国側の活動は，冷却しきった日本経済を尻目に予想外の成長を遂げた。華日中心の躍進はAP研究会の進路を照らす一条の光となった。

3.2.6　学術調査と実社会の協力

　AP研究会は環境や経済の事業を円滑に進行するための中心とするために「四方中心」と呼ぶ建物の建設を予定した。その機能は成都を訪れる日本の企業家や研究者の活動が円滑に行えるようにと考えられたものである。情報収集や政府機関との交流，研修などを行う場所を提供することを目的としていた。しかし一方では，これを実現すると同時に，さらに広い範囲にわたってこの「四方中心」の機能を広げるほうが大学のグループの活動には適していると考えるよ

うになった。AP 研究会を中国内陸部の環境と経済の情報を発信する基地とすれば，より広い地域に環境保全の啓蒙運動を展開することができることになるはずである。

この考えは「四方中心」の建設の方針とも同じである。建物が必要になるのは当然であるにしても，さらに大切なのはその機能である。AP 研究会のような準備段階にある事業体がまず必要とするのは活動の方針や人員，組織，そして計画といった内容，いわゆるソフトウェアの充実がまず先である。

内陸部に環境経済情報の発信基地を作る目的は，それによって住民の環境保全の意識を高め，それを環境保全の基礎的な運動と実践につなげることである。この意味では AP 研究会の活動は現在すでに進行しつつあるともいえる。

AP 研究会が華日中心をとおして実施している石油燃焼効率の向上のための高能率石油バーナーの導入は，それ自体が環境保全に役立つことが大きいと考えられる。

AP 研究会はすでにこのほかに，大学の学術的調査研究と実社会の企業活動の間の調整役をも果たしてきた。日本学術振興会が大学をとおして設置したバイオブリケット製造装置は，二酸化硫黄発生の低減など大気汚染の防止に大きく寄与するはずである。これには技術的，経済的な学術調査検討が必要であると同時に社会的，経済的な実地調査が重要になってくるが，AP 研究会は華日中心をとおしてこうした研究と実社会的に必要性な事柄の間の調整を行ってきた。

このほかにも AP 研究会は，大学の研究組織に協力して学童の環境保全についての意識を向上させることに努めてきた。成都市で行った学童の環境についての絵画の募集には5万人以上の参加者があった。同じような少数民俗の学童を対象とした作文の募集には1 200 件を超える応募があった。このような環境保全の啓蒙運動は地味で人目を引くことが少ないし，また長期間かかる。しかし一般に行われている植林と同じく基本的な環境保全対策としての有効性は高く，しかも学童の頭脳への環境保護意識の「植林」は，成長することはあっても枯れることはない。

3.2.7 中国環境40年作戦の総括

以上は日本人の立場から考え，その実施に向けての努力を続けてきた草の根運動の記録である。非常に遠回りな環境保全計画だと思われるに違いないが，これは世界にも数少ない美しい日本列島の自然を，将来の環境破壊から守るための一つの方策ではないだろうか。人工天体を作って宇宙に移り住もうという華やかな計画に比べてあまりにも地味な夢である。しかし，地上の現実をとおして地球環境を守ろうという努力にもそれなりの価値はあるように思われる。

以上に述べた提案を整理して年代順にあげると**表 3.1**のように全体を見通すことができる。

表 3.1

年	事　項
1985	日本列島環境防衛ライン構想
1986	JACK ネットワーク構想
1987	ソウル（K-1）局開設
1988	北京（C-1）局開設
1989	成都（C-2）局開設
1990	成都環境総合調査企画準備
1991	包頭（パオトウ，C-3）局，蘭州（C-4）局，ウルムチ（C-5）局開設
1992	JACK 全局中止宣言，社会調査（作文）実施
1993	成都環境総合調査終了報告
1994	行動研究会（AP研究会）発足
1995	「四方中心」建設構想
1996	環境保全40年戦略検討
1997	中国環境30年作戦（環境経済情報発信基地）構想
1998	成都市バイオブリケット製造実験装置設置
1999	「華日センター」（AP研究会）成都市政府から独立
⋮	
2005	中国内陸部環境経済情報発信基地（完成予定）

1985年に開始したこの「環境保全40年戦略」は2025年が一つの区切りであるから，現在はそのほぼ中間点にあるということができる。時代の変化は予測することはできないが，確かなのは地球全体の汚染は人類の活動によって確実に進行することである。実行しなければならないのがわかっていながら，幸運に巡り会わなければできないことはいくらでもある。いままでの十数年間を振

り返るならば，このようなプランが大学のようなゆとりのある場所で計画されて，手厚い保護を受けながら実施できたのも，その幸運の一つであった。

また大学の中でも理系と文系の協力が長期的な計画の原動力であったことも見逃すことはできない。理系だけのプロジェクトであれば，長期間の活動によって進行の途中で目標を失っていたかもしれない。環境問題は理科系を越えた広い範囲の社会問題であるから，文科系と理科系の協力がぜひとも必要で，大学や研究機関が環境問題で実質的に役立つためには欠かすことができないものである。また環境問題では，大学と企業，そして行政の間の協力がなくては，社会から本当に歓迎されるような環境保全の仕事をするのは難しいように思われる。

3.3 中国重慶市の酸性雨の現状

3.3.1 はじめに

重慶は中国の西南部にある四川盆地の東南部に位置する大工業都市であり，揚子江と嘉陵江の合流点にあたり，揚子江上流地域の経済の中心である。さらに，1997年3月から重慶市は北京，上海，天津につぐ中国第4番目の直轄市（国から直接管理を受け，中国の省に相当する）となり，その経済発展はさらに加速されると予測されている。

現在，重慶市の面積と人口はそれぞれ82 000 km^{2}と3 000万人に達し，直轄市を設立する前の23 000 km^{2}と1 500万人より大幅に増えているが，都市地域の面積と人口はほぼ以前の規模を維持している。

重慶市の地形は面積の64％が低い山地と丘陵で占められ，周囲を山地で囲まれているので，四川盆地中の小さな盆地ともいえる。気候は亜熱帯湿性季節風気候に属し，都市部における冬期の平均風速は1.0 m/sで，夏期は1.5 m/sであり，年間の微風率は50％以上，平均湿度は80％であり，逆転層が発生しやすい。そのため，重慶市の地形条件および気象的特徴は，地表面に近い低層から発生する大気汚染物質が拡散しにくい条件となっている。

3.3 中国重慶市の酸性雨の現状

重慶市では，エネルギー源の75%を高硫黄（平均3〜5%）ならびに高灰分（平均25%以上）の石炭に依存している。1995年の石炭消費量は1500万t以上に及んでおり，その燃焼からの二酸化硫黄排出量は年間80万t以上に達し，中国全土の二酸化硫黄総排出量の5%にも及んでいる。かつ，ばい塵の排出量は年間20万tとなっている。なお，このSO_2排出量は，日本全国の年間排出量とほぼ同じである[5]。さらに，人口と工業がきわめて密集している都市地域はわずかに重慶市面積の1/100を占めるにすぎないが，その地域の年間SO_2排出量は40万t近くに達している[6]。

これまでの観測結果によれば，都市部における十数年間のSO_2濃度は年間の日平均では0.34〜0.49 mg/m³（129.8〜187.0 ppbv）の範囲で変動しており，2級国家環境基準（住宅および商業地域，22.9 ppbv）をはるかに超え[7]，その5.7〜8.2倍にも達している。また，1982〜1994年の総浮遊粉塵（TSP）日平均濃度は0.38〜0.71 mg/m³で，2級国家環境基準の日平均濃度（住宅および商業地域，0.3 mg/m³）の1.3〜2.4倍であった。このように，重慶は激しい大気汚染の影響を受け，中国西南部における酸性雨重度被害地域の中心になっている[8]〜[12]。

本研究では，重慶市における酸性雨の汚染状況を把握するために，1981年から1995年の15年間にわたって降水を採取し，その化学成分の分析から酸性雨の化学的特徴および酸性化の傾向を検討した[11]。また，硫酸イオンの湿性沈着の影響範囲を推定するとともに，降水酸性化の原因を検討した。

3.3.2 酸性雨の現状

（1） 降水の酸性度および酸性化の頻度

図3.2に1981〜1985年，1986〜1990年，1991〜1995年の5年間ごとの重慶市における降水pHの地域分布を示した。表3.2に1986〜1990年と1991〜1995年の期間の降水pH年間平均値，酸性雨頻度（pHが5.6以下の降水の割合）および電気伝導率を示した。これらの結果によれば，1986〜1990年と1991〜1995年の平均pH分布において4.50以下の地域は1981〜1985年より相当に拡大していた。そして，1986〜1990年にはpH 4.25以下の酸性雨の中心が3か所になっ

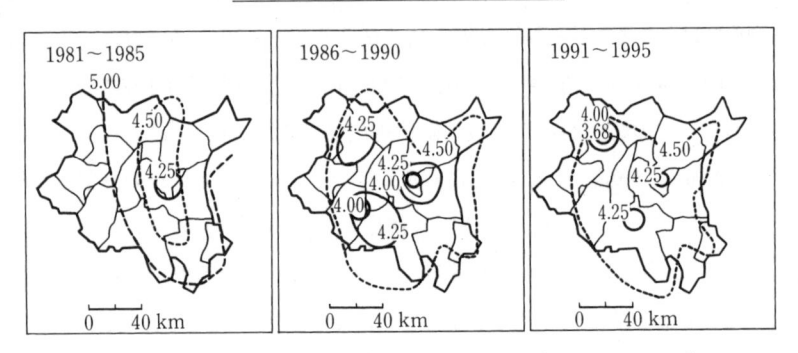

図 3.2 重慶における 1981〜1985 年，1986〜1990 年，1991〜1995 年の5 年間ごとの酸性雨 pH の地域分布の変化

表 3.2 重慶における酸性雨の現状

期間	pH	酸性雨頻度〔%〕	電気伝導率〔μS/cm〕
1986〜1990	4.31 (4.19〜4.35)	84.4	59.7
1991〜1995	4.44 (4.21〜4.50)	72.9	73.5

ていたが，これはその前の 5 年間では市の中心部に pH 4.25 以下の酸性雨の中心が唯一存在していたのと比べて大きな違いである。

特に，1991〜1995 年の平均では西北地域に降水の年間 pH が 3.68 と低い地域が出現し，より酸性化していた。一方，同期間の都市部では降水の pH はそれ以前の 5 年間に比べてむしろ少し高くなっていた。この原因は市の中心部では近年都市燃料のガス化と大型工場における高煙突化が進んでいることによるものと推定される。逆に，近郊における降水酸性度の上昇と pH 3.5 以下の強酸性雨地域の拡大は，近年郊外で新たな中小企業が急速に増加していることがおもな原因と推定される。

酸性雨頻度は減少する傾向にあったが，電気伝導率は大きく上昇していた。よって，ここ 15 年間にわたって，重慶市における酸性雨汚染の程度はますます厳しくなっていることを示唆している。

（2） 酸性雨の化学的特徴

図 3.3，図 3.4 および図 3.5 にそれぞれ重慶市における酸性降水中の主要イオン濃度の年平均，経年変化，季節別変化のパターンを示した。これらの調査結

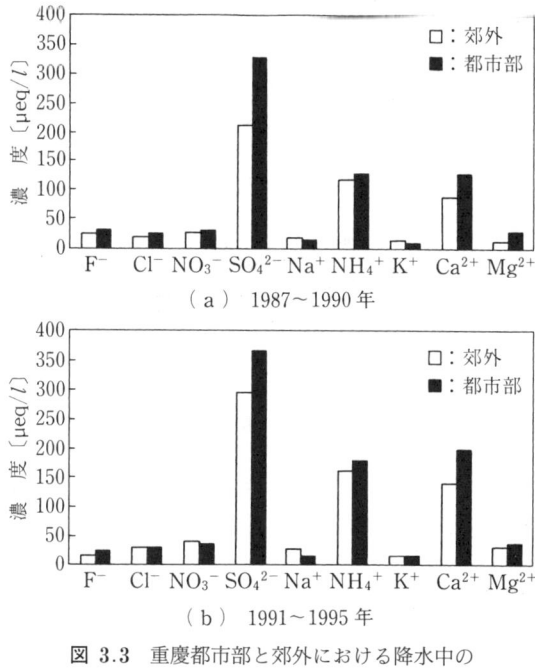

3.3 中国重慶市の酸性雨の現状

図 3.3 重慶都市部と郊外における降水中の主要イオン濃度

(a) 1987～1990 年

(b) 1991～1995 年

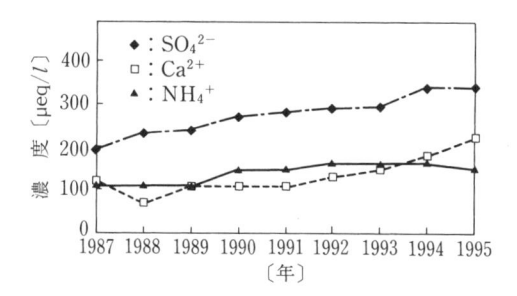

図 3.4 重慶市における降水中の主要イオン濃度の経年変化

果から，明らかになった酸性雨の化学成分の特徴は，以下のようにまとめられる．

① 都市部，田園地域とも酸性雨中の主要イオンは Ca^{2+}，NH_4^+ および SO_4^{2-} であり，特に SO_4^{2-} 濃度は総陰イオンの75％を占め，その NO_3^- に対する当量濃度比は7以上にも達していた．この値は日本全国の平均の

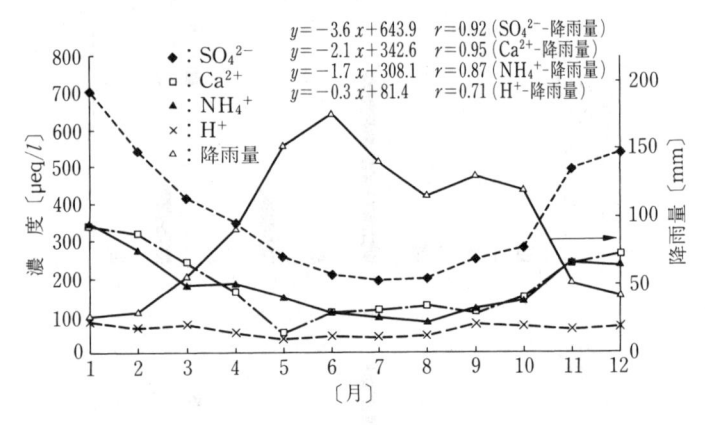

$y=-3.6x+643.9 \quad r=0.92 \ (SO_4^{2-}\text{-降雨量})$
$y=-2.1x+342.6 \quad r=0.95 \ (Ca^{2+}\text{-降雨量})$
$y=-1.7x+308.1 \quad r=0.87 \ (NH_4^+\text{-降雨量})$
$y=-0.3x+81.4 \quad r=0.71 \ (H^+\text{-降雨量})$

図 3.5 1987〜1995年における重慶の降水中の主要イオンの月別変化

NO_3^- に対する SO_4^{2-} の当量濃度比の $1.2^{13)}$ よりはるかに高い。この結果は，重慶市の酸性雨は典型的な硫酸型に属することを示している。

② 主要な陽イオンは Ca^{2+} と NH_4^+ であり，総陽イオンの75%以上を占めており，それらの当量濃度の和は SO_4^{2-} と NO_3^- の当量濃度の和より少なく，その割合は0.95であった。そのため，重慶地域における大量の SO_2 発生に加えてアルカリ性イオンの不足が降水酸性化の原因となっているものと推定された。

③ 都市部のほうが降水中の Ca^{2+} と SO_4^{2-} イオン濃度は著しく高かったが，その他のイオン濃度はそれほど大きく異なっていなかった。

④ 近年，酸性化原因物質である硫酸イオン濃度は，1986年から1995年に至る10年間に2倍と大幅に増加しており，酸性雨汚染は深刻な状況になっている。

⑤ 降水中の主要なイオンの濃度はいずれも夏期に低く，冬期に高かった。これは冬期の降水量が少なく，かつ大気汚染物質の排出量が多いためであると考えられる。

(3) 湿性沈着フラックス

湿性沈着物はおもに降雨の形式で生じているが，時によっては雪，霧，露な

3.3 中国重慶市の酸性雨の現状

どの形式で地表に沈着している。しかし，重慶市の年間平均降雨量は約1000mmであるが，降雨に比べ，霧，露および雪を介した湿性沈着はほとんど無視できると仮定し，湿性沈着フラックスは降水量にイオン成分の平均濃度を乗じて推計した。図3.6と図3.7にそれぞれ重慶における主要なイオンの湿性沈着フラックスの経年変化パターンおよび沈着フラックスと都市部からの距離の関係を示した。

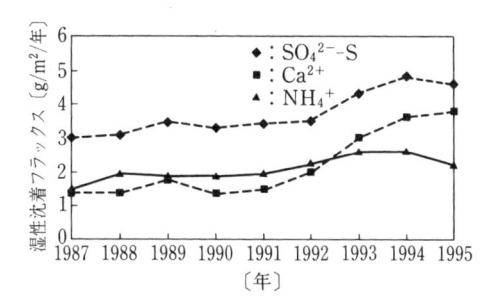

図3.6　重慶における湿性沈着フラックスの経年変化

(a) 1987〜1990年

(b) 1991〜1995年

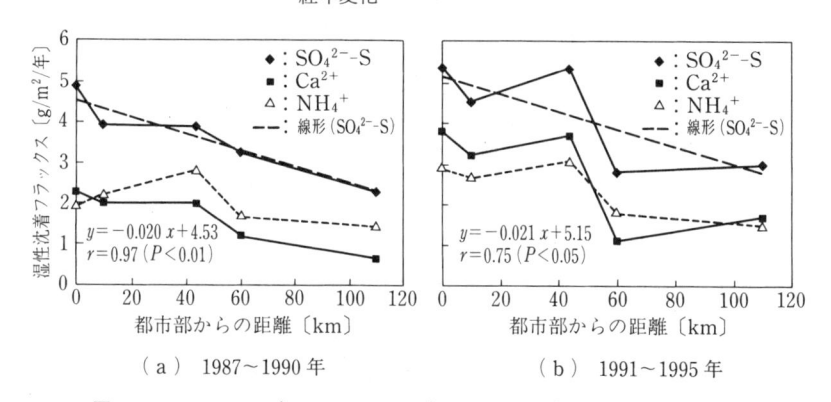

図3.7　1987〜1990年と1991〜1995年における重慶都市部からの距離と湿性沈着フラックスの関係

図3.6より，1992年以後，Ca^{2+}とSO_4^{2-}の湿性沈着フラックスのいずれもが著しく増加していた。1992年と1995年を比較すると，SO_4^{2-}の湿性沈着フラックスは3.53 g-S/m²/年から4.6 g-S/m²/年までの1.3倍に増えており，Ca^{2+}は2.0 g/m²/年から3.8 g/m²/年までの1.9倍に増加していた。特に，1995年では，

SO_4^{2-} の平均湿性沈着フラックスは 4.6 g-S/m²/年で，池田ら[14] により推定されている東アジア地域の湿性 SO_4^{2-} 沈着フラックスの最大値 2.3 g-S/m²/年よりも高かった。一方，NH_4^+ の湿性沈着フラックスは SO_4^{2-} や Ca^{2+} と比較して，顕著な経年変化は見出されなかった。

図 3.7 は，1987〜1990 年と 1991〜1995 年の 2 期における降水中の主要なイオンの湿性沈着フラックスの地域変化パターンを示した。図 3.7（b）に示したように，都市部から 44 km 離れた江津地域では，都市部よりも湿性沈着フラックスが多かった。これは，都市部の発電所などの高煙突汚染源（例えば，高さ 240 m の珞璜発電所の煙突）から排出された大気汚染物質が輸送され，風下方向の地域で降水により洗浄されたためと考えられる。

また，1987〜1990 年と 1991〜1995 年の SO_4^{2-} 沈着フラックスと都市部からの距離との関係について，1 次相関を調べたところ，それぞれ回帰式 $y=-0.020x+4.53$，相関係数 $r=0.97$（$n=5, P<0.01$），と $y=-0.021x+5.15$，相関係数 $r=0.75$（$n=5, P<0.05$）が得られた。ここで，y と x はそれぞれ SO_4^{2-} 湿性沈着フラックス g-S/m²/年および都市部からの距離 (km) である。これらの結果は，主として都市部から排出された SO_2 などの大気汚染物質およびその反応生成物が距離の増加とともに降水により洗浄され，その濃度が低下していくことを示唆している。

ここで示した両回帰式を用い，地元の排出を無視して，重慶を汚染物排出源とする SO_4^{2-} 湿性沈着フラックスの最大沈着距離（$y=0$ のときの x）を計算すると，重慶都市部からそれぞれ 228 km と 245 km となり，およそ 240 km 離れた地域まで影響を受けると推定された。この結果は，酸性物質の湿性沈着による影響の範囲が拡散により郊外まで及んでいることを示唆していた。

(4) 他地域との比較

表 3.3 に重慶市と中国の他地域ならびに日本の府中の降水のイオン濃度を示す。日本および中国他地域の観測結果と比べて，重慶では降水のイオン濃度が全般にかなり高く，特に SO_4^{2-} 濃度が著しく高く，激しい酸性雨汚染が発生している。

3.3　中国重慶市の酸性雨の現状

表3.3　重慶と中国各地，日本の府中における降水の成分分析結果〔μeq/l〕

試料採取場所	重慶	貴州省貴陽[15]	広東省広州[15]	広西省柳州[15]	広東省獅子山[15]	浙江省乗泗[15]	山東省青島[15]	日本府中[15]
期間	1990	1988	1986.2	1988.3	1988.3	1994.4	1993	1992
試料数	1 097	—	8	42	19	5	27	—
H^+	51.3	142.8	32.7	117.3	129.7	97.4	16.1	39.8
Na^+	24.8	5.6	32.8	6.3	15.3	60.1	73.2	19.6
NH_4^+	200.6	31.5	127.7	135.4	74.1	38.2	82.9	26.9
K^+	12.6	6.6	12.5	14.6	9.4	19.6	ND	2.0
Ca^{2+}	298.0	125.0	85.9	100.8	71.4	38.1	194.8	9.7
Mg^{2+}	36.7	37.8	13.9	18.9	27.6	13.8	38.5	0.0
F^-	27.0	ND	11.1	65.0	0.7	9.4	ND	0.0
Cl^-	58.3	4.6	35.9	26.6	15.9	48.2	70.0	39.4
NO_3^-	36.9	13.9	51.8	51.9	48.9	52.2	34.5	20.5
SO_4^{2-}	482.9	240.9	176.2	237.0	175.5	159.6	234.5	28.9
$HCOO^-$	ND	ND	ND	17.0	18.0	ND	ND	ND
CH_3COO^-	ND	ND	ND	10.0	10.0	ND	ND	ND
Σ^+	624.0	349.3	305.5	393.3	327.5	267.2	405.5	98.0
Σ^-	605.1	259.4	275.0	387.5	269.0	269.4	339.0	88.8

ND：未測定

3.3.3　大気硫黄化合物の収支

1988年9月から1990年3月にかけての1年半の間に化学洗浄法†を用い，ある時間 T の範囲に発生した面積 A の水体，土壌，建築材料および植物表面への硫黄降下物質量 W を測定し，面積当りの降下物質量 F（フラックスと呼ばれる）を求め[16),17)]，SO_4^{2-} の乾性沈着速度は SO_2 の1/5であると仮定して SO_2 の沈着速度 V_d を推定した。その V_d より求めた土地利用の六形態別の沈着速度により重慶市の各区県別の沈着速度 V_1 および大気中 SO_2 濃度と粒子状 SO_4^{2-} 濃度から重慶市の硫黄乾性沈着フラックスを推計し，大気硫黄化合物の物質収支ボックスモデルにより硫黄化合物の物質収支（**図3.8**）を検討した[18),19)]。

1995年の重慶の硫黄乾性沈着フラックスの平均値は 9.4 g-S/m²/年であったが，都市部，巴南と南桐鉱山地域はほかの地域と比較して 12.5 g-S/m²/年以上とはるかに高く，また，気象条件ならびに地元の硫黄排出量がかなり違うため，

---

† 自然の降雨により植物表面などの沈着物が洗浄されるのに対して，一定量の純水（イオン交換水）により洗い出すこと。

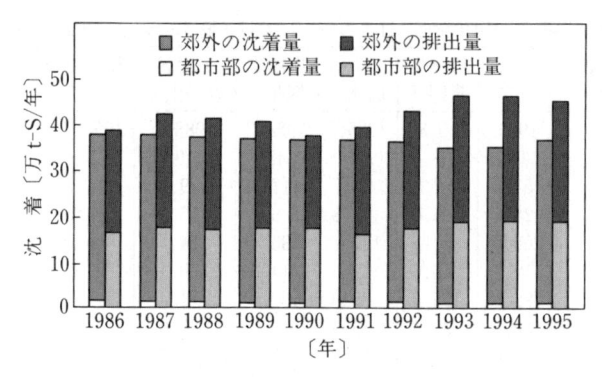

図 3.8 重慶における硫黄酸化物の沈着量と排出量の推定

東南部の硫黄乾性沈着フラックスは西北部より高かった。10年間の硫黄総沈着量の平均値は35.3万t-S（33.9～36.6万t-S）にも達しており，当該地域からの年間平均排出量45.5万t-S（37.0～46.0万t-S）に対する比率は約0.78であった。よって，大気硫黄収支モデル計算より周辺地域との物質交換として約10.1万t-Sが当該地域以外へ輸送されていると推定された。

3.3.4 降水酸性化の原因

重慶における石炭消費量は総燃料消費量の75％以上を占めている。石炭燃焼により排出されたSO_2は，SO_2排出総量の90％以上を占めている。重慶市の汎用石炭の硫黄含有量は3～5％と平均的に高く，灰分含有量も15～35％に達している。そのため，都市部で石炭燃焼により排出されたSO_2やばい塵などは大気汚染の主要な原因物質となっていると考えられる。重慶では，無風あるいは微風の頻度は50％以上であり，逆転層の頻度も80％に達しており，気象および地形は大気汚染物質の拡散に不利な条件となっているため，これらの地理条件および気象条件は厳しい大気汚染ならびに酸性雨の重要な原因の一つである。

1987～1995年の9年間の燃料用石炭の年間消費量と年間硫酸イオン湿性沈着フラックスとの関係を図3.9に示した。この回帰式において，yは年間硫酸イオン湿性沈着フラックス〔$g-S/m^2/年$〕であり，xは燃料用石炭の年間消費量〔百万t〕である。このように，年間硫酸イオン湿性沈着フラックスと燃料用石炭

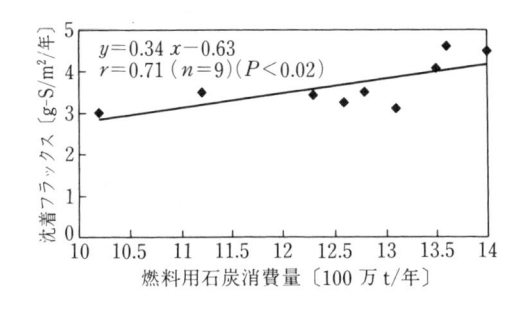

図 3.9 燃料用石炭消費量と硫酸イオン沈着量の関係 (1987～1995 年)

の年間消費量との関係には正の高い相関関係（$P<0.02$）がみられ，燃料用石炭の年間消費量の増加に伴う年間硫酸イオン湿性沈着フラックスの増加が推定された。よって，燃料用石炭の消費は降水中の硫酸イオンのおもな原因と推定される。

3.3.5 ま と め

15 年間にわたる重慶市における酸性雨に関する調査研究により，重慶市では降水酸性化が急速に進んでおり，イオン濃度もかなり高くなっていることがわかった。降水の年平均 pH はいずれも 4.5 以下であり，最低年平均 pH は都市中心部で観察され，3.68 であった。主要イオンは Ca^{2+}，NH_4^+ および SO_4^{2-} であり，特に SO_4^{2-} 濃度は総陰イオンの約 75％を占めており，重慶の酸性雨は硫酸型に属すると考えられた。さらに，日本および中国他地域の観測結果と比べて，重慶では降水のイオン濃度がかなり高く，重慶市の酸性雨汚染は深刻化していることが示唆された。

1995 年の SO_4^{2-} の平均湿性沈着フラックスは 4.6 g-S/m²/年であり，池田ら[14]による東アジア地域の推定湿性 SO_4^{2-} 沈着フラックスの最大値 2.3 g-S/m²/年よりも高かった。都市部を汚染排出源とする酸性湿性沈着の最大影響範囲を計算したところ，都市部から排出された SO_2 は降水の形式で周辺 240 km までの地域に影響するものと推定された。なお，大気硫黄収支モデル計算より約 80％は重慶地域内に沈着しているが残りの約 20％は周辺地域との物質交換として年間約 10.1 万 t-S が当該地域以外へ輸送されていると推定された。

石炭燃焼により排出されたSO₂などは大気汚染の主要な原因物質であり，かつ，大気拡散に不利な地理および気象条件も重慶の大気汚染ならびに酸性雨の主要な原因の一つとなっている。

3.4 中国における酸性雨の問題
―― 酸性雨の現状と対策 ――

3.4.1 はじめに

アジア地域ではNIES諸国に加えて，世界最大の人口を抱える中国では経済発展が続いており，その変化には目を見張るものがある。これらの多くの国々では経済発展を優先するあまり，それに伴う環境汚染に対する取組みが遅れている。中国では，急速に経済発展が進み，各種産業が要求するエネルギー生産のために大量の化石燃料が消費されている[20]~[24]。

この経済発展に伴う生活水準の向上はさらなる消費物資の生産を加速するとともに，民生部門におけるエネルギー需要をも増加させている。そのため，全世界から注目される環境問題が発生している。中国で最も深刻な環境問題は，石炭の大量消費に基づく酸性雨の主要原因物質である硫黄酸化物の排出による大気汚染や酸性雨となっている。中国の硫黄酸化物排出量は1997年で2 700万tを超えており[25]，いまやアメリカを超え，世界第1位となり，世界の15～20%程度，アジアの70～80%程度を占めている。

特に越境汚染などの国際関係を考えた場合に酸性雨問題は重要で，中国は地勢学的にみて，日本にとってきわめて重要であるといえる。ヨーロッパでは森林枯損や湖沼の酸性化を経験して，広域汚染問題に対処するために，広域モニタリングの実施，長距離越境大気汚染条約の締結，硫黄酸化物排出抑制を目的とした30%クラブの結成など，着実にSO₂の排出抑制に向かい，多くのヨーロッパ諸国がその排出量を大きく減少させている[26]。一方，東アジア地域ではモニタリングネットワークが正式に稼働しようとしている[27]が，中国のSO₂排出量が実際に低下するまでには，まだかなりの時間が必要と思われる。

ここでは，中国の酸性雨とそれに関連する大気汚染の概略を紹介するとともに，発展途上国で適応可能な SO_2 の排出制御対策を述べる。また，東アジアや中国の大気汚染や酸性雨に関する詳細は既報の文献[20]~[24]を参照されたい。

3.4.2 中国における SO_2 と NO_x の排出量変化と1次エネルギー源構成

図 3.10 と図 3.11 に中国の SO_2 と NO_x 排出量の推移を示した[23]が，いずれもきわめて急激に増加していることがわかる。先進国の SO_2 と NO_x の排出量の比（SO_2/NO_x）と比較して，中国のそれは著しく高くなっている。これは中国では燃料消費の 3/4 を石炭が占めていること，その硫黄含有率が高いこと，および日本などに比較して中国のエネルギー利用効率が低いこと（**表 3.4**）に起因している。選炭率が低く，排煙脱硫もほとんど実施されていない中国は，脱硫設備の整備が進められているアメリカの SO_2 排出量を追い越し，1997年には2 700万 t を排出していて，世界第1位となっている。

Kato ら（1992）による 1987 年の SO_2 は排出量の推計値から求めた東アジア

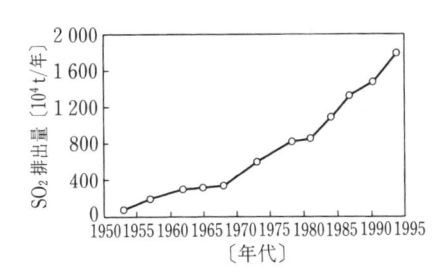

図 3.10 中国における 40 年間の SO_2 排出量の変化

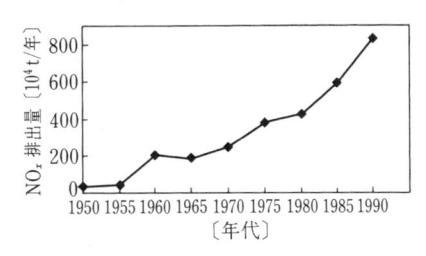

図 3.11 中国における 40 年間の NO_x 排出量の変化

表 3.4 中国と日本，アメリカのエネルギー利用効率〔%〕

部　門	中　国	日　本	アメリカ
電　力	24	30	31
工　業	35	76	75
交　通	16	22	25
生　活	26	75	75
全　体	30	57	51

（Z. Zhau, 1994 より作成）

各国のエネルギー源構成によれば,中国と香港では石炭の占める割合が70%以上であるのに対して,日本,韓国,台湾では石油が50%前後を占めている[24]。

図3.12は各国の二酸化硫黄発生量の推定値から求めた国別の面積当り(平均発生強度),人口当り,1次エネルギー消費量当りの発生量であるが,Wangら(1992)による中国の省別の1990年度における石炭燃焼からのSO_2発生量も示す[24]。この省別の値は石炭消費量と平均の硫黄含有率1.12%から求められており,石炭消費量が多く,かつその硫黄含有率が高い地域からのSO_2発生量を低く見積もっていると考えられる。

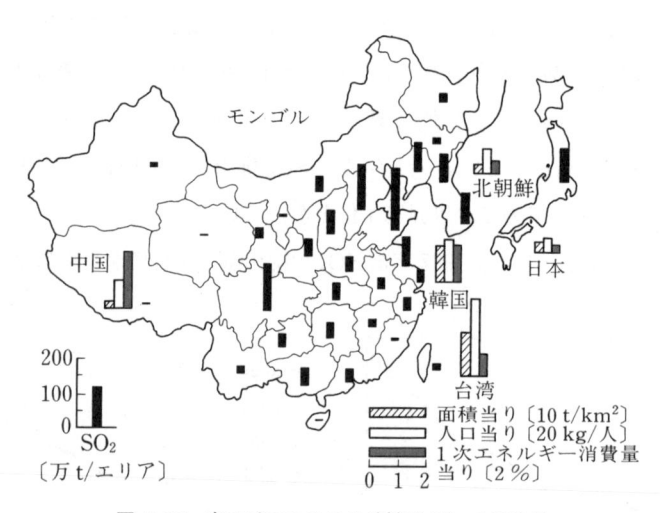

図3.12 東アジアにおける地域別SO_2の発生量

3.4.3 中国の大気汚染と酸性雨

(1) 浮遊粉塵(TSP)とSO_2汚染

中国における総浮遊粉塵(TSP)とSO_2濃度の季節変化はともに南部地域より北部地域で顕著で,SO_2でその傾向が著しくなっている。この原因としては北部の冬期における暖房用石炭使用量の増加と,土壌からの粉塵の増加が考えられる。季節によらずTSP,SO_2濃度いずれも高い重慶や貴陽は盆地,または四方を山地に囲まれており,無風に近い気象状態が多く発生し,年間の逆転層

3.4 中国における酸性雨の問題

出現率も80%程度に及ぶため,放出された大気汚染物質はきわめて拡散しにくい状態である.そのために年間をとおして高濃度のTSPとSO_2による大気汚染にさらされている.

表3.5に鞍山と重慶の1992年の降下ばい塵量,硫黄酸化物濃度,二酸化窒素濃度,TSP濃度の年平均値を示した[22].これらの総合的な大気汚染レベルから,鞍山と重慶は北部第1位,南部第1位の汚染都市に位置づけられていて,大気汚染の深刻な中国の工業都市の代表例となっている.SO_2の年平均値は,日本の国設大気測定網(NASN)における東京や川崎の現在の測定値に比べて,鞍山,重慶はそれぞれ4,5倍であり,日本の大工業都市が急激な経済発展とともに激しい公害に覆われた1960年代後半に匹敵するか,もしくはそれ以上の大気汚染が始まっている.

表3.5 鞍山と重慶の1992年の大気汚染物質濃度

都 市	SO_2 [ppb]	NO_x [ppb]	TSP [$\mu g/m^3$]	降下ばい塵 [$mg/m^2 \cdot$月]
鞍 山	42	42	506	51
重 慶	147	31	376	22

鞍山市は面積622 km^2,人口284万人(1990年)の鞍山公司の典型的な企業城下町である.同社からのSO_2,NO_x,粉塵の排出量(1992年)は市全体の排出量のそれぞれ71(5.8万t),85(4.5万t),70(14万t)%を占めていて,褐色の排煙の排出が続いている.

一方,重慶市は面積23 000 km^2,人口1 400万人(1992年)の四川省最大の重工業都市で,市中心部は面積200 km^2,人口250万人,年間の平均風速は1〜2 m/sであり,無風状態や逆転層の出現頻度がきわめて高くなっている.そのために特に冬期には激しい大気汚染現象が出現することになる.時には300 ppb(約0.7 mg/m^3)を超えるSO_2濃度が4時間も続くことも観測されていて,市民への健康影響が懸念されている.また,重慶最大の企業といえる重慶製鋼所内の労働条件は劣悪な状況である.そのため,汚染物質排出による作業者や市民への健康影響ならびに森林枯損に代表される生態系への影響などを考慮すれば,

大気汚染や酸性雨に対する環境対策と生産性の改善を図るための抜本的な対策が急務といえる。

（2） 酸性雨の成因と特徴

中国では1970年代前後からの石炭消費量の急増に伴うSO_2汚染による酸性雨が懸念されるようになり，1980年以降各地で降水のpHが測定されるようになった。1981，1986，1993年に実施された広域調査の結果（**図3.13**）から酸性雨地域の西北への拡大が明らかになっている[23]。

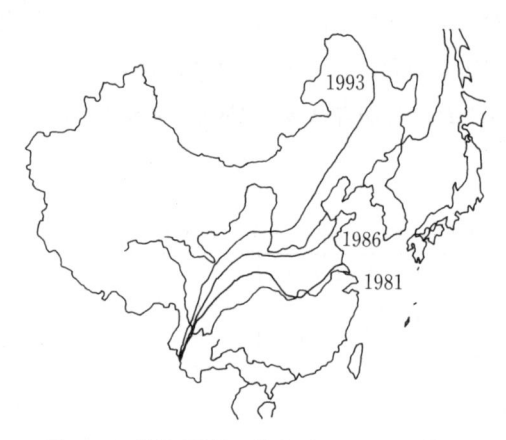

図3.13 酸性雨地域の拡大（pH 5.6の曲線の西北部への移動）

中国には，西南（四川省，貴州省），華南（広東省，広西自治区，湖南省），中南（湖北省，江西省），華東（上海市，浙江省，江蘇省），東南海岸（福建省）の五大酸性雨地域がある。その中でも最も激しい酸性雨発生地域は，四川省，貴州省，湖南省であり，それぞれの中心は重慶，貴陽，長沙市である。大きくみるとこれまでおよそ揚子江を境にしてその南と四川盆地で酸性雨が発生していたが，最近やや東北の一部へ広がりつつある。揚子江の北側では酸性雨が少ないが，大都市では降水中の硫酸イオン濃度はきわめて高く，酸性雨が生じていないからといって，SO_2の排出抑制を問題にしないわけにはいかない。

表3.6に中国五大酸性雨発生地域ならびに北部の代表的な測定点の降水のpH，酸性化頻度，**表3.7**に降水中のイオン成分濃度を示す。大部分の地域の最

3.4 中国における酸性雨の問題

表 3.6 酸性雨発生地域における降水の酸性度およびその酸性化頻度

観測地点	西南地域		華南地域			中南地域			東南沿岸地域			華東地域			北部地域	
	四川峨眉山金頂	重慶	貴州貴陽	広東広州	湖南衡山	広西柳州	湖南長沙	江西南昌	福建厦門	福建漳州	福建蓮花山	上海	浙江乗泗	浙江杭州	遼寧鳳凰山	山東青島
高度 [m]	3 050	500	800	50	1 200	400	200	200	50	100	1 000	50	10	50	400	100
観測期間	1994.7	1989	1986	1986.2	1989.3	1988.3	1993.5	1993.3	1993.3	1993.3	1993.3	1986	1994.4	1989.3	1993.8	1993.1
試料数	17	528	4	8	2	42	27	12	4	8	14	36	5	7	3	2
平均pH	4.30	4.07	4.23	4.48	3.89	4.26	3.93	3.78	4.52	4.30	4.29	5.05	4.85	4.01	4.54	4.68	4.09
酸性化頻度 (%)	94	87	100	100	80	100	100	92	100	100	100	75	80	86	67	100

表 3.7 酸性雨発生地域における降水のイオン成分濃度の分析結果 [μeq/l]

観測地点	重慶	貴州貴陽	広東広州	広西柳州	広東獅子山	湖南衡山	福建厦門	福建漳州	浙江乗泗	山東青島	日本府中
観測期間	1990	1988	1986.2	1988.3	1988.3	1989.3	1993.3	1993.3	1994.4	1993	1992
試料数	1 097		8	42	19	2	4	4	5	27	
H^+	51.3	142.8	32.7	117.3	129.7	55.0	86.2	97.4	16.1	39.8
Na^+	24.8	5.6	32.8	6.3	15.3	30.4	35.5	60.1	73.2	19.6
NH_4^+	200.6	31.5	127.7	135.4	74.1	60.1	202.3	38.2	82.9	26.9
K^+	12.6	6.6	12.5	14.6	9.4	13.1	16.6	19.6	—	2.0
Ca^{2+}	298.0	125.0	85.9	100.8	71.4	37.4	109.9	38.1	194.8	9.7
Mg^{2+}	36.7	37.8	13.9	18.9	27.6	14.7	20.8	13.8	38.5	0.0
F^-	27.0	—	11.1	65.0	0.7	1.1	13.3	9.4	—	0.0
Cl^-	58.3	4.6	35.9	26.6	15.9	21.7	30.9	48.2	70.0	39.4
NO_3^-	36.9	13.9	51.8	51.9	48.9	36.0	41.0	52.2	34.5	20.5
SO_4^{2-}	482.9	240.9	176.2	237.0	175.5	118.2	292.2	159.6	234.5	28.9
$HCOO^-$	—	—	—	17.0	18.0	—	71.0	—	—	—
CH_3COO^-	—	—	—	10.0	10.0	—	9.0	—	—	—
Σ^+	624.0	349.3	305.5	393.3	327.5	210.7	471.3	267.2	405.5	98.0
Σ^-	605.1	259.4	275.0	387.5	269.0	177.0	457.4	269.4	339.0	88.8

低 pH は 4.3 以下であり，酸性化頻度も 100% にも達している。また，都市部に限らず，郊外や山岳地域の降水もかなり酸性化されている。H^+ を除いた主要陽イオンは，NH_4^+ と Ca^{2+} であり，それと SO_4^{2-} と NO_3^- のバランスが酸性度を決めているのである。

酸性雨の原因としては降水中の酸性物質の増加と塩基性物質の不足が原因となっている。北部の SO_2 排出量や排出強度はむしろ南部より高いが，ほとんど酸性化していない。この原因は塩基性物質供給量の地域差といえる。表 3.8 に大気中の NH_3 濃度を，表 3.9 に大気エアロゾルの酸性度（H^+：1 m^3 の大気中に含まれるエアロゾルを純水に溶かしたときに示す H^+ 量を大気濃度に換算したもの）と酸中和能力（ΔC_b：1 m^3 の大気中に含まれるエアロゾルを純水に溶かしたときにその溶液の pH が 5.60 になるまで加えられた H^+ の量を大気濃度に換算したもの）を示した。北部の NH_3 濃度は南部のそれより 1 桁以上高く，エアロゾルの ΔC_b も大きく，大気の酸を中和する能力は南部よりも著しく高くなっている。

この大きな ΔC_b は，主として土壌塩基性度の地域差に由来していると考えら

表 3.8 大気中の NH_3 濃度の観測結果　〔$\mu g/m^3$〕

観測地域	南部地方				北部地方		
観測地点	重慶	貴州貴陽	広東広州	福建厦門	北京	天津	北京
観測期間	1984.4	1984.4	1989.3	1993.3	1984.4	1984.5	1987.4
試料数	8	6	10	7	6	4	12
NH_3 濃度*	3.1	5.3	9.4	4.0	31.2	17.4	23.8

* 0.70 mg/m^3 は 1 ppm(v/v) に相当する。

表 3.9 大気エアロゾルの酸性度と酸緩衝能の分析結果　〔$\mu eq/m^3$〕

観測地域	北部地方			南部地方					
観測地点	北京	河北承徳	山西雲岡	四川重慶	広東広州	湖南衡山	広東獅子山	福建章州	福建蓮花山
観測期間	1984.3	1986.5	1988.2	1984.4	1986.2	1989.3	1989.3	1993.3	1993.3
試料数	19	10	8	16	10	10	10	6	6
H^+	0.008	0.008	0.006	96.0	0.38	6.1	4.5	36.4	4.8
ΔC_b	425	375	726	−92.8	55.6	3.8	−3.8	−38.4	−1.4

れる。すなわち，土壌やエアロゾルの酸中和能力 ΔC_b は，Ca^{2+}，より正確にはその対イオン種である炭酸塩含有率によって支配されているのである。一方，南部のエアロゾルの ΔC_b は負の値，酸性であり，降水に取り込まれても酸を中和することはできない。

南部の重慶や貴陽などの酸性雨の激しい地域は，主として比較的低い煙突から排出される石炭燃焼からの SO_2 が気象条件や地形的な条件のために拡散しにくく，蓄積しやすいために，高濃度汚染がもたらされ，蓄積した SO_2 が降雨により局地洗浄されて，酸性雨が発生していると考えられる。よって，西南部では硫黄含有率の高い石炭燃焼によって排出された大量の SO_2 やそれから生成した酸性物質を中和するに足りる塩基性成分が大気中に不足していることが酸性雨の原因といえる。一方，華南地域で観測された広域酸性雨は，降水時の気象と後方流跡線の解析結果から，武漢や長沙などの大都市からの汚染物質の長距離輸送が原因と考えられる。

(3) 大気汚染や酸性雨による農林業関連被害と健康影響

pH の低い酸性雨が降り，その頻度も高い西南部の重慶や貴陽を中心とした四川省，貴州省，長沙や柳州を中心とした湖南省，広西壮族自治区付近では酸性雨などによる推定される森林衰退，農作物の収穫減，建造物への被害が顕在化しており，莫大な経済的損失を引き起こしつつある。四川盆地の西端の峨眉山では，2 500 m 以上で冷杉の衰退が著しく，頂上付近の枯死率は 90% に近い状態である。また，重慶の南山でも pH が 2.6 にも及ぶ霧が発生し，馬尾松がほとんど全滅した。これには盆地内で発生する高濃度の SO_2 とともに高い酸性度，低い塩基性度の重慶地区の土壌被害拡大への関与が推定される。

1989 年の広州の調査では，農林業：14.3 億元，建造物の腐食・破壊：6.0 億元，農地：1.36 億元，農作物の収穫減：1.3 億元，これらの総計では 23 億元の経済的な損失が見積もられている[28]。また，森林被害は，四川，貴州，広東省など総計で 107 ha にも及んでいる。1992 年の統計では，環境汚染による損失は 860 億元であり，同年度の GNP の 5% を占め，大気汚染によるものはそのうちの 300 億元であった。

周ら (1994) は重慶市内の学童や 60 歳以上の老人の健康診断を行い，大気汚染レベルにより 5 分類した地域別に目や呼吸器系の疾患率や肺機能検査を行い，高い汚染レベル地域ほど有意な高疾患率や肺機能の低下を見出している[29]。今後，多くの疫学調査により，わが国での経験以上の被害が現れ，さらに大気汚染の影響の重大さが明らかになると推定される。

3.4.4 酸性雨原因物質排出抑制対策

中国では，豊富な石炭資源の活用，経済的な問題と未発達な物質輸送機構からみて，石炭使用割合の著しい低下は考えにくくなっている。よって，大気汚染と酸性雨を防止するためには，石炭からの SO_2 の排出抑制に取り組まざるをえない状況である。中国では SO_2 の排出抑制対策として，① 石灰添加成型炭による燃焼効率の改善と SO_2 の排出抑制，② 民生ボイラーによる暖房から集中供熱方式への転換を含む燃焼効率の改善，③ 天然ガス化/石炭ガス化，④ 石炭火力発電所での排煙脱硫，⑤ 選炭による脱硫，⑥ 石炭/水混合系（CWM）燃焼による燃焼効率の改善と脱硫，などが考えられている。

現在の中国における SO_2 排出の約 90% は石炭由来であり，そのエネルギーの利用効率を約 30% から先進国レベルの 50% に近づける対策が必要となっている。石灰石こう法による湿式脱硫も 1992 年ごろから重慶の発電所で稼働している。しかし，当初は設計仕様に合致しない燃料や副生成物の石こうの市場性，装置稼働による電力消費などの問題もあり，予期した成果をあげてはいなかった。

また，成都では電子線を利用した SO_2 と NO_x の同時処理による副生成物の化学肥料（硫安と硝安）を生産できる装置が設置されている。これは乾式で，排水処理が不要であり，食糧増産に寄与しうる化学肥料の生産ができるためたいへん興味ある技術である。しかし，電子線の発生に消費されるエネルギーも多いなどの問題点も指摘されている。これらの対策を考えた場合に基本的な点は，経済性と現地への適応性であろうと考えられる。

われわれは，重慶を酸性雨・大気汚染の改善モデル地域とする実際の効果をもたらす戦略的な研究課題として，地球環境研究総合推進費による「酸性雨原

因物質排出制御手法の開発に関する研究」を1994年に発足させ，1997年から「東アジアにおける酸性雨原因物質排出制御手法の開発と環境への影響評価に関する研究」へと引き継ぎ[30]，2000年からまた，新しいフェイズを迎えようとしている。

硫黄酸化物の排出抑制対策として，大型の施設では，石炭ガスの利用，排煙脱硫，低硫黄石炭の利用などが考えられる。しかし，中小工場や民生用の用途としてはより安価な石炭クリーン燃料化が必要である。また，開発された技術が，現地で利用され，かつ普及するためには，技術そのものが現地化され，新たな産業の創出，雇用の創出，経済的な利益の創出が達成されなければならない。そのような点を考慮すれば，地球環境研究総合推進費で重慶市と共同で進めてきた低品位石炭のバイオブリケット化は，現地への高い適応性と経済的にみた高い実行可能性をもっている。

さらに，酸性雨だけでなく，大気汚染や室内汚染による人への健康影響を考えた場合，民生用石炭燃焼に対する対策は特に重要である。これに合致するSO_2の排出制御技術が低品位石炭のバイオブリケット化であり，図 3.14 に示した粉

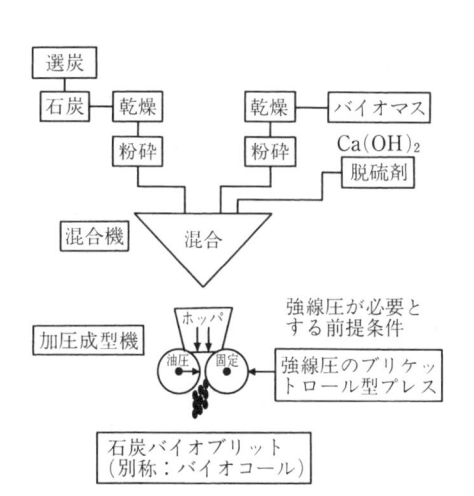

図 3.14 バイオブリケットの製造プロセス

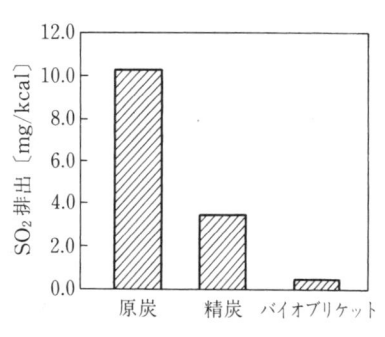

図 3.15 原炭，精炭とバイオブリケット燃焼時のSO_2排出量の比較

砕した石炭，おがくずや稲わらなどの農林産廃棄物バイオマス，SO_2固定剤（消石灰）を高圧で成型し，バイオブリケットを製造する技術である。これはわが国で石油危機の際に研究されていた技術の中国への応用である[31]。

これまでに中国で製造されていたブリケットは粘結剤として粘土を使用していたため，強度が弱く，燃焼性が低い状態であった。一方，バイオブリケットではバイオマスが高圧下で粘結剤の役割を果たし，かつ燃焼性向上にも寄与している。これまでの研究では，石炭燃焼に伴って排出されるSO_2の90%近くが固定されるため，原炭燃焼と比較して，バイオブリケット燃焼時のSO_2排出量は80～90％低下する[32]。この硫黄酸化物排出抑制を考慮して，エネルギー発生量当りの硫黄酸化物排出量で比較すると，重慶市内で市販されている選炭後の精炭に比べて原炭を用いたバイオブリケット化のほうがずっと少ないことがわかった（図3.15）[33]。

この結果は，SO_2の排出抑制対策としては，選炭よりバイオブリケット化のほうが優れていることを示している。さらに，循環性資源であるバイオマス廃棄物を約30％加えているため，廃棄物の有効利用とともに，枯渇性資源である石炭が節約されるだけでなく，温暖化ガスCO_2の排出抑制にも寄与している。これまでの研究や調査の結果からは一般市民の使用意欲も高く，その価格もエネルギー効率を考慮すれば1.2～1.5倍程度であり，経済的に考えても実行可能性はかなり高くなっている。現実に，2000年10月から中国東北部の鞍山では日中合弁のバイオブリケット製造工場が稼働しており，さらに，わが国からの対中円借款により2002～2004年にかけて60万t/年のバイオブリケット製造プラントが整備される予定となっている。

酸性雨だけでなく，人への健康影響や生態系への影響を考えた場合，煙源高度が低い民生用石炭燃焼による硫黄酸化物以外のフッ素化合物の排出も大きく影響するため，その対策も重要となっている。最近，われわれはフッ素化合物も硫黄固定剤を多く加えるか，特殊な添加剤をわずかに加えることにより60～90％程度固定しうることを明らかにしている。

これ以外に，燃焼炉の底から圧縮空気を吹き込み，石炭と流動媒体としての

石灰を流動させながら燃焼させることにより，局所的に高温を避け，NO_x の排出抑制と SO_2 の固定化を同時に行う流動層燃焼による炉内脱硫・脱硝技術がある。乾式[34]，半乾式[25] のいずれにおいても Ca/S 比を大きくとることにより脱硫効率を 80～90％程度まで可能であり，乾式の場合は，まったく排水処理を必要としないため水質汚濁のおそれは少ないといえる。今後，バイオブリケット化技術や流動層燃焼による炉内脱硫・脱硝技術は石炭を大量に使用する発展途上国などで効果的に適用されていくものと期待されている。

3.4.5 バイオブリケット技術の新たな展開に向けて

酸性物質の森林や農地への沈着は土壌を酸性化させ，植物の生長にとって必要な栄養塩類を溶脱させ，土壌の肥沃度を減少させる。さらに，有害な重金属イオンを溶出させ，根からの栄養補給，水分吸収などの活力，土壌中の微生物活性を低下させてしまう。そのため，酸性化した土壌の修復には中和と同時に栄養塩類の供給が必要となっている。

バイオブリケットの調製には，消石灰を原炭の S 含有量に対して 2 倍当量で添加していることやバイオマスを重量比で約 25％ 添加しているため，燃焼灰の中にはかなりの塩基性成分や栄養塩類が含まれている。したがって，酸性土壌の中和とそこへの栄養塩類の供給という二つの役割を同時に果たしうるものと考えられる。

そのような観点から，重慶の酸性土壌の性質を調べるとともに，バイオブリケット燃焼灰添加酸性土壌への人工酸性雨添加加速実験を行った。その結果，酸性土壌へバイオブリケット燃焼灰を 5％程度添加すれば，その後 5 年間は現在の重慶で降っている酸性雨が降り続いても，土壌を植物生長に適切な pH に保ち，かつ有害金属イオンを溶出することなく栄養塩類を供給し続けられるものと判断された。

また，バイオマスとして富栄養化河川や湖沼から窒素化合物やリン化合物を吸収させた後のガマやヨシを用いてバイオブリケットを調製し，硫黄酸化物の排出抑制による大気汚染制御，その燃焼灰を酸性土壌の修復に用いれば，図 3.

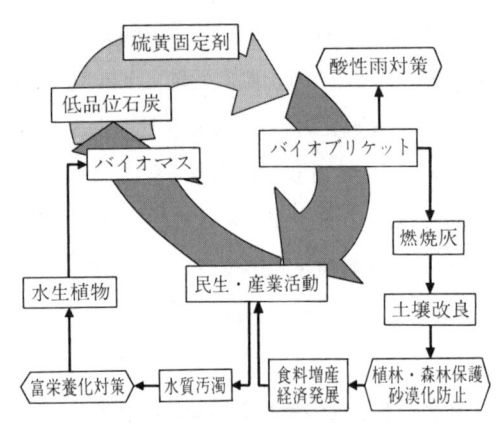

図 3.16 バイオブリケット化による廃棄物
ゼロエミッションサイクル

16 に示すような新たな廃棄物を発生させない地域完結循環型総合環境保全対策が可能と考えられる。植物生長への燃焼灰の効果を調べる実験は，現在計画中であるが，この部分が明らかにされれば，上記の廃棄物をほとんど発生させないゼロエミッションサイクルが完成することになる。

3.4.6 おわりに

中国の酸性雨の現状と酸性雨原因物質，主として SO_2 の排出抑制対策についてまとめたが，先進国と発展途上国では実施しうる対策が必要とされる費用や運転管理技術などの点からみて大きく異なっている。世界で稼働している排煙脱硫装置は 2 500 基前後，排煙脱硝装置は 600 基前後となっているが，いずれも日本にその 3/4 があり，残りの大部分もアメリカやドイツで稼働しているのが実状である[35]。これらの装置は高価であり，発展途上国で利用するにはここで紹介したようにもっと安価な技術が開発される必要がある。

アメリカを超えて世界第 1 位の SO_2 排出国となっている中国への酸性雨原因物質排出制御対策の普及は，同国の酸性雨問題のみならず，わが国への影響という観点からもたいへん重要であり，かつ急務であるといえる。

3.5 東アジア地域における大気汚染物質の排出と輸送

3.5.1 はじめに

東アジア地域は近年の経済発展が著しく,今後,地球環境への負荷が増大する地域と懸念されているため,ここでの大気汚染物質の排出量の推計や,それをもとにした酸性降下物の沈着量推定は,地球環境,地域環境のいずれの観点からも重要性が高いと考えられる。また,酸性雨の生成,輸送,変質および沈着過程を長距離輸送モデルなどを用いて解析する際,グリッドベースの発生源データの整備は必要不可欠なものである。

本研究では,東アジア地域を対象に1990年の大気汚染物質の排出量推計を行った。対象物質をSO_2とNO_xとして,都市別産業活動,人口,発電所など主要発生源の位置など詳細なデータを用いたグリッド排出量の推計も行った。東アジア地域における酸性汚染物質の降下量とその地域間収支を把握するために,オイラー型の3次元グリッドモデルを用いて,硫酸および硝酸イオン沈着量の推計と発生源寄与率の推定を行った。解析対象年度を1990年とし,解析領域を国別に大きく六つの領域に分け,各国の発生源が各地域に及ぼす寄与率を推定し,考察を行った。

3.5.2 大気汚染物質の排出量推計

グリッド排出量は,発電所などの大発生源については点源,その他の発生源については産業活動(生産量,額)や人口などのデータを用いて都市別排出量を推計し,各都市を"仮想点源"として取り扱うことにより推計した。このような過程でグリッド排出量を推計することによって,国や地域別排出量を単に面積や人口のみで配分する手法に比べて,より精度の高い推計が可能となる。また,このようなグリッド排出量推計手法の特徴として,都市位置の精度やその規模による限界はあるが,任意の大きさ,区分体系のグリッドに対する集計に対応できることがあげられる。

排出量推計に利用可能な基礎データの種類や質，カテゴリー区分などは，それぞれの推計対象国の事情により異なるため，これらの国々の排出量推計において厳密に統一された手法を用いることは，推計精度を確保するうえであまりよい方法とはいえない。したがって，本推計では基本的に国により異なった手法をとっている。以下に，中国の場合を例として推計手法の概要を述べ，その後に東アジア地域における排出量についての考察を行う。

（1） 中国における排出量推計例

中国の排出量については，省別合計と産業別（発電と工業部門のみ）の SO_2 排出量が，中国政府の公表値として『中国環境年鑑』[36]に掲載されている。しかしながら，このデータをもとに長距離輸送モデルなどの入力に用いるグリッドデータを作成するには，以下に示すようないくつかの問題点がある。

- SO_2 排出量は，推計と同一年度の中国における燃料消費量と比較して少なく，実際よりも過小推計となっている可能性が高い。
- 空間分解能は省別合計値までしかなく，グリッドデータを作成するにはなんらかの処理が必要である。
- 産業分類は比較的細かいほうではあるが，排出量として特に内訳が知りたい部分（窯業，運輸部門など）が分かれていない。また，燃料種類別の排出量がない。
- 推計値は SO_2 のみであり，酸性雨原因物質の一つである NO_x についての推計がなされていない。

中国の排出量は東アジア地域の日本，韓国などと比較して桁違いに大きく，近年の経済発展によりエネルギー消費量が急速に増加しており，排出量は増加傾向にあることなどから，当地域における将来の排出量および環境への影響評価を行ううえでも非常に重要であると考えられる。そこで本研究では，これまでの研究成果を総合して，中国を対象とした現状において最も詳しく信頼性が高いと考えられる推計手法の開発を行った。中国における排出量推計手法の詳細については，東野らの論文[37],[38]で詳細に述べているので，ここではその概要のみを以下に示す。

排出量は，基本的には燃料消費量に単位燃料消費当りの排出係数を乗ずることにより算出した．推計の基本となる燃料消費量のデータとしては，『中国能源統計年鑑』[39]に掲載されている消費部門別，燃料種別，燃料使用実績の全国計を基本に，排出状況を特に考慮する必要がある3部門（建材窯業土石製造業，運輸通信部門，生活消費部門）をさらに細分化することにより作成した消費部門別，燃料種別の全国計エネルギーマトリックスを用いた．省別排出量は，全国計エネルギーマトリックスから消費部門別にそれぞれの部門での燃料消費と最も関係が深いと考えられる統計値（品目別，省別生産量など）を用いて省別の燃料別，消費部門別のエネルギーマトリックスを作成し，排出係数を乗ずることにより推計した．

都市別排出量は，省別排出量を出発点として，省別エネルギーマトリックス作成と同様な手法により地域別，産業別分解を行うことで作成し，『中国城市統計年鑑』[40]で調査対象とされている467都市に集約する形で推計した．グリッド排出量は，都市別排出量をその都市の緯度，経度の代表値がどのグリッドに属するかを調べて，該当するグリッドにその都市の排出量を割り当てることにより推計した．この際，発電熱供給部門とセメント工業部門についてはSO_2やCO_2排出量推計において特に重要であると考えられるので，これらの発生源の場所を可能な限り詳細に特定し，発電量，工場別セメント生産量を基準に点源として扱った．

（2） 東アジア地域における排出量

表3.10は，1990年を基準とした東アジア地域におけるSO_2とNO_xの各国別排出量とその割合を示したものである[41]．東アジア5か国（地域）からのSO_2総排出量は，北アメリカとほぼ同じで，ヨーロッパの約2倍である．また，NO_x総排出量については，ヨーロッパとほぼ同じで，北アメリカの約半分である．中国はこの地域最大の排出国であり，東アジア全体排出量のSO_2で80%，NO_xで66%を占めている．日本の火山からのSO_2排出量は，1 444 Gg/年で，これは，日本国内の人為起源排出量の約1.5倍に相当する．

図3.17，**図3.18**はそれぞれ，東アジア地域におけるSO_2とNO_xの排出量分

3. 中国における酸性雨問題

表 3.10 東アジア各国の SO_2 および NO_x 排出量

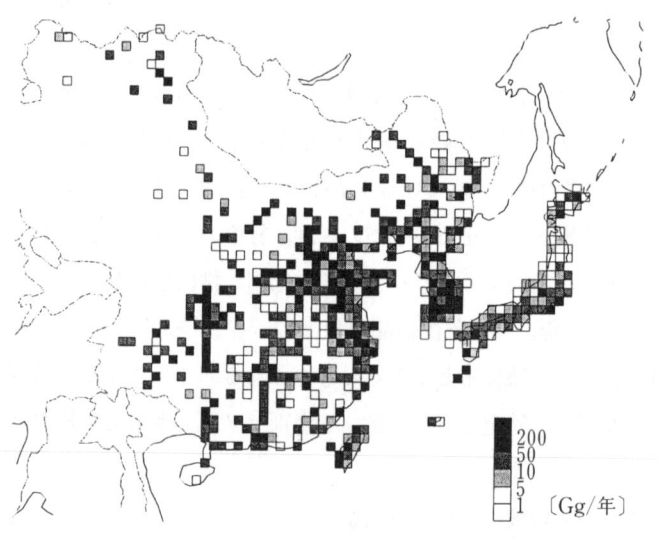

国/地域	SO_2〔Gg/年〕	NO_x〔Gg/年〕	推計年	出典
中国	20 951(80%)	6 722(66%)	1990	Higashino et al.
日本	990(4%)	1 576(16%)	1989	Tonooka et al.
日本の火山	1 444(5%)	—	1988	Fujita et al.
韓国	1 611(6%)	926(9%)	1990	Korea gov.
北朝鮮	676(3%)	297(3%)	1990	Higashino et al.
台湾	583(2%)	599(6%)	1991	R.O.C gov.
5か国合計	26 255(100%)	10 120(100%)		
北アメリカ	24 400	21 300	1990	OECD
ヨーロッパ	11 600	11 600	1990	OECD

図 3.17 東アジアにおける SO_2 排出量（80×80 km グリッドマップ）

布を 80×80 km メッシュで示したものである．SO_2，NO_x ともに，中国の渤海，黄海，東シナ海沿岸部と朝鮮半島に排出の大きい地域が集中してみられる．SO_2 では，エネルギー消費量の大きい地域に加えて，石炭中硫黄分の高い四川省など中国の南部で排出の大きい地域がみられる．また，桜島などの九州南部の火山からの排出も読み取れる．NO_x では，日本の関東地方や中国の沿岸部，韓国，台湾などの都市化，工業化が進んでいる地域からの排出が大きく，エネルギー

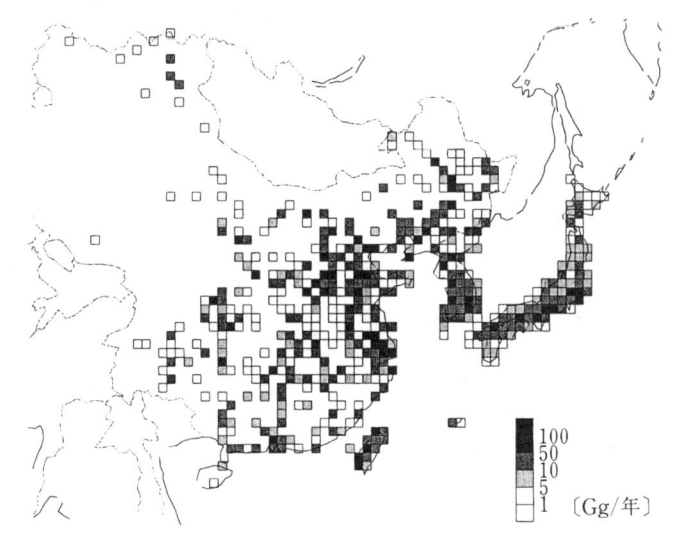

3.5 東アジア地域における大気汚染物質の排出と輸送　　*145*

図 3.18 東アジアにおける NO$_x$ 排出量（80×80 km グリッドマップ）

消費量がそのまま反映した分布となっている。

3.5.3 酸性降下物の沈着量推定

東アジア地域における年間沈着量や季節別沈着量など長期の酸性汚染物質の総降下量を把握するために，オイラー型のグリッドモデルを開発し[42]，酸性降下物の沈着量の推計と発生源寄与率の推定を行った[43]。1990 年の中国（大陸＋台湾），日本，韓国，北朝鮮の 5 地域を対象に，各国（地域）から発生源が各地域に及ぼす寄与率と，各領域における沈着量の発生源別寄与率を推定した。

（1） モデルの概要

対象とした地域は，北緯 20 度～60 度，東経 100 度～150 度をほぼ網羅する領域であり，韓国・北朝鮮・日本・台湾の各国と，中国・モンゴルの主要部，ロシアの一部を含む。この領域を水平方向に 80×80 km の正方グリッドに区切り，鉛直方向には，発生源の鉛直分解能，計算容量などを考慮し，5 層（第 1 層：0～100 m，2 層：100～300 m，3 層：300～500 m，4 層：500～1 000 m，5 層：1 000～2 000 m）に分割を行った。

気流場の推定には，変分法を用いた客観解析法として代表的なモデルであるMATHEWモデルを用いた。これは分散配置された点での観測データを質量保存の法則（連続の式）を満足するように変分法を用いて修正して，観測点以外の地点の風速を立体的に内外挿する比較的容易な手法である。つぎに得られた風の場をもとに移流拡散計算を行った。本研究では対象物質として，酸性雨を直接引き起こす原因物質である硫黄酸化物と窒素酸化物を取り扱った。変質，除去過程は，反応定数および乾性，湿性沈着定数を物質濃度や降水量によって決定されるパラメーターで表現した。

硫黄，窒素酸化物の発生源データは，3.5.2項（2）で述べた，80×80 kmグリッドで推計したものを用いた。排出量の鉛直分布は，日本，韓国，台湾については，本解析における鉛直5層別割合(1層から順に)として，発電部門（0：4：4：2：0），産業部門（5：4：1：0：0）とし，火山は最上層から，その他の発生源は最下層から排出されると仮定した。比較的煙源高度が低いとされている中国と北朝鮮については，発電からの排出のみ2層目，その他の発生源はすべて最下層から排出されるものとした。

（2） 沈着量寄与率の推定

解析領域を図3.19の六つの領域（5か国（地域）＋その他）に分け，各領域における沈着量の発生源寄与率についての考察を行った。シミュレーション計算は，1990年度（4月〜1991年3月）にかけて行い，年間沈着量を求めた。

表3.11は，各国から排出された硫黄酸化物が各領域に沈着する割合〔％〕を

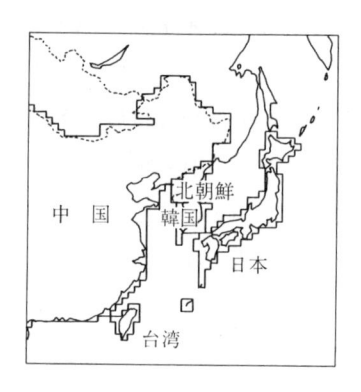

図3.19 本解析で定義した東アジアの範囲と六つの領域（5か国＋その他の領域）

3.5 東アジア地域における大気汚染物質の排出と輸送

表3.11 各国の発生源と硫酸イオン沈着量の寄与率の関係

発生源	排出量〔Gg-S/年〕	沈着地域〔%〕						解析領域外〔%〕
		中国	日本	韓国	北朝鮮	台湾	その他	
中国	8 244	65.6	1.9	0.8	1.1	0.03	13.1	17.5
日本	495	0.6	45.3	1.0	0.2	0.03	27.3	25.6
日本の火山	722	2.0	23.5	2.3	0.6	0.1	40.0	31.6
韓国	806	3.3	6.1	43.3	3.9	0.03	29.3	14.0
北朝鮮	338	7.5	3.6	5.6	46.4	0.01	22.4	14.6
台湾	292	12.2	0.9	0.2	0.1	31.4	37.5	17.7
合　計	10 896	50.6	5.6	4.2	2.6	0.9	17.7	18.4

示したものである．領域内の年間 SO_x 全排出量 10 896 Gg-S/年のうち，81.6%にあたる 8 885 Gg-S/年が当該領域内に沈着している．中国の発生源から自国への沈着の割合は 65.6% であり，ほかの領域と比較して高くなった．これは，陸地面積が大きいことと発生源高度が低いためと考えられる．これとは反対に，発生源高度が高く，まわりを海に囲まれている日本，台湾などでは，自国への沈着の割合は低く，周辺海域などへの沈着量が大きくなる．特に日本の火山からの SO_2 排出については，発生源高度が 1 000 m 以上であるため，海や領域外への沈着の割合が大きくなる．表3.12 は，硫酸イオン沈着量の各国の発生源からの寄与率を示したものである．中国と台湾では，自国の発生源の寄与がほとんどである．日本における自国の人為起源からの寄与率は 36.6% で，火山と中国の発生源からの寄与がかなり大きいことがわかる．

表3.12 各国の硫酸イオン総沈着量とその国別寄与率

沈着地域	沈着量〔Gg-S/年〕	発生源〔%〕					
		中国	日本	火山	韓国	北朝鮮	台湾
中国	5 509	97.0	0.1	0.4	0.8	0.7	1.0
日本	613	25.4	36.6	27.7	8.0	2.0	0.4
韓国	460	14.9	1.1	3.7	76.1	4.1	0.1
北朝鮮	283	31.9	0.3	1.5	11.2	55.1	0.1
台湾	95	2.7	0.1	0.4	0.3	0.1	96.4

表3.13 は，硝酸イオン沈着量の各国の発生源からの寄与率を示したものである．全般的な傾向として，硫酸イオンの場合と類似している．しかし，日本に対する各発生源の寄与率をみると，硫黄酸化物では，火山と中国の発生源からの寄与がかなり大きかったが，窒素酸化物では火山の影響がないため，人為起

表 3.13 各国の硝酸イオン総沈着量とその国別寄与率

沈着地域	沈着量〔Gg-N/年〕	発生源〔%〕				
		中国	日本	韓国	北朝鮮	台湾
中国	1 217	95.6	0.2	0.9	0.7	2.6
日本	240	13.4	75.5	8.8	1.7	0.6
韓国	120	15.2	4.2	75.8	4.5	0.3
北朝鮮	73	39.5	1.1	16.6	42.7	0.2
台湾	55	3.9	0.3	0.4	0.05	95.4

源排出の寄与率が高く，75.5%となっている。中国の寄与率は，硫黄酸化物の25.4%に対して，窒素酸化物では13.4%と硫黄酸化物より低い値を示している。これは，窒素酸化物の日本と中国の排出量の差が，硫黄酸化物よりも小さいことと，窒素酸化物では，硫黄酸化物のような雲に取り込まれての輸送がなく，硫黄酸化物と比較して輸送距離が短いためであると考えられる。

図3.20，図3.21はそれぞれ，硫酸，硝酸イオンの湿性沈着量をトーンマップで示したものである。SO_x，NO_xの排出量の大きい中国の黄海，東シナ海沿岸や朝鮮半島における沈着量が大きく，また，これらの地域からの排出された物

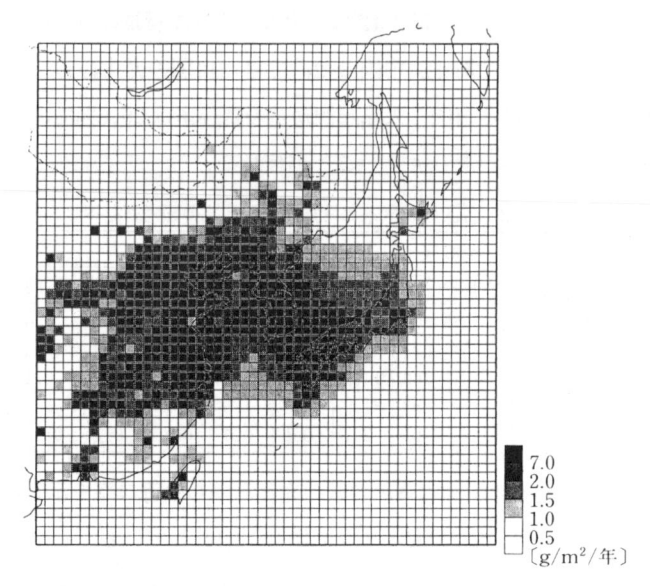

図 3.20 東アジアにおける1990年の年間硫酸イオン湿性沈着量分布の計算結果

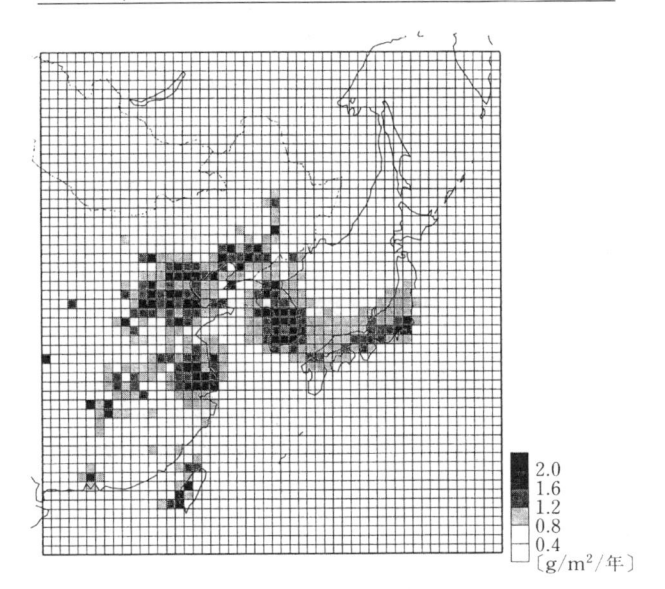

図 3.21 東アジアにおける 1990 年の年間硝酸イオン湿性沈着量分布の計算結果

質が移流して周辺に沈着している様子がよくわかる。特に，図 3.20 に示される硫酸イオンの湿性沈着量マップからは，これらの地域から日本へ至るまでに沈着量の大きい領域が広がっており，汚染物質が輸送されている様子が読み取れる。

3.5.4 ま と め

東アジア地域を対象として，1990 年度の大気汚染物質の排出量を都市別産業活動，人口，発電所など主要発生源の位置など詳細なデータを用いてグリッド別に推計を行った。オイラー型の 3 次元グリッドモデルを用いて，硫酸および硝酸イオン沈着量の推計を行い，解析領域を国，地域別に大きく六つの領域に分け，各地域の発生源が各地域に及ぼす寄与率を推定し，考察を行った。

SO_2，NO_x の排出量は，近年都市化，工業化が進んでいる渤海，黄海，東シナ海の沿岸部に排出の大きい地域が集中してみられた。SO_2 ではこれに加えて，石炭中の硫黄分の地域差により四川省など中国南部で排出の大きい地域がみら

れた。

　中国の硫黄酸化物が日本へ沈着する割合は，発生源ベースでみると中国の全排出量の1.9％にすぎないが，絶対量が大きいため，リセプターベースでは25.4％にもなる。日本における硫酸イオン沈着量の自国の人為起源からの寄与率は36.6％にすぎず，火山と中国の発生源からの寄与がかなり大きいことがわかる。

引用・参考文献

1) Y. Hashimoto, Y. Sekine, H.K. Kim, Z.L. Chen, Z.M. Yang : Atmospheric finger prints of East Asia, 1986-1991, An urgent record of aerosol analysis by the JACK NETWORK, Atmospheric Environment, **28**, 8, pp.1437〜1445 (1994)
2) 山田辰雄，橋本芳一編：中国環境研究―四川省成都市における事例研究，勁草書房 (1995)
3) 小島朋之編：中国の環境問題―研究と実践の日中関係，慶応大学出版会 (2000)
4) 山田辰雄編：「豆炭」実験と中国の環境問題 (2001)
5) S. Gao, W. Wang, K. Sakamoto, Q. Wang and T. Mizoguchi : Atmospheric pollution and acid rain in Southern China, Proceedings of International Symposium of Acidic Deposition and its Impacts, Tsukuba, pp.261〜264 (1996)
6) 松本光弘，溝口次夫：重慶市の大気環境の現状―「重慶の環境状況報告書」より―，環境技術，**25**，pp.37〜48 (1996)
7) 国家環境保護局編：中国環境質量基準 (GB 3059-82) (1995年修訂) (中国語)
8) 坂本和彦：中国の大気汚染の現状，燃料協会誌，**69**，pp.246〜258 (1990)
9) 坂本和彦：中国の大気汚染―光化学スモッグと酸性雨―，安全工学，**28**，pp.2〜10 (1989)
10) D. Zhao, H.M. Seip, D. Zhao and D. Zhang : Pattern and cause of acidic deposition in the Chongqing region, Sichuan Province, China, Water, Air and Soil Pollution, **77**, pp.27〜48 (1994)
11) 趙大為，張冬保，高世東：重慶市酸性沈着状況および硫黄汚染抑制について，重慶環境科学，**18**，6，pp.18〜23 (1996) (中国語)
12) 高世東，坂本和彦，徐渝，趙大為，張冬保，周諧：中国重慶における森林の林内雨に対する酸性沈着の影響，大気環境学会誌，**34**，pp.53〜64 (1999)
13) 全国公害研協議会酸性雨調査研究部会：平成3年度酸性雨全国調査結果報告

書（1991）
14) 池田有光，東野晴行，伊原国生，溝畑 朗：東アジア地域を対象とした酸性降下物の沈着量推定，大気環境学会誌，**32**，pp.116～135（1997）
15) 王偉，高世東，坂本和彦：酸性雨，中国環境ハンドブック（定方正毅ら編），pp.73～78，サイエンスフォーラム（1997）
16) 高世東，張冬保，趙大為：田園地域の土壌に対する大気硫黄沈着物の影響，大気環境，**6**，pp.18～19（1991）（中国語）
17) 張冬保，高世東，趙大為：重慶市における硫黄乾性沈着速度に関する測定，四川環境，**11**，pp.45～52（1992）（中国語）
18) 高世東，趙大為，張冬保：重慶地域における硫黄の排出量及び沈着量の推定，重慶環境科学，**13**，pp.42～46（1991）（中国語）
19) 高世東，坂本和彦，趙大為，張冬保：中国重慶における大気硫黄化合物の乾性沈着について，エアロゾル研究，**13**，pp.44～50（1998）
20) 坂本和彦：第5章中国の酸性雨，酸性雨の科学と対策，pp.103～126，（社）日本環境測定分析協会（1993）
21) 坂本和彦：酸性雨（II）1.2 東アジア，気象研究ノート，182号，pp.15～32（1994）
22) 坂本和彦：深刻化するアジアの環境問題，エネルギー・環境，**15**，pp.582～588（1994）
23) 王偉，高世東，坂本和彦：第2章IV 大気汚染，中国環境ハンドブック（定方正毅ら編），pp.68～81，サイエンスフォーラム（1997）
24) 坂本和彦：4.2 東アジア地域における酸性雨の現状，身近な地球環境問題—酸性雨を考える—，pp.143～158，コロナ社（1997）
25) 張凡，張偉，楊霞雲，王紅梅，催平，王山珊：半乾式排煙脱硫技術に関する研究，環境科学研究，**13**，pp.60～64（2000）（中国語）
26) 世界資源環境研究所編：世界の資源と環境 1994～1995，中央法規（1994）
27) 柳下正治：酸性雨・国設（環境庁）ネットワーク及び東アジアネットワークについて，身近な地球環境問題—酸性雨を考える—，pp.166～173，コロナ社（1997）
28) 全浩：中国における酸性雨の現状とこれからの課題，大気汚染学会誌，**26**，pp.283～291（1991）
29) 溝口次夫：大気汚染と呼吸器疾患，中国環境ハンドブック（定方正毅ら編），pp.88～93，サイエンスフォーラム（1997）
30) 坂本和彦：発展途上国向けの環境酸性化物質の排出抑制技術の開発，空気清浄，**37**，pp.11～18（1999）
31) 丸山敏彦：バイオブリケットと国際技術協力，日本エネルギー学会誌，**74**，pp.70～77（1995）
32) J. Wang, S. Gao, W. Wang and K. Sakamoto : Study on emission control

for precursors causing acid rain in Chongqing, China - sulfur fixation by bio-briquetting technology, J. Aerosol Res. Jpn., **14**, pp.162〜170（1999）
33) K. Sakamoto, S. Gao, W. Wang, J. Wang, I. Watanabe and Q. Wang: Study on emission control for precursors causing acid rain in Chongqing, China（II）Studies on atmospheric pollution caused by sulfur dioxides and its control with bio-briquetting in Chongqing, China, J. Jpn. Soc. Atmos. Environ., **5**, pp.124〜131（2000）
34) 城戸伸夫：石炭燃焼に起因する酸性雨原因物質の排出抑制技術，身近な地球環境問題—酸性雨を考える—，pp.178〜187，コロナ社（1997）
35) 安藤淳平：環境とエネルギー，東京化学同人（1995）
36) 中国環境年鑑編集委員会編：中国環境年鑑，中国環境科学出版社（1992）（中国語）
37) 東野晴行，外岡　豊，柳沢幸雄，池田有光：東アジア地域を対象とした大気汚染物質の排出量推計—中国における硫黄酸化物の人為起源排出量推計—，大気環境学会誌，**30**，6，pp.374〜390（1995）
38) 東野晴行，外岡　豊，柳沢幸雄，池田有光：東アジア地域を対象とした大気汚染物質の排出量推計（II）—中国における NO_x，CO_2排出量推計を中心とした検討—，大気環境学会誌，**31**，6，pp.262〜281（1996）
39) 国家統計局工業交通統計司編：中国能源統計年鑑，中国統計出版社（1991）（中国語）
40) 国家統計局城市社会経済調査室編：中国城市統計年鑑，中国統計出版社（1991）（中国語）
41) H. Higashino, Y. Tonooka, Y. Yanagisawa and Y. Ikeda : Emission inventory of SO_2 and NO_x in East Asia with grid data system, Proc. of the International Workshop on Unification of Monitoring Protocol of Acid Deposition and Standardization of Emission Inventory（1997）
42) 池田有光，東野晴行，伊原国生，溝畑　朗：東アジア地域を対象とした酸性降下物の沈着量推定—モデルの開発及び現況再現性評価—，大気環境学会誌，**32**，2，pp.116〜135（1997）
43) 池田有光，東野晴行：東アジア地域を対象とした酸性降下物の沈着量推定（II）—発生源寄与を中心とした検討—，大気環境学会誌，**32**，3，pp.175〜186（1997）

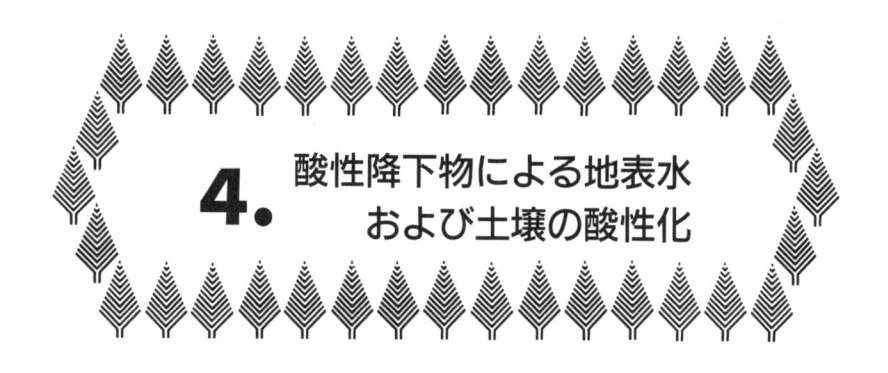

4. 酸性降下物による地表水および土壌の酸性化

4.1 まえがき

　酸性降下物はさまざまな環境影響を与えているが，土壌の酸性化はその中でも最も深刻な問題である。わが国にはもともと酸性の土壌が多いのだが，ここでいう酸性化とは，より酸性化して土壌のもつ酸緩衝能が低下した状態をさしている。雨は酸性であるにもかかわらず，地表水と呼ばれる川や湖の水が中性になっているのは，土壌のもつ緩衝作用のため，水素イオンが土壌と接してイオン交換されたり水酸化物イオンと反応して中和されるためである。

　土壌の緩衝能力がほとんど使いつくされ，酸の供給に対して緩衝作用が追いつかなくなるとそこに植物は育たなくなり，酸性の雨がそのまま流れ込むために地表水は酸性化して魚もすめなくなってしまう。ヨーロッパにおいては現実にこのような事態が生じており，やむをえず森林や湖水に石灰が撒かれている。幸いにして日本では酸性降下物による環境破壊の歴史は短く，二酸化硫黄の排出規制も行われているため，土壌の酸性化は起こっていないといわれてきた。しかし，長野県の各地の地表水の pH の経年変化を測定したところ，緩衝作用の小さい花崗岩などを母岩とする地域では酸性化が起こり始めていることが1993年に報告され[1]，大きな反響を呼んだ。

　このような土壌の酸性化の問題と密接に関連する問題に窒素飽和の問題がある。わが国において，大気を酸性化するおもな物質は以前は硫黄酸化物だったが現在は窒素酸化物となっている。さらにアンモニアの発生量も多く，アンモ

ニウムイオンは土壌中で硝酸イオンになりその過程で水素イオンを生じる。いまわが国の森林には，硝酸塩やアンモニウム塩を多く含む酸性降下物が降り注ぎ，森林の適正な生長に必要な量以上の窒素分が土壌に供給されている。このため，土壌にある窒素分は普通は植物に吸収されて水溶性硝酸塩濃度は低くなっているのだが，吸収しきれなくなって硝酸塩濃度が高くなる窒素飽和という現象が起こり始めている。窒素分の過剰な供給は生態系に悪影響を与え，森林が衰退すると窒素分の吸収量が減少するので，この現象はさらに増幅されるという悪循環が生じる。

このような問題の生じる土壌は，私たちにとって身近な存在であり古くから研究されているが，きわめて複雑な系であるためまだわかっていないことが多く残っている。窒素飽和の問題の生態系への影響などになるとさらに，研究は現実の問題に追いついていない。そこでこの章では，地表水および土壌の酸性化について総合的に検討する。まず土壌の化学の基礎に始まり，土壌の酸性化の及ぼす森林生態系と地表水への影響のメカニズムとその実態を紹介し，最後に今後の土壌の酸性化の可能性について述べていく。土壌の緩衝能が低下すると，これを改善するために石灰を撒いてすむものではなく，もとの状況に戻すには多くの年月を要する。その間には森林の衰退や生態系のバランスの破壊のため私たちの生活は大きな影響を受け，多くの自然災害も生じるだろう。したがって，この問題の現状と発生メカニズムを正しくとらえ，根本的な解決法を考えることはたいへん重要である。

4.2 わが国の土壌の特性とその酸性化

4.2.1 土壌とは

土壌は，土壌の材料となる鉱物あるいは岩石（母材）が，時間の経過の中で，その場所の気候，地形特に水の影響を受け，さらに生物の作用も加わって作られた独特の形態と機能をもつ自然構成要素の一つと定義されている。母材，気候，地形，生物，時間の五つの因子は，土壌を生み出すための重要な因子で，土

壌生成因子と呼ばれている。そこで，月のように生物が存在しない場所では，風化生成物はできても，土壌が生み出されることはないのである。したがって，宇宙広しといえども，土壌がみられるのは，生物が生存している地球に限られることになる。生み出された土壌は，人間を含めた動植物を育くみ，その生存を保証し，生物の「すみか」を提供しつつ，自らもその能力を豊かにしていく。

わが国の土壌の材料（母材）となる岩石は，堆積岩が61％，火成岩が35％，変成岩が4％である。したがって，堆積岩が多く，その堆積岩の大部分は，塩基含量が少ない酸性岩（ケイ酸（SiO_2）含量が66％以上）である。また，火成岩も，塩基含量の低い花崗岩などの酸性岩を主体としている。わが国には，ケイ酸含量が52％以下の塩基性岩も多少とも存在するが，分布面積はわずかである。

このようなわが国の土壌の母材をさらに特徴づけるのは，火山噴出物の存在である。火山噴出物には，ケイ酸含量の高いものから低いものまで存在しているが，火山ガラスをはじめ溶解しやすい鉱物が多量に含まれ，ケイ素，アルミニウム，鉄などの元素の供給源となる。火山噴出物を母材として生成された黒ボク土（Andisols, Andosols）の多くは，第三紀以降の火山噴出物からなり，北海道南部，東北地方東部，関東地方の大部分，中部地方東部山地，九州中部および南部に分布している。その面積は国土の約16％を占める。火山の噴火は，わが国全体を火山噴出物で覆ってきた。黒ボク土としての資格を満たさない土壌でも，量の多少はあるが，火山噴出物を含むので，火山噴出物の影響を受けている。火山噴出物は，黒ボク土の中で，もともともっている性質を長く保存するし，準晶質（結晶構造はもつが，結晶の規則性，大きさなどが不足するためにX線回折像を示さない）の粘土鉱物であるアロフェンやイモゴライトを生成し，酸に対する土壌の緩衝力を大きくする要因となっている。

わが国は，ユーラシア大陸の東側に，日本海を隔てて弓のように連なり，北緯24度から45度に広がる島々をもち，その中央部には3 000 m級の高い山々が続いている。中緯度湿潤温帯に属する大陸の周辺部は，大気の流れが複雑で，オホーツク気団，小笠原のような大きな気団が季節によって配置を換え，わが国に複雑な気象現象をもたらす。気団が配置を換える時期には，1か月に150〜300

mmを超えるような多量の降水が認められることがある。

　わが国において北から南までの気候を温度からみてみると，根室以東は亜寒帯（frigid），北海道の大部分，東北地方，中部山地は冷温帯（mesic），東海，本州西南部，四国，九州は暖温帯または暖帯（thermic），奄美大島以南の南西諸島は亜熱帯（hyperthermic）に属することになる。多量の降水は蒸発量を上回り，土壌中の水の移動は下向きとなり，塩基類は溶脱の傾向が強く，腐植の生成と相まって土壌は酸性化する。わが国のような自然条件下では，土壌は酸性化するのである。気候は植生を通じて土壌を支配あるいは規制しており，緯度に従ってあるいは高度に従って，植生，土壌を帯状に分布させることになる。

　わが国には平地が少なく，国土の25%程度である。そのほかは，山地，丘陵地，台地，段丘となり，急峻な地形は，多量の降水を一気に海岸まで運び，激しい浸食を引き起こす。その結果，土壌断面の未発達な土壌をつねに生成するといえる。

　植生は，生物の中で，土壌の発達，分布に最も強い影響を与える。気候帯，植生帯に従って土壌も帯状に分布する。これを成帯性土壌と呼んでいる。成帯性土壌が成立するには，ほぼ同じような気候，地形，植生などの環境因子が長い時間保たれることが必要である。すでに述べたように，わが国のように地形が急峻で，土壌浸食が激しく，しかも新しい火山噴出物が供給される地域では，成帯性土壌は成立しにくくなる。

　標高300m程度までを基準とした水平方向の土壌の成帯的な分布を図4.1に示す[2]。北から南へ，ポドゾル性褐色森林土，褐色森林土，漸移帯，黄褐色森林土，赤黄色土が分布する。一方，地形や母材などの局所的な影響を強く受けた土壌，例えば火山噴出物に由来する黒ボク土や湿地に生成するグライ土などを成帯内性土壌（間帯性土壌）という。また，岩石や未固結の堆積物の上にほんの少し土壌が生成したような未熟な土壌（岩屑土）などは非成帯性土壌と呼ぶ。図4.1は，成帯性土壌の分布を示しているので，成帯内性土壌や非成帯性土壌は図示されていない。

　一般に，土壌が生成するには，数百年から数千年が必要であるとされている。

図 4.1 わが国および東アジア地域における成帯性土壌の分布(松井　健，武内和彦，田村俊和編：丘陵地の自然環境，p. 202，古今書院(1990)から引用)

灌漑水を利用して水田耕作を行っている水田土壌では，多少とも期間が短く数十年で水田土壌の特徴を備えた土壌が成立するようになる。地球表面のほんの薄皮にしかすぎない土壌が，あらゆる生命を維持し生物の多様性を保証しているわけである。土壌のもっている生物を育む機能の一部でも失われれば，生物は生存できなくなる。生物が生存できなければ，逆に土壌は生成されなくなる。

4.2.2　わが国の土壌の分布と特徴

わが国の成帯性土壌（図 4.1）について，やや詳しく述べる。成帯性土壌は現実の土壌ではなく，標高 300 m 以下の地域のみを対象としている。ポドゾル性褐色森林土が分布する地域は，北海道北部である。トドマツ，エゾマツ，ハイマツ，アオモリトドマツ，トウヒ，コメツガなどの常緑針葉樹林，あるいはこれらにミズナラなどを交えた針広混交林下にポドゾル性褐色森林土が分布する。褐色森林土が主として分布する地域は，北海道のほぼ全域から東北地方の北部に広がっている。針広混交林およびブナ，ナラなどの落葉広葉樹林下に褐色森林土が発達する。

褐色森林土から黄褐色森林土への漸移帯（移行帯）は，東北地方南部から本

州の日本海側の地域で，落葉広葉樹林下にみられる。黄褐色森林土が主体の地域は，南西諸島を除く関東地方北部から吐噶喇列島までの太平洋側の地域である。シイ，カシ，タブなどの常緑広葉樹（照葉樹）を主体としている森林下に黄褐色森林土が生成される。しかし，現在は人間の手が加わり，コナラ，クヌギ，クリなどの2次林に置き換わっていることが多い。赤黄色土は，南西諸島の大部分の地域で認められ，アコウ，ガジュマルなど亜熱帯の常緑広葉樹下にみられるが，現在，私たちがみることのできる赤黄色土は第四紀更新世の間氷期に生成された古土壌（化石土壌）と考えられている。

図4.1に示した成帯性土壌の分布は，現実にみられる土壌の分布とは一致していない。それは，わが国の地形に原因がある。中央アルプスをはじめとする日本列島の中央部には3 000 mを超える高い山々が連なり，土壌は垂直的にも成帯性を示すし，さらに成帯性を示さない成帯内性土壌や非成帯性土壌が分布するからである[3]（図4.2）。

標高が100 m高くなると，気温が0.73℃低くなるので，水平的な成帯性と同様に，垂直的に成帯性を示すようになる。例えば1 000 m山に登ると1 000 km北に移動したのと同じ気温変化になる。いま，南アルプス南側（太平洋側）の山麓部を例に垂直成帯性をみてみよう。標高500 m以下の地域は，年平均気温が16℃程度，年降水量が2 000 mm程度であり，現在は大部分がアカマツ林となっているが，かつては常緑広葉樹林に覆われていたと判断され，常緑広葉樹林典型亜帯（暖温帯）域とみなされている。この地域には，第四紀更新世の温暖期に生成した赤黄色土が分布している。

標高が500～1 500 mの地域は，山地帯と呼ばれ，年平均気温が11～14℃，年降水量が2 500～3 000 mmで，落葉広葉樹林帯（ブナ属亜帯，コナラ属亜帯に分けられる）となり，褐色森林土が分布している。さらに山を登り，標高が1 500～2 500 mとなると，年平均気温が5℃，年降水量が2 100～2 300 mmの地域は，針葉樹の樹幹がうっ閉して粗腐植層（リター層）が集積し，ポドゾル性褐色森林土が形成される。

標高が2 500 mの森林限界を超えると，ハイマツ群落，お花畑あるいは植生の

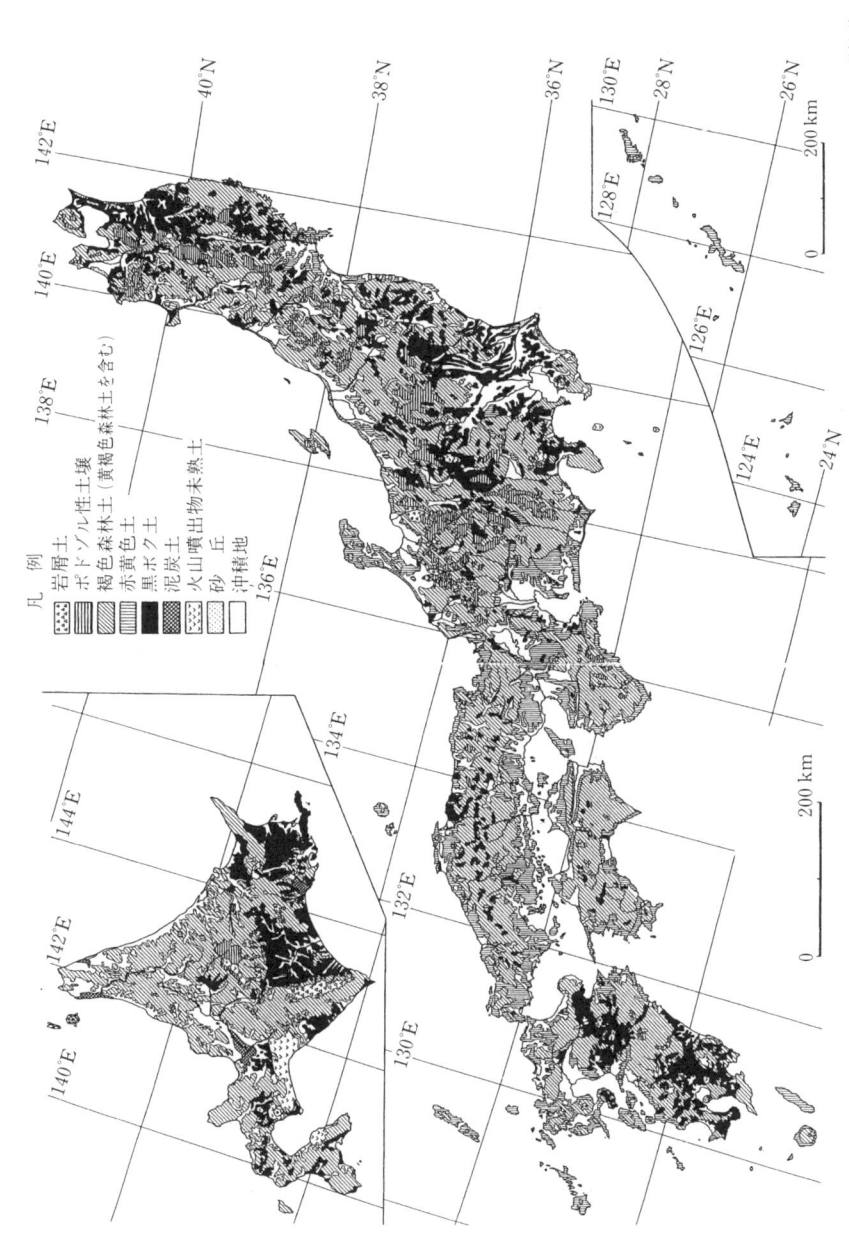

4.2 わが国の土壌の特性とその酸性化

凡例
- 岩屑土
- ポドゾル性土壌
- 褐色森林土（黄褐色森林土を含む）
- 赤黄色土
- 黒ボク土
- 泥炭土
- 火山噴出物未熟土
- 砂丘
- 沖積地

図 4.2 わが国の土壌の分布（永塚鎮男，小野有五夫共訳：世界土壌生態図鑑，Ph.デュショフール著，p.388, 古今書院 (1985) から引用）

ほとんどない荒原となっている。ハイマツ群落は，土壌中の鉄やアルミニウムを下方に移動させるほどの有機物を供給することができる。したがって，ハイマツ群落下には，ポドゾル性土（高山ポドゾル性土）が生成される。こうした垂直成帯性は，わが国のいずれの地域でも，低地から高地に向かって認められ，わが国の土壌の分布に多様性をもたらしている。

わが国に分布する土壌は，褐色森林土42.5%，黒ボク土16.2%，黄褐色森林土10.9%，グライ土5.1%，ポドゾル性土4.6%，岩屑土4.3%，灰色低地土3.9%，水田土3.5%，褐色低地土2.3%，その他6.6%である[4]。このように，わが国に分布する土壌の特徴は，ケイ酸質の岩石（酸性岩）を主体とする母材が，① 高温多湿な気候条件下で塩基類の溶脱が進み多くの酸性土壌を生成すること，② 火山噴出物に由来する土壌が分布していること，③ 水田耕作の影響を受けた人工土壌すなわち水田土壌が低地の多くを占めていること，にある。

4.2.3 酸に対する土壌の緩衝力

酸に対する土壌の緩衝力は，溶液中の水素イオンが土壌と反応して土壌に吸着され，溶液中から失われる（消費される）量として評価される。つまり，溶液中の水素イオンはどこかにいってしまうのではなく，土壌粒子の表面にあるのである。土壌中の生物による水素イオンの消費も酸に対する土壌の緩衝力の一部とみなすこともできるが，一般的には，土壌中の生物による水素イオンの消費は考慮していない。この水素イオンの消費について，中和と表現することがある。土壌の酸中和能（力）は，一般的な化学の分野で用いている酸と塩基の反応とは異なり，溶液中から水素イオンが失われること（水素イオンの消費）を意味している。

土壌の水素イオン消費は，① 土壌の変異荷電特性に基づく水素イオン吸着，② 陽イオン交換，③ ケイ酸塩・アルミノケイ酸塩との反応，に基づいている。したがって，土壌の水素イオン消費は無限ではなく限界量（臨界量）がある。

土壌は，多少とも溶液中の水素イオン濃度によって表面の荷電を変化させる変異荷電をもっている。変異荷電は，溶液中の水素イオンの土壌への吸着（式

4.2 わが国の土壌の特性とその酸性化

(4.1))によって発現され,溶液中の水素イオンは溶液中から消費される。

$$S-OH + H^+ = S-OH_2 \quad (S:土壌粒子) \qquad (4.1)$$

当然のことであるが,土壌と溶液の系から水素イオンが失われてしまうわけではなく,土壌粒子表面にとどまっているのである。

同じように,土壌の最も重要な働きの一つである陽イオン交換反応も溶液中の水素イオンが土壌粒子のイオン交換サイト(座)に吸着保持されていた種々の陽イオンと交換して土壌表面にとどまり,溶液中には水素イオンの代わりに交換された陽イオンが存在することになる。この反応(式(4.2))

$$S{<}Ca^{2+} + 2H^+ = S{<}^{H^+}_{H^+} + Ca^{2+} \qquad (4.2)$$

によって,溶液中の水素イオンが消費されることになる。

溶液中の水素イオンは,土壌中のケイ酸塩あるいはアルミノケイ酸塩との反応によっても消費される。ナトリウム長石と水素イオンの反応は,式(4.3)のようで,水素イオンが溶液中から失われる。

$$NaAlSi_3O_8 + H^+ + 7H_2O = Na^+ + 3Si(OH)_4 + Al(OH)_3 \qquad (4.3)$$

アルミノケイ酸塩の一つであるナトリウム-モンモリロナイトが水素イオン

$$6Na_{0.33}Al_2(Si_{3.67}Al_{0.33}O_{10})(OH)_2 + 2H^+ + 23H_2O = 2Na^+ + 8Si(OH)_4$$
$$+ 7Al_2Si_2O_5(OH)_4 \qquad (4.4)$$

と反応してカオリナイトが生成する反応(式(4.4))においても,水素イオンが溶液中から失われる。式(4.3)や(4.4)の反応は,長期間にわたるケイ酸塩およびアルミノケイ酸塩の化学的風化反応を示している。

そこで,van Breemen ら[5]は,無機質土壌の酸中和容量(acid-neutralizing capacity:ANC)を土壌中の塩基成分の総量から強酸性成分の総量を差し引いたものと定義し,delta ANC から土壌の酸性化を判定しようとした。これは,ケイ酸塩あるいはアルミノケイ酸塩の溶解反応を基盤とした土壌の酸中和容量の考え方であり,土壌の潜在的な酸中和能力を示していることになる。

この酸中和容量は,定常物質収支モデル(steady state mass balance model)の基本的な考え方に取り入れられている。ケイ酸塩あるいはアルミノケイ酸塩

の溶解反応は，長期にわたる風化反応であり，その臨界量は水素イオンの消費量から求められる。つまり，土壌の酸に対する臨界負荷量（critical load）は，土壌中の鉱物が反応し，溶液中の水素イオンをすべて消費する量などに基づいて決めることができる。したがって，土壌中のケイ酸塩あるいはアルミノケイ酸塩鉱物が長期の化学的風化を通じて消費する水素イオンの総量を鉱物中に含まれる塩基の総量とみなすことによって，生態系の酸に対する臨界負荷量を定常物質収支モデルを用いて算出することができる根拠となっている。

わが国に分布する土壌の水素イオン消費量をどのように定義するかは，土壌の酸に対する強い緩衝力から，理論的にも実験的にも難しさが伴うが，上月・東[6]は，5×10^3 mol/l（pH 2.3）塩酸溶液中の水素イオンが土壌に消費される量を水素イオンが土壌と反応したあとの溶液の pH を測定することによって求めた。土壌の水素イオン消費量は土壌のタイプごとに異なり，5.92～10.76（平均9.26）cmol/kg の範囲にあり，水素イオンは主として交換反応によって消費されていると結論した。黒ボク土が水素イオンをよく吸着・消費することはよく知られているが，ほかの土壌に比べ大きい数値であることが確認された。しかし，黒ボク土は，あとで述べるように，アルミニウムを溶出しやすい鉱物（アロフェンやイモゴライト）を多量に含み，pH が 4.5 以下の強い酸性条件下でアルミニウムイオンを容易に放出する。

このようにして求めた水素イオン消費量についての研究成果から，現在のレベルの酸性沈着が今後とも継続されて森林生態系に負荷されるとすると，わが国の森林は，数十年から 50 年の間になんらかの影響が生じるとみられている。この予測は，実験室内で求めた結果から判断しているので，現実の森林生態系におけるモニタリング研究やモニタリング研究に基づいた将来予測モデル研究によって実証する必要がある。現在では，小流域に適用が可能な溶液平衡論に基づいたダイナミックモデルがいくつか構築されつつある。構築されたモデルは，モデルのパラメーターとして必要な事項をモニタリングによって求め，ダイナミックモデルを検証しなければならない。現実に起こっている現象にモデルがあわなければ，モデルを改良しなければならないのである。

4.2.4 土壌からのアルミニウムの溶出

　土壌が溶液中にある水素イオンをしだいに吸着し，土壌粒子表面が水素イオンで強い酸性となると，土壌中のアルミノケイ酸塩鉱物の構造内部にあるアルミニウムは溶解し始め，構造が破壊される。溶解したアルミニウムイオンは，生物にきわめて強い毒性を発揮する[7),8)]。アルミニウムイオンが生物にとって有毒であることは，古くから知られていた[9)]。しかし，植物根細胞中へのアルミニウムイオンの進入機構，アルミニウムイオン毒性の発現機構，細胞のアルミニウム耐性機構など，明らかになっていないことのほうが多いのである。

　酸性土壌中にアルミニウムイオンが多量に存在していることは，土壌学の古くて新しい研究課題としてとりあげられてきた。土壌溶液中の水素イオン濃度がしだいに増加すると，土壌溶液中のアルミニウムイオン濃度は急激に増加する[10)]。黒ボク土は，水素イオンを多量に吸着・消費するが，火山ガラス[11)]，アロフェン（SiO_2：31.4～41.3％；Al_2O_3：34.8～42.2％；SiO_2/Al_2O_3モル比：1.3～2.0），イモゴライト（SiO_2：28.3～32.2％；Al_2O_3：44.4～47.6％；SiO_2/Al_2O_3モル比：1.1～1.2）などのようなアルミニウムを溶出しやすい鉱物[12)]や腐植に結合したアルミニウムを多量に含有しているために，水素イオン濃度の増加は，アルミニウムイオンを容易に溶出させることになる。

　わが国における森林生態系の酸性沈着による影響の将来予測を行うためには，黒ボク土の分布が広いことおよびわが国の土壌への火山噴出物の影響などを考慮して，アルミニウムイオンを放出しやすい黒ボク土および火山噴出物からのアルミニウムイオンの溶出の機構[11)]を示さなければならないだろう。

　さらに，最近は，遅発性アルツハイマー病の発現にアルミニウムが関連していると指摘されてきており，飲料水中のアルミニウムイオンの害作用は，われわれに直接的な影響を及ぼすこと[7)]になる。世界には浅層地下水を飲料水としている地域が多く，飲料水中のアルミニウム濃度を継続的に監視する必要がある。

　土壌の酸性化は必然的にアルミニウムイオンの溶出を引き起こす[13),14)]。モニタリング研究を続けている東京都八王子市のヒノキ林樹幹から異なる距離の土壌溶液中のアルミニウム濃度の経時変化を**図4.3**に，また千葉県木更津市下郡の

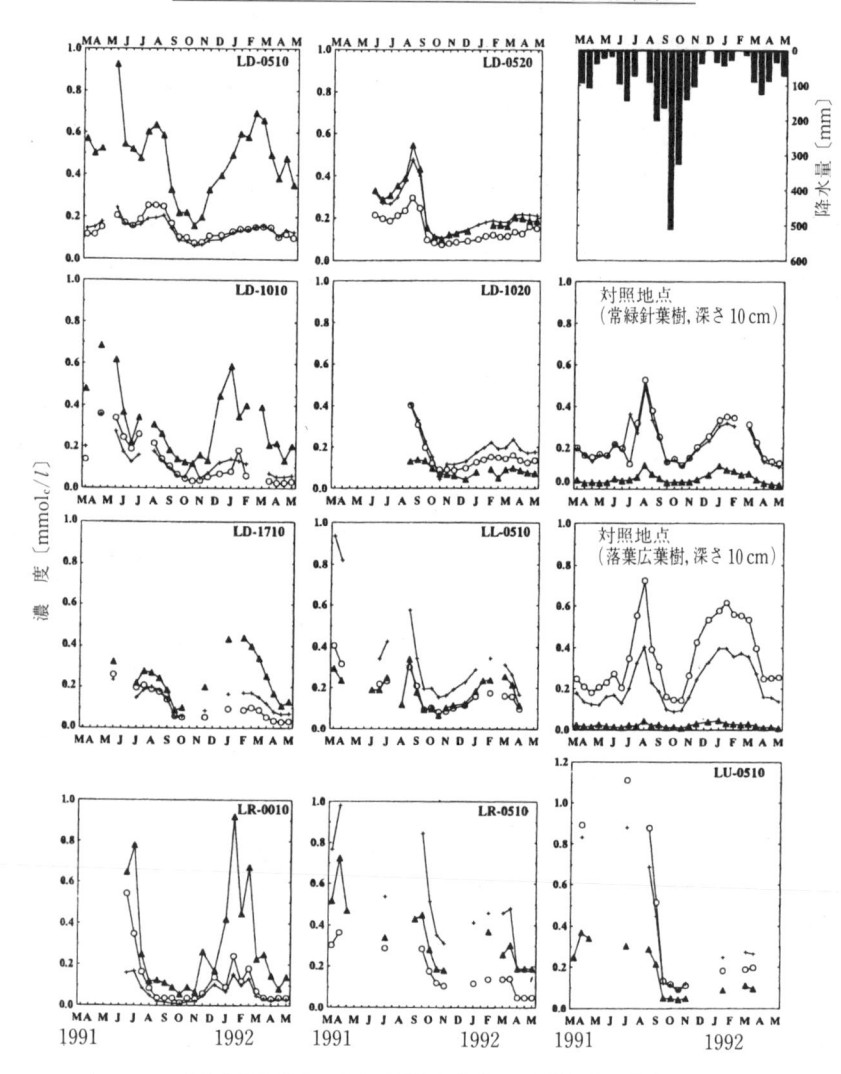

○：カルシウム，＋：マグネシウム，▲：アルミニウム
地点記号は，L：樹幹の左側，R：樹幹の右側，U：樹幹の斜面上部，D：樹幹の斜面下部を示す。したがって，例えばLD-0510は，樹幹の左側5cmで樹幹の斜面下部10cmの位置にあることを示す。

図 4.3 土壌溶液中のカルシウム，マグネシウムおよびアルミニウム濃度の月変化
(M.Baba and M.Okazaki : Spatial variability of soil solution chemistry under Hinoki cypress (*Chamaecyparis obtusa*) in Tama Hills, Soil Science and Plant Nutrition, 45, p.321〜336(1999) から引用)

ヒノキ林下土壌中の土壌溶液 pH とアルミニウムイオン濃度の関係[10] を図 4.4 に示す。土壌溶液中の水素イオンの増加（pH の低下）は明らかにアルミニウムイオンを増加させる。土壌溶液中のアルミニウムイオン濃度が 0.2 mmol$_c$/l（mmol$_c$ はミリモル当量を表す）を超えると植物になんらかの影響が現れるといわれている。木更津市下郡のモニタリング地点におけるヒノキ林地表下 10 cm の土壌溶液中のアルミニウムイオン濃度は，一時的には 0.2 mmol$_c$/l を下回ることもあるが，1 年を通じて 0.2～0.8 mmol$_c$/l の濃度範囲にあり，ヒノキ根に重大な影響を及ぼしていると考えられ，今後ともモニタリングを継続して行い，監視を続けなければならないのである。

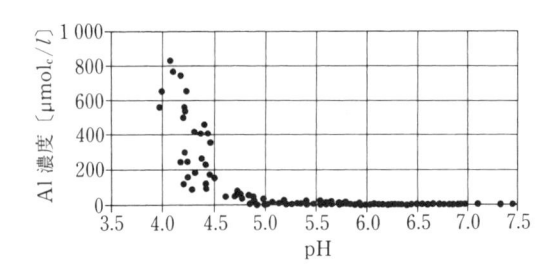

図 4.4 土壌溶液中の水素イオン濃度（pH）とアルミニウム濃度との関係（宗　芳光，佐久間好晴，在原栄子，小平哲夫，岡崎正規：千葉県上総丘陵における酸性降下物のヒノキ・スギ林に及ぼす影響 I，日本土壌肥料学会講演要旨集，43，356，(1997) から引用）

4.3　わが国の河川および湖水の酸性化の実態

4.3.1　は じ め に

1960 年代より，北ヨーロッパやアメリカ北東部では酸性降下物（acid deposition[†]）が原因と考えられる河川・湖沼の酸性化が報告されている。わが国においても，各地で pH 5.6 を下回る酸性雨が観測され[15]，同様の影響が生じること

---

† 酸性降下物：雨，雪などに溶解して降下する湿性降下物と，ガス，降下塵として降下する乾性降下物とをあわせて酸性降下物とする。酸性雨は湿性降下物の一部。

が危惧されている[16]。ここでは，わが国やアメリカの河川・湖沼の水質の現状を紹介するとともに，流域内で酸性降下物が中和される機構についても比較する。なお，本文の内容の一部は旧通商産業省資源エネルギー庁からの委託研究の成果をとりまとめたものである。

4.3.2 河川・湖沼水質の実態

わが国の河川・湖沼の水質は旧建設省，環境庁により連続して調査が行われている[17),18)]。各河川の中流，下流部の観測結果に基づき作成した全国の河川・湖沼のpHの頻度分布を図4.5，図4.6に示す[19)]。図のように，観測地点数の変動はあるものの，全国的にみた場合，1971〜1990年間の20年間で，pHの低い地

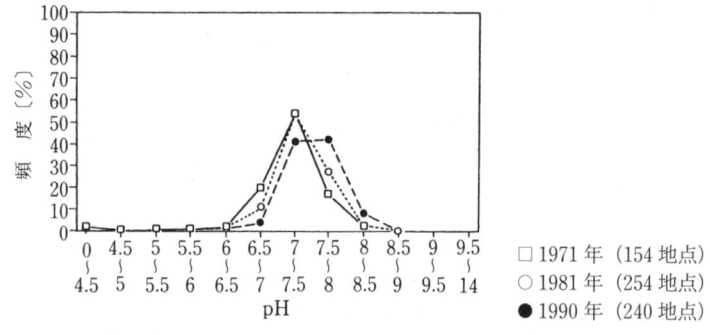

図4.5 わが国の河川 pH の頻度分布と経年変化
（日本河川水質年鑑，1971〜1990年）

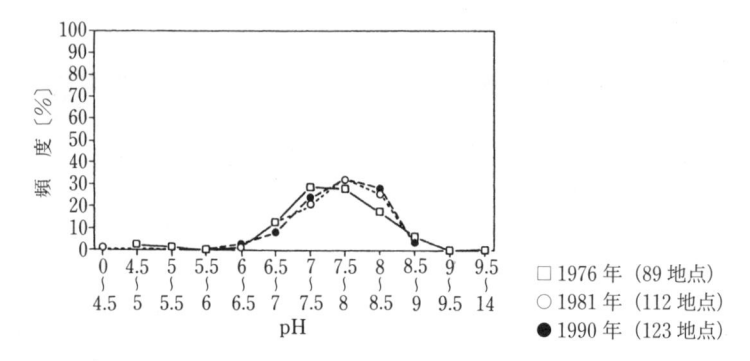

□ 1971年（154地点）
○ 1981年（254地点）
● 1990年（240地点）

図4.6 わが国の湖沼 pH の頻度分布と経年変化
（日本河川水質年鑑，1976〜1990年）

□ 1976年（89地点）
○ 1981年（112地点）
● 1990年（123地点）

4.3 わが国の河川および湖水の酸性化の実態

点が増加している傾向は認められない。

つぎに,上記の調査では対象とされていない山岳地域などの小流域を集水域とする河川水質についての検討を行う。**図 4.7** は 1991 年秋に降雨による増水期を避けて 206 地点で採取した河川水の pH およびアルカリ度†の頻度分布である。pH の算術平均値は 7.7,約 8%の地点で 7 を下回り,最低 pH である 6.3 は青森県八幡平で観測された。一方,アルカリ度については平均値が 640 μeq/l,酸性降下物に対する感受性があるとされる 200 μeq/l[20] を下回るのは 4%であり,最低の 60 μeq/l は pH と同じく八幡平で観測された。そのほか,北日本や中央高地でアルカリ度が低い河川水があった。これらの地点は,標高・緯度が高く,土壌が未発達な地域であり,酸緩衝能が低い湖沼[21]や,河川水の経年的な酸性化が報告されている地域[1]の流域条件と類似している。

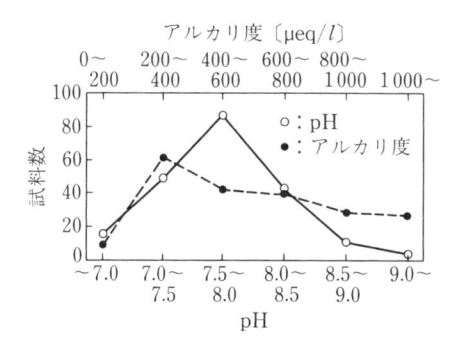

図 4.7 わが国の山地河川の pH およびアルカリ度の頻度分布

4.3.3 河川水質と流域物質収支との関係

以上のように,日本国内の大部分の地域において河川水は中性であり,アルカリ度も十分にあると考えられている。ここでは,日本国内の流域において酸性降下物が中和されている機構を検討するために,わが国の山地流域と欧米で酸性化が報告されている流域の物質収支とを比較する。各流域の特性を**表 4.1** に,観測・報告された年平均 pH,アルカリ度および,年間の酸性物質降下量および塩基性陽イオン(Na^+, K^+, Ca^{2+}, Mg^{2+})の供給量を**図 4.8** に示す。対象とし

---

† 酸を中和する能力(緩衝能)の大小を示す指標。200 μeq/l を下回ると酸性降下物に対する感受性ありとされる。

表4.1 試験流域の特性

	中宮	陣が畑	東谷	Woods#2
位置	N 36°16′ E 136°41′	N 35°21′ E 137°43′	N 33°45′ E 133°20′	N 43°52′ W 74°58′
流域面積〔km²〕	0.6	3.6	3.6	0.306
標高〔m〕	470〜1 010	940〜1 660	600〜1 400	600〜670
年間降水量〔mm〕	2 723	2 363	2 147	1 230
降水 pH	4.7	4.8	5.0	4.3
湿性降下量〔eq/ha/年〕*	598	419	233	482
地質	砂岩・頁岩	花崗閃緑石	緑色片岩 黒色片岩	片麻岩
表層土壌	褐色森林土	残積未熟土	褐色森林土	ポドゾル
植生	針葉樹 50% 広葉樹 30%	針葉樹 40% 広葉樹 60%	針葉樹 50% 広葉樹 30%	針葉樹 hardwood
河川水 pH (年平均)	7.9	7.2	7.7	4.7
河川水アルカリ度 〔μeq/l〕, (年平均)	880	130	440	−10
観測期間	'87.12.1 〜'88.11.30	'89.10.1 〜'90.9.30	'93.10.1 〜'94.9.30	'88.10.1 〜'89.9.30

* 湿性沈着のカチオン総量からアニオン総量を差し引いた値。

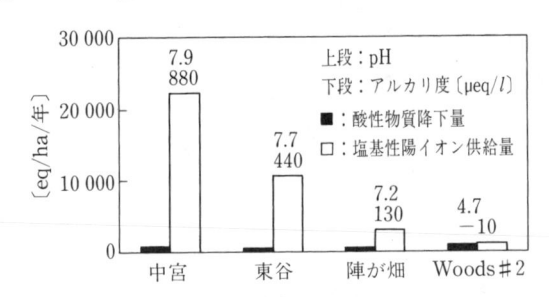

図 4.8 流域における河川水質と酸性・塩基性物質の収支

たのは、日本国内で流域調査を実施した中宮(手取川水系)、東谷(吉野川水系)、陣が畑(天竜川水系)[22]およびWoods#2(アメリカ)[23]〜[25]の4流域である。Woods#2流域の塩基性陽イオン供給量は、Syracuse大学 C. T. Driscoll教授より提供いただいた河川流量および水質データを用いて算出した。

各流域におけるpH、アルカリ度より、日本国内の中宮、東谷、陣が畑流域は酸性化が進んでいないのに対して、Woods#2流域では酸性化が進んでいると考えられる。これらの流域を比較すると、酸性物質降下量は日本国内の3流域と

Woods#2流域との間に大きな差はみられない。一方，国内3流域の塩基性陽イオンの供給量はWoods#2流域に比べて大きいことがわかる。以上より，酸性雨による河川・湖沼水質への影響は，酸性物質降下量と塩基性陽イオン供給量との大小関係で決まると考えられる。

4.3.4 流域における中和機構
（1） 検討の方法

ここでは，酸性降下物の中和機構について塩基性陽イオンの供給源に着目して検討する。流域内で供給される塩基性陽イオンの大部分は1次鉱物の化学的風化と，土壌表面に吸着された交換性塩基による陽イオン交換によるものであると考えられている。よって対象とする流域では，以下の収支式が成立する[26]。

$$(\text{Output}) - (\text{Input}) = (\text{Weathering}) \pm (\Delta \text{Exchange pool}) \quad (4.5)$$

ここに，Output：河川水，地下水に溶解して流域から流出する量，Input：大気から降下する量，Weathering：鉱物の風化により供給される量，Δ Exchange pool：土壌との陽イオン交換による供給量，である。

このうち，鉱物の風化により供給されるイオンなどは以下の式により求められる。

鉱物種 i から風化によって放出される化学種 x の量 F_{xi} は次式で与えられる。

$$F_{xi} = -a_{xi}\frac{dM_i}{dt} \quad (4.6)$$

ここに，a_{xi}：鉱物種 i の風化反応式におけるイオン x の当量比，M_i：鉱物種 i の流域内含有量，である。

よって流域内に含まれる主要な鉱物について式（4.6）を合計すれば，風化により供給される化学種 x の総量が求められる。したがって，式（4.5）において化学種 x についての収支式は，

$$\text{Output}(x) - \text{Input}(x) = -\sum_i \left(a_{xi}\frac{dM_i}{dt}\right) \pm \Delta \text{Exchange pool} \quad (4.7)$$

となる。このうち，Input(x) は湿性降下物と乾性降下物の和により求められる。また，地下水の流域外への漏出が無視できるとすれば，Output(x) は河川水中の x の濃度と河川流出高より求められる。また，a_{xi} は推定した風化反応式から求められるため，未知数は dM_i/dt，Δ Exchange pool となる。

(2) 対象流域

ここでは，図 4.8 に示した国内流域の中で最も酸中和能が小さいと考えられる天竜川水系陣が畑流域（長野県浪合村）と，酸性化が報告されているアメリカ合衆国 Woods #2 流域を対象に検討を行う。陣が畑流域には深成岩の一種である花崗閃緑岩が分布しており，表層は酸中和能が小さい残積性未熟土に覆われている[22]。水質についても，図 4.7 に示した頻度分布の中で pH，アルカリ度とも低い部類に属し，日本国内では酸中和能の小さい部類に属すると考えられる。一方，Woods #2 流域には先カンブリア代（約 6 億年以前）に形成された片麻岩が分布しており[27]，地表は漂礫土（glacier till）に覆われている。しかし，流域全体の 30% では厚さは 20 cm 未満であり，平均厚さは 2.3 m である[28]。

(3) 流域調査

(a) 流域調査の方法　陣が畑，Woods #2 両流域で現地調査を行い，その結果を上記の手法に適用して流域の中和機構と水質との関係を検討した。調査は大きく分けて，土壌・地質調査，水文調査，水質調査よりなる。土壌・地質調査では，流域内の地質構造，透水層の分布状況，1 次鉱物，2 次鉱物の種類，1 次鉱物の化学組成，全岩の化学組成，交換性陽イオン量を調べた。水文調査では，陣が畑流域を対象に降水量，土壌中水分量，地下水位，河川流量を計測し，流域内の水収支を求め，地下水の流域外への漏出の有無を調べた。水質調査では，降水，土壌水（地下水面より上部の不飽和層の水分），地下水，河川水を採取し，化学組成を計測した。乾性降下物については，近傍の観測地点での大気中のガス・粒子状物質濃度を用いた。

(b) 流域調査の結果　陣が畑流域での水質調査で得られた降水，土壌水，地下水，河川水の pH，アルカリ度，H_4SiO_4 濃度（年平均値）を図 4.9 に示す。降水の pH は 5 以下であるが，土壌水，地下水，河川水となるにつれ pH は徐々

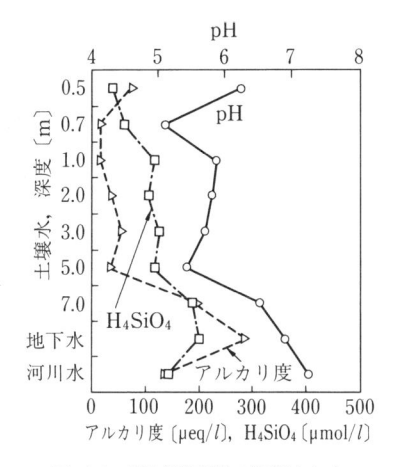

4.3 わが国の河川および湖水の酸性化の実態

図 4.9 陣が畑流域で観測された水質

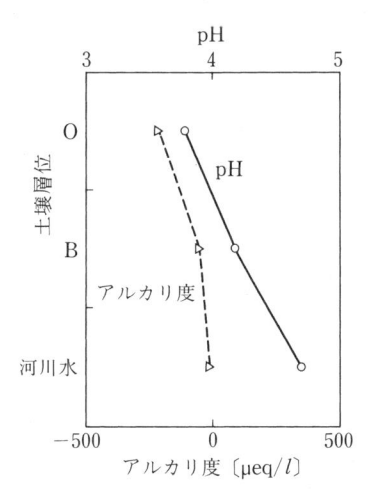

図 4.10 Woods＃2 流域で観測された水質

に上昇していることがわかる。また，アルカリ度も同様の傾向を示していることより，酸性降下物は 5 m より深部の不飽和層や地下水層で中和されていると考えられる。このような深部では，土壌化は進んでおらず交換性塩基の量は少ないこと，化学的風化により供給される H_4SiO_4 も同様の傾向を示すことから，この部分における中和作用はおもに化学的風化によるものであると考えられる。一方，図 4.10 に示すように Woods＃2 流域の土壌水，河川水はいずれも，アルカリ度がマイナスであるとともに，pH が 5 以下であることから，十分な中和作用を受けていないことがわかる。

つぎに，両流域の化学種別の Input，Output を図 4.11，図 4.12 に示す。図から明らかなように，大気から流域に降下する H^+ イオンのフラックスは，流域間で大きな差はみられない。それに対して，陣が畑流域からの H^+ の流出フラックスは降下量に比べてほとんど無視しうる量であり，流域内で酸性降下物が中和されていることがわかる。それに対して，Woods＃2 流域では十分に中和されず，河川へ流出していることがわかる。また H_4SiO_4 の収支より，陣が畑流域に比べて Woods＃2 流域ではケイ酸塩鉱物の風化速度が小さいと考えられる。

つぎに，流域内に存在する 1 次鉱物の種類および含有率を表 4.2 に示す。こ

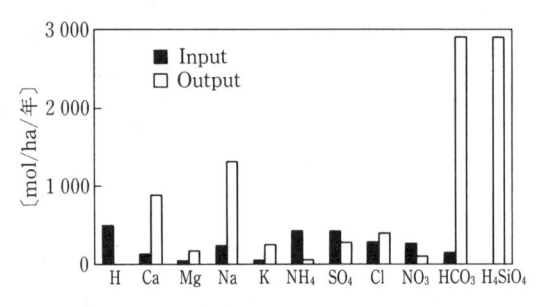

図 4.11　陣が畑流域の物質収支
　　　　　('89.10.1～'90.9.30)

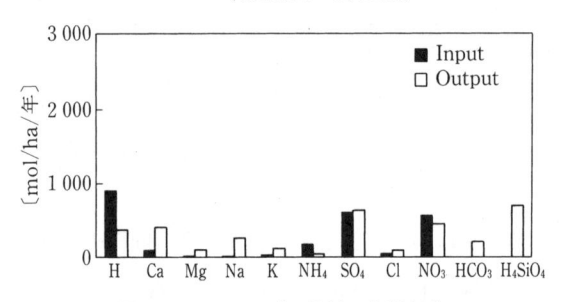

図 4.12　Woods#2流域の物質収支
　　　　　('88.10.1～'89.9.30)

表 4.2　試験流域における鉱物組成

流域名	陣が畑	Woods#2
石英	34.8	19.0
斜長石	28.4	32.9
カリ長石	20.6	34.4
黒雲母	10.2	
角閃石		6.5

単位：重量%

れらの鉱物のうち，石英は風化に対してきわめて安定であると考えられるので[29]，ここでは考察に含めなかった。2次鉱物については，X線回折および両流域で採水された水試料の分析結果をCa^{2+}，Na^+，K^+に関する風化安定図上にプロットした結果，上記の1次鉱物より生成しうる2次鉱物のうち，カオリナイトが最も安定であることがわかった。以上の検討に基づき，両流域で生じていると考えられた風化反応式を**表 4.3**に示す。

4.3 わが国の河川および湖水の酸性化の実態

表 4.3 試験流域における鉱物風化反応

陣が畑流域
$Na_{0.69}Ca_{0.31}Al_{1.31}Si_{2.69}O_8 + 1.31H^+ + 3.415H_2O$
 $\rightarrow 0.69Na^+ + 0.31Ca^{2+} + 1.38H_4SiO_4 + 0.655Al_2Si_2O_5(OH)_4$
$KAlSi_3O_8 + H^+ + 4.5H_2O$
 $\rightarrow K^+ + 2H_4SiO_4 + 0.5Al_2Si_2O_5(OH)_4$
$K_{0.69}Mg_{1.31}Fe^{III}_{3.38}Al_{2.97}Si_{5.41}O_{20}(OH)_4 + 3.31H^+ + 9.265H_2O$
 $\rightarrow 0.69K^+ + 1.31Mg^{2+} + 2.44H_4SiO_4 + 3.38Fe(OH)_3 + 1.485Al_2Si_2O_5(OH)_4$

Woods#2 流域
$Na_{0.80}Ca_{0.17}K_{0.03}Al_{1.17}Si_{2.83}O_8 + 1.17H^+ + 3.905H_2O$
 $\rightarrow 0.80Na^+ + 0.17Ca^{2+} + 0.03K^+ + 1.66H_4SiO_4 + 0.585Al_2Si_2O_5(OH)_4$
$Na_{0.08}K_{0.92}AlSi_3O_8 + H^+ + 4.5H_2O$
 $\rightarrow 0.08Na^+ + 0.92K^+ + 2H_4SiO_4 + 0.5Al_2Si_2O_5(OH)_4$
$Na_{0.12}Mg_{1.10}Ca_{0.87}Al_{0.52}Fe^{III}_{4.22}Si_{6.93}O_{22}(OH)_2 + 16.72H^+ + 3.98H_2O$
 $\rightarrow 0.12Na^+ + 1.10Mg^{2+} + 0.87Ca^{2+} + 4.22Fe^{3+} + 6.41H_4SiO_4 + 0.26Al_2Si_2O_5(OH)_4$

(4) 中和作用の検討

以上の流域の物質収支および鉱物の風化反応式を用いて算出した,両流域の単位面積当りにおける鉱物の風化速度,陽イオン交換による供給フラックスを表 4.4 に,両流域の中和機構の内訳を図 4.13,図 4.14 に示す。これより,陣が畑流域では酸性降下物の大部分は斜長石の風化により中和されていることがわかる。一方,Woods#2 流域では斜長石などの風化速度が小さいため,化学的風化反応および陽イオン交換反応により中和しきれない H^+ の一部(22%)が,図 4.12 に示すように河川へ流出していると考えられる。この原因としては,同流域の土壌が非常に薄く酸性降下物が十分に中和されないうちに河川に流出していることが考えられる[22]。

表 4.4 各流域の風化速度および交換性イオンの供給量 〔mol/ha/年〕

	陣が畑	Woods#2
斜長石	1 562	288
カリ長石	0	10
黒雲母	330	
角閃石		31
方解石 and/or 交換性 Ca^{2+}	277	239
交換性 Mg^{2+}	−213	44

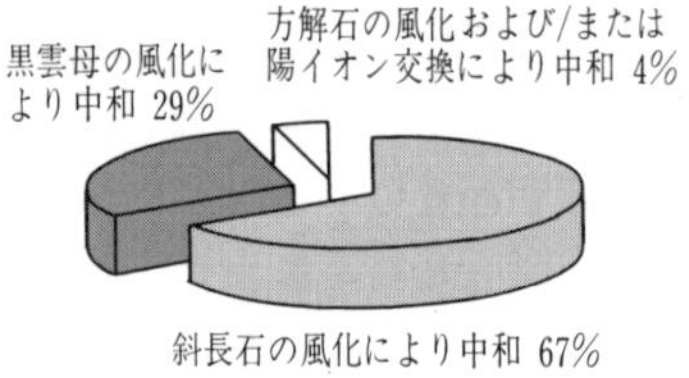

図 4.13 陣が畑流域における酸の反応（比率は反応した H^+ の当量比）

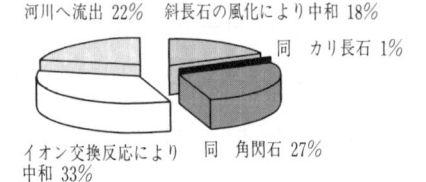

図 4.14 Woods#2 流域における酸の反応（比率は反応した H^+ の当量比）

（5） 酸性物質降下量，風化による中和作用と水質との関係

以上の考察により明らかになった両流域および既往の研究例[22),23),30),31)] における鉱物風化による中和作用と，酸性物質降下量，河川水のアルカリ度との関係を図 4.15 に示す。Woods#2 流域のように風化による中和作用（A.N.）と酸性物質降下量（A.D.）の比が 2～3 を下回る（酸性物質降下量に対して風化による中和作用が小さい）流域では河川水のアルカリ度（Alk.）がマイナスとなり酸性化が生じていることがわかる。

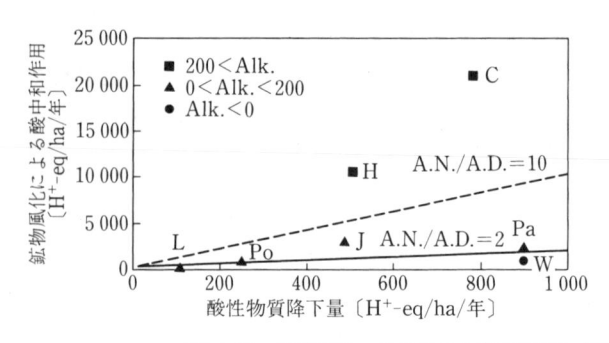

図 4.15 酸降下量，風化による中和作用と水質との関係

C：中宮，H：東谷，J：陣が畑，W：Woods#2（池田・宮永，1999）
L：Loch Vale（Mast et al., 1990）
Pa：Panther（April et al., 1986）
Po：Pond Branch（Cleaves et al., 1970）

一方，この比が 10～15 を上回る（酸性物質降下量に対して風化による中和作用が大きい）流域では河川水のアルカリ度は酸性降下物に対する感受性なしとされる 200 μeq/l[21)] を上回っていた。また，この図を見るかぎりでは日本国内の 3 流域のうち最も風化による中和作用の小さい陣が畑流域の場合，酸性物質降下量が現在の 2～3 倍に増加した場合にはアルカリ度がマイナスとなり，酸性

化が生じるおそれがあると考えられる。しかし、酸性物質降下量が増大した場合には鉱物の風化速度が増大することや、鉱物風化により中和しきれない場合には陽イオン交換により中和されることなどから、影響は小さいと考えられる。また、図4.7に示した全国河川水質調査の結果より、全体の90％の流域では陣が畑流域よりアルカリ度（酸中和能）が大きいことから、これらの流域では酸性物質降下量が増大した場合でも河川水の酸性化は生じないと考えられる。

4.3.5 ま　と　め

以上の検討より得られた成果を以下に示す。（1）欧米と同程度の酸性物質降下量があるにもかかわらず、日本国内の大部分の河川・湖沼では酸性化は認められていない。（2）このような酸性降下物の中和作用は、流域内での塩基性陽イオンの供給によるものと考えられる。（3）塩基性陽イオンはおもに土壌・岩石中に含まれる鉱物の化学的風化によるものであり、これが主要な中和機構として、国内の河川水・湖沼水の酸性化を防いでいると考えられる。

4.4　酸性雨による生態系影響評価
——臨界負荷量推定の意義と問題点——

4.4.1　は じ め に

臨界負荷量とは、「感受性の高い特定の生物に悪影響を及ぼすことなく生態系が受容できる汚染物質の最大暴露量の、現在の知見に基づいた定量的な推定値」[33)]と定義されている。たいへん漠然とした定義であるが、実際には、酸性物質の負荷による土壌の酸性化を想定して、樹木の生長に悪影響を与えるような土壌の化学的変化（酸性化）を引き起こさない、酸性物質の1年当りの最大負荷量としてモデル化されている。

1980年ごろから、森林や集水域における土壌の化学性の変化をモデルにより推定し、樹木、森林の衰退や水棲生物の被害などを評価しようという試みが、欧米において盛んに行われ、多くのモデルが開発され、そのうちのいくつかは広

く利用されている[33]〜[35]。これらは特定の地点の土壌や集水域の土壌、陸水に関して、pHやイオン濃度など化学的性質の経時的な変化を、主として陽イオン交換反応などの化学的過程に基づいて推定するものである。

一方、1980年代後半から提唱され始めた臨界負荷量は、簡単なマスバランスモデルに基づいて、酸性雨による生態系影響を広域的に表そうとするものである。臨界負荷量のヨーロッパスケールの地図が作成され[36]、それに基づいた汚染物質排出量の削減が国際交渉の場で合意されたのを機に、多くの研究者、行政官の関心を集めた。

わが国でも、酸性物質の沈着と生態影響を結びつける指標として、また排出量削減の指針として利用が模索され、注目されている。欧米での実用的な利用に続いて、日本を含むアジアへの適用も行われつつあるが[37]、一方、推定方法や結果の科学的な信頼性に関して多くの疑問も出され、臨界負荷量に基づいた排出量削減の合意への批判や、方法の見直しの必要性などが提起されている[38],[39]。本節では、臨界負荷量モデルの推定の歴史的経緯と概要を紹介し、日本への適用結果をとおしてその問題点について検討する。

4.4.2 欧米における酸性物質排出量削減の歴史的経緯と臨界負荷量

ヨーロッパでは1960年代後半から湖沼の酸性化や森林被害を背景に越境大気汚染に関する関心が高まり、**表4.5**に示したように国際的な共同観測や研究が進められた。1979年には長距離越境大気汚染に関する協定（CLRTAP：Convention on Long-Range Trans-boundary Air Pollution）が締結され（その後の参加国も含めて現在48か国が批准）、この下で1985年の硫黄酸化物排出量削減のためのヘルシンキ議定書に始まって、いくつかの議定書が調印され、汚染物質の削減が進められた。

ヘルシンキ議定書では各国一律に1980年の硫黄酸化物排出量の30％を削減することが義務づけられた。国境を越えて飛来する酸性雨原因物質の被害国であった北欧諸国が積極的な役割を果たしたが、これらの国々はまた、汚染物質排出量削減の根拠として臨界負荷量の導入を図り、1988年にスウェーデンのスコ

4.4 酸性雨による生態系影響評価

表 4.5 欧米における酸性雨の認識と対策の過程

問題発見の時期 1967〜1977	1967	Svante Oden の研究：スウェーデン，ノルウェーが酸性雨を国際的越境大気汚染問題としてとりあげた。
	1969	OECD Air Management Sector Group 会合において，大気中硫黄化合物の増加と長距離輸送問題が指摘される。
	1972	国連人間環境会議：酸性雨が広域問題であること，解決には国際的な取決めが必要であることの認知。SO_2 排出に関する cooperative monitoring 開始。
	1975	欧州安全保障協力会議（CSCE）：大気汚染制限の一般的な義務と技術協力，情報交換の促進のための国際協力の枠組みを定めた。背景に東西両陣営の協調の促進。
共通認識の時期 1978〜1987	1978	OECD モニタリングと輸送モデル作成の活動が EMEP に統合される。
	1979	LRTAP 署名：拘束力のある排出規制なし。情報交換，モニタリングの継続が初期の目的。
	1982	環境酸性化に関するストックホルム会議：臨界負荷量概念を用いた解析，酸性雨原因物質の排出削減に向けた具体的取組みの開始。
	1984	カナダ主催の ministerial meeting において 30% club 設立。
	1985	ヘルシンキ議定書：SO_x 排出量 1980 年の一律 30％削減，発効は 1987 年，target year は 1993 年，イギリス，アメリカ，ポーランドなど署名（1986）せず。
因果関係定量化の時期 1987〜	1988	NO_x に関するソフィア議定書署名(1987 年の排出量で安定化させる，将来は臨界負荷量に基づく削減を行う)。
	1991	対流圏オゾンにかかわる VOCs に関するジュネーブ議定書署名。
	1991〜1994	RAINS モデル採用，シナリオ解析。
	1994	オスロ議定書：臨界負荷量を含む integrated assessment に基づいた SO_x 排出量削減
	1999	酸性化，富栄養化，対流圏オゾンに関するイエテボリ議定書署名。

クロスターでアメリカ，カナダを含む欧米 18 か国の代表からなる会議を経て冒頭に示した臨界負荷量の概念（定義）が提案された[39]。

1994 年のオスロ議定書では，この定義に基づき，4.4.4 項に示す定常マスバランスモデルによって推定される臨界負荷量を含む RAINS モデルが採用され，これに基づく硫黄酸化物の削減が合意された。28 か国が調印（うち 23 か国が批准）したが，臨界負荷量に批判的なアメリカは調印していない。さらに 1999 年のイエテボリ議定書では，複数の汚染物質や複数の影響を考慮したモデルにより，酸性化を防ぐための硫黄酸化物と窒素酸化物の排出量削減，富栄養化防止のための窒素（窒素酸化物とアンモニア）の排出量削減，またオゾン影響防止

のための VOC（揮発性有機化合物）排出量削減が合意に至った。

ここでは，おのおの酸性物質の臨界負荷量，養分窒素の臨界負荷量およびオゾンの臨界レベル（濃度）が削減の根拠として用いられている。硫黄酸化物に関しては，1980 年のヨーロッパ全域での排出量が 49 664 kt であったのが，1990 年にはその 30%以上が削減され，またオスロとイエテボリ議定書ではおのおの 2010 年に 1980 年排出量の 60%および 70%以上の削減を義務づけている（アメリカはイエテボリ議定書に調印はしたが，カナダとともに削減量はまだ設定していない[40]）。

4.4.3 アジアにおける臨界負荷量

ヨーロッパでの臨界負荷量に基づいた排出量削減合意の成功を得て，経済発展に伴うエネルギー消費の増大により大気汚染が深刻化するアジアに，同じようなシステムを適用しようと，1992 年に世界銀行およびアジア開発銀行の援助により RAINS-ASIA プロジェクトが開始された[41]。臨界負荷量の考え方や推定方法はヨーロッパで用いられているものとほぼ同じであるが，アジアでは硫黄の寄与が大きいこと，窒素に関するデータが不足していることなどの理由により，「酸性物質の臨界負荷量＝硫黄の臨界負荷量」として推定されている。タイ，中国などではプロジェクトの一環として RAINS-ASIA モデルを用いた推定が行われるとともに，国独自のデータや改良モデルを用いた推定も行われている。

4.4.4 臨界負荷量の概要

本項では，臨界負荷量の考え方と問題点を知るために，初期の段階に提案された定常マスバランスモデルによる酸性物質に関する臨界負荷量推定法を概説する。その後複数汚染物質への拡張など多くの変更がされているが，基本的な考え方はまったく同じである。

土壌の化学的性質は，植物，土壌，土壌生物をめぐる元素の生物地球化学的循環により支配され，多くのプロセスが複雑に関与している。図 4.16 に生態系

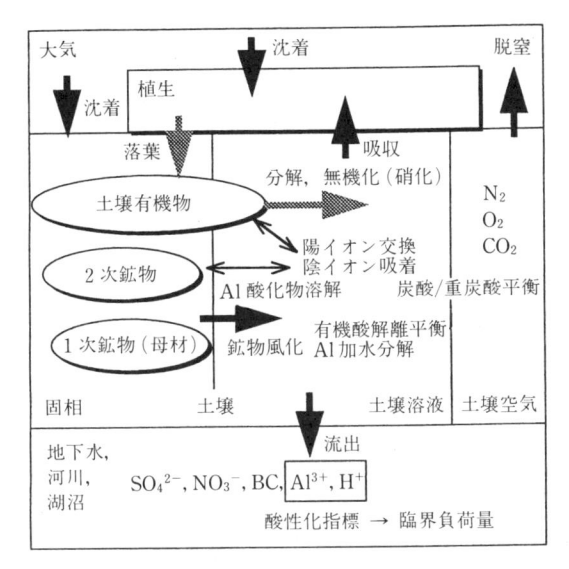

4.4 酸性雨による生態系影響評価

図 4.16 基本的な生物地球化学的循環

の酸性化の観点から重要と思われる基本的な過程を示した。これらの過程のあるものは酸（プロトン）を消費し，またあるものは逆に酸を生成する。定常マスバランスモデルにおいては，図 4.16 の太い黒矢印で示された過程，あるいはその一部の過程のみを用いている。

すなわち，土壌 pH や塩基飽和度などの土壌化学性が不変に保たれる（定常状態）と仮定して，陽・陰イオン交換反応や溶液内の化学反応などは考慮しない。定常状態を保つためには，太い黒矢印で示した過程による系への酸のインプットとアウトプットが釣り合っている必要があり，大気から負荷される酸性物質の量から，これらの過程による系内での正味の酸中和量（中和量と酸生成量の差）を差し引いた量が地下水や河川など系外へ流出すると考える。

系内での酸の中和に関与する過程は，鉱物風化（BC_w），アルミニウム酸化物の溶解，植物による正味の窒素吸収（N_u），微生物による不動化（N_{im}），脱窒（N_{de}）などで，一方，酸を生成する過程は硝化や植物による正味のカチオン吸収（BC_u）である。ここで，植物による正味の吸収とは，リターとして林床に戻ってくるものは除いて，樹体の生長のために使われる吸収量を表す。なお，ア

ンモニウムイオンの植物による吸収は酸の生成として働くが，吸収されずに残ったアンモニウムイオンがすべて硝化されると仮定すると，1 mol 当り 2 mol のプロトンが生成されるので，アンモニウムイオンの吸収は差し引き 1 mol の酸の中和と考えることができる。また，窒素固定（N_{fix}）も有機物として固定された窒素が最終的に硝酸イオンになるとすると酸の生成過程と考えられる。

臨界負荷量の定義より，上で想定した定常状態は樹木の生長に悪影響を及ぼさない限界の状態となっている必要がある。限界状態は，土壌あるいは流出水の化学的性質によって表すこととし，植物に有害であることが知られているアルミニウムの流出量（Al_{le}）を酸性化限界指標として用いている。すなわち，式(4.8)で示すように，この指標が限界値であるとしたときに，酸の収支が釣り合うような酸の負荷量が臨界負荷量となる。

$$CL = BC_w - BC_u + N_u + N_{de} + N_{im} - N_{fix} + Al_{le(crit)} + H_{le(crit)} \quad (4.8)$$

式（4.8）の各項は，年間のフラックスで，$mol_c/ha/$年の単位で表される。crit と表示してある項が限界指標を示し，$H_{le(crit)}$ は Al 酸化物の溶解平衡を仮定することにより，$Al_{le(crit)}$ から導かれる。限界値 $Al_{le(crit)}$ の値の設定はつぎの3通りの方法が提案されており，第1の方法が最も広く用いられている。

① 流出水中の塩基濃度とアルミニウム濃度のモル比が一定値以上。ヨーロッパでは苗木を用いた実験結果に基づいて，生長を 10% 低下させる濃度比として 1.0 を閾値として用いている。また RAINS-ASIA プロジェクトにおけるアジアへの適用では中国での実験結果などに基づいて樹種ごとに 0.1〜20.0 間での値が設定された[41]。

② 土壌溶液中アルミニウム濃度が一定値以下。樹木の生長阻害との量反応関係に基づいて，$0.2 \, eq/m^3$ が用いられている。

③ アルミニウム酸化物が枯渇しない，すなわち，$Al_{le(crit)}$ が鉱物風化による Al 酸化物生成速度より小さい。

4.4.5 定常マスバランスモデルの日本への適用による問題点の抽出

定常マスバランスモデルの適用可能性を検討するために，国土数値情報など

の広域データに基づいて，以下の方法で式 (4.8) の各項の値を見積もり，わが国の臨界負荷量の推定を試みた。

(1) 土壌中の鉱物風化速度（BC_w）

日本土壌の鉱物風化速度のデータはほとんど存在しないため，ヨーロッパにおいて作成された，母材の酸性度と粒径クラスごとの風化速度を示す表[43]に基づいて推定した（母材の酸性度は表層地質データから，粒径クラスは土壌種データから設定した）。Transfer function と呼ばれるこの表はヨーロッパの土壌を対象に作成されたものであるので，推定値は大きな誤差を含むと考えられる。そこで広島県と島根県の 40 数地点で採取した土壌の元素組成と粒径分布の測定値をもとに，鉱物溶解に関する反応速度論的モデル（PROFILE モデル[43]）を用いて風化速度を計算し，その結果を用いて表を修正した。

(2) 樹木による正味の養分吸収（BC_u, N_u）

各グリッドの年平均気温と年間降水量の平年値に基づき，マイアミモデル[44]を用いて推定した正味の樹木生長速度と，日本の樹種に関して，落葉広葉樹，常緑広葉樹，落葉針葉樹，および常緑針葉樹別に，おのおのの樹体中の平均元素濃度（文献値）から求めた。

脱窒（N_{de}），窒素不動化（N_{im}），窒素固定（N_{fix}）に関しては，広域な推定に利用できるようなデータやモデルがみつからなかったので，これらの項は考慮しなかった。また，樹木の生長を阻害する BC/Al 濃度比や土壌水中 Al 濃度などの酸性化限界基準，モデルの適用の際に必要となるさまざまなパラメーター値も，本来は樹種や土壌の性質に依存すると考えられるが，適切なデータがないため，ヨーロッパで用いられた値を使った。ただし，酸性化させた土壌で育てた日本のスギの苗木を用いた実験では，BC/Al＝10 で生長が急激に低下する結果も示されている[45]ので，$(BC^*/Al)_{crit}=10.0$ とした計算も行い，1.0 の場合と比較してみた。

表 4.6 に臨界負荷量推定結果の全国統計値を示した。第一の酸性化限界指標を用いた場合，日本の土壌データに基づいて修正した鉱物溶解速度は，ヨーロッパの表に基づいたものと比較して平均的には大きいが，酸性岩母材の土壌で

表4.6 定常マスバランスにより推定したわが国の臨界負荷量〔mol_c/ha/年〕

酸性化限界基準	TF*	平均	5%値**	中央値	最大
$(BC/Al)_{crit}$= 1 mol/mol	E	2 047	690	1 543	9 825
$(BC/Al)_{crit}$= 1 mol/mol	R	2 786	540	2 655	13 413
$(BC/Al)_{crit}$= 10 mol/mol	R	1 623	377	1 643	6 460
$[Al^{3+}]_{crit}$= 0.2 mol_c/m^3	R	5 108	2 435	4 770	13 269
Al枯渇基準	R	5 649	2 909	5 910	16 962

* TF：鉱物風化速度推定のためのtransfer function（E：ヨーロッパの土壌を対象に作成されたもの，R：日本の土壌データに基づいて修正したもの）

** 5%値は値を大きさの順に並べて，小さいほうから，5%の点の値。臨界負荷量の推定では対象領域のうち95%の地域が保護される負荷量の推定値として，しばしば5%値が用いられる。

はむしろ小さく推定されたため，臨界負荷量の値もこれに伴って変化した。酸性化限界のBC/Al比の値が10倍となると臨界負荷量の推定値は約2/3から1/2となった。

このように，推定方法や指標の値により推定値に違いがみられたが，空間的な分布はたがいに似ており，中国地方瀬戸内海沿岸の酸性岩母材の未熟土が分布する地域や，中部地方高山地域の岩屑土など土壌の未発達な地域に臨界負荷量の小さい，すなわち酸に対する感受性が高いと考えられる地域が分布した。これらの分布，特に日本の土壌データに基づいて修正した鉱物溶解速度を用いて推定した臨界負荷量分布は，林野庁により測定された，全国の森林土壌表層の交換性塩基含量の分布と類似しており，相対的には土壌の緩衝能を表す指標となっていると思われる。

しかし，第二の酸性化限界指標（土壌水中アルミニウム濃度）は，第一のものと比較して非常に大きな臨界負荷量を与え，空間分布も大きく異なった。第二の指標による臨界負荷量の推定値は，降水量の多いグリッドで大きな値をとる傾向があった。また第三の指標によると，推定値は第二の指標によるものよりさらに大きいが，空間分布は第一の指標によるものと類似した結果が得られた。

以上の結果からみると，定常マスバランスモデルは非常に単純化されたモデルではあるが，それでも推定のために必要なデータを広域的に準備するのはた

いへん困難である。欧米で用いられた値やモデルをそのまま使わざるをえないものが多く，また欧米の値そのものにも大きな不確定性が含まれている。もちろん鉱物の風化速度や，養分吸収，窒素の循環に関するデータは，酸性雨の生態系への影響を評価，予測するために必要不可欠であり，今後のデータの蓄積が重要であるが，少なくとも現状のデータに基づいて推定した臨界負荷量には大きな誤差があるといわざるをえない。

　第一と第三の酸性化限界指標を用いた現在の定常マスバランスモデルに基づく臨界負荷量は，鉱物風化速度の値に最も強く依存する。鉱物風化速度の測定（推定）は何通りかの方法が使われているが，同一地域の推定結果が手法によって10倍以上異なることも珍しくない[46]。違いの原因として土壌層の風化速度を測定しているのか，母岩の風化も含んでいるのか，土壌生成の全期間の平均値であるのか，現在の値であるのか，などがあげられる。臨界負荷量推定にはどの方法が適切なのか，目的と方法の整理が必要である。

　また，本項の試算でも用いたPROFILEモデル[43]は，鉱物組成データと各鉱物の反応速度定数および土壌層位ごとの水分，土壌表面積，CO_2分圧など土壌の物理化学的性質などに基づいて風化速度を推定するモデルであるが，そこで使われているパラメーターや仮定に疑問も出されている[47]。今回の試算でも多くの適用例と同様に，土壌の全画分の元素組成や比表面積に基づいてPROFILEモデルによる風化速度の推定を行ったが，土壌画分や土壌水のストロンチウム同位体比の測定から，風化には砂画分の寄与が大きいことが示唆された[48]。

　酸性限界指標も大きな不確実さをもっており，指標の選び方により推定値に著しい違いがみられた。ヨーロッパにおける実験や調査の結果，三つの指標のうちBC/Alが樹木生長の阻害と最も関連が深いとされているが，わが国の生態系に対しても有効といえるのだろうか。最近の臨界負荷量に対する批判も主としてこの点を問題としている。BC/Al比などの閾値は，主として水耕栽培による実験結果に基づいて閾値が定められているが，野外での樹木の衰退との関係は明らかでない。現実の森林衰退地と非衰退地とにおいて，この基準値の明確な違いは観測されていない。さまざまな要因による複合影響であると考えられ

ている森林生態系の被害に対して，単一の指標で評価することに限界があると考えられる。

4.4.6 おわりに—臨界負荷量の役割—

臨界負荷量の推定方法には，単純化に起因するたくさんの問題があり，それにもかかわらず十分な精度の基礎データを広域的に得ることに難しさがある。前項で述べた問題も含めて，臨界負荷量に対する批判や問題点の指摘が多くの研究者から出されているが，主として単純すぎるモデルと基礎となるデータの信頼性に関連するものである。最も批判が集中しているのは，酸性化限界指標に関する問題である。すなわち，樹木の生長低下あるいは森林衰退は本当に土壌中のアルミニウムで説明できるのかどうかについての疑問である。臨界負荷量が生態系影響として，単に土壌の酸性化ではなく樹木の生長阻害を想定している以上，その原因と限界指標とは整合していなければならないだろう。今後臨界負荷量がより信頼性の高い指標となるためにはこの点を解決することが不可欠と考える。

ヨーロッパの酸性雨対策においてLRTAP協定が大きな役割を果たしたことは衆目の認めるところである。この協定とそのもとでの議定書の合意なくして，硫黄酸化物のこれほど大きな削減はできなかったと思われる。この合意の実現には臨界負荷量が国際交渉の道具として重要な寄与をしたわけである[49]。

臨界負荷量のモデルは，国際交渉そしてそれによる排出量削減の道具に特化して作成されたといってよいだろう。そのためには，明快な構造をもち，広域推定が可能であること，また地図化などにより研究者のみでなく政策担当者や一般市民にも理解されやすいものであることが要求されたと考えられる。臨界負荷量に対しては，より詳細な過程を無視していることへの批判や，土壌層位による性質の違いや根の機能の違い，ミコリザ†の働きなどを考慮することの必

---

† 菌根：植物の根に菌類が侵入して形成される構造。植物と共生関係にあり菌は植物から光合成産物を得，無機塩類を植物に供給する。

要性など，たくさんの指摘があるが，これらを取り入れてしかも広域的に推定可能なモデルはほとんど不可能といってよいだろう。

現在の臨界負荷量モデルには酸性化限界指標をはじめ，改良すべき点は多々あるが，あくまでも，粗い精度の広域推定が守備範囲である。土壌と植物根の微細な相互作用や，植物や土壌の地域特性を綿密に考慮して，酸性雨による生態系影響を詳細に評価することは，臨界負荷量モデルの役割ではないと考える。

4.5 森林衰退と土壌の酸性化

4.5.1 森林衰退と酸性降下物

越境大気汚染物質による森林の衰退として関心を呼んだ「酸性雨による森林被害」は，欧米の自然科学とりわけ環境学や生態学，ひいては地球科学分野の研究を大幅に広げた。原因不明な広域の森林衰退の拡大と，石炭をはじめとする化石燃料の利用とが結びついた地球環境問題の一つとして世界的な関心を呼んでいる。

日本においても，関東平野のスギやケヤキの衰退と大気汚染とのかかわりが指摘されて以来，はや20年近く経過している。その後も，山岳地帯の天然生針葉樹のモミ・ツガ類，マツ類，広葉樹のブナ，カンバ類などの指摘も多く，スギの衰退は現在も止まってはいない。

森林衰退の原因究明に多くの仮説が出されて議論が行われてきた。直接的な原因としては，酸性の雨・霧，オゾンほかガス状物質，異常乾燥，台風，またその複合影響，さらに土壌の酸性化，微生物相の変化，窒素・養分富化なども指摘されている。苗木実験によって現実の降雨より10倍以上強い酸でなければ直接樹葉に反応がでないことも明らかとなっている[50),51)]。

しかし，世界的にみて「酸性雨による森林被害」の指摘には大気汚染物質である SO_x などの直接被害と混同されていることが少なくない。また，越境大気汚染条約によるヨーロッパでの森林モニタリング調査結果をしばしば酸性雨による被害と混同されることも少なからずある[52),53)]。数十年から数百年の寿命をも

ち，生態系という運命共同体の中で生存する樹木にとって，樹木の生育に障害となる原因も多く，樹齢の高い高木ほど，乾燥・低温・高温・強風・雷などの異常気象害，昆虫や微生物による病虫害，人為攪乱の影響などを受けやすい。実験系としても若い樹木では証明できないことも多い。生態系全体を扱う必要性が高く，因果関係の究明にいっそうの困難さと時間がかかっているのが現状である。

4.5.2 物質循環系としての森林生態系

近年の研究はおもに酸性物質が森林生態系に流入して土壌の酸性化を招き，植物に被害をもたらすという仮説に関心がもたれている。そこでは，アルミニウムや重金属の溶出，微生物活性異常，根系異常なども候補である。現実の降水の状況，すなわち日本の平均（pH 5 前後）では，時間をかけた累積変化による土壌の酸性化を考慮する必要があり，生態系における物質循環系の把握が不可欠となっている。

森林生態系の最も重要な構成要素はむろん樹木である。有機物の存在量も地上部で数十から数百 t/ha に達し，数 t の落葉落枝が毎年ある。土壌中の根系の枯死もデータは少ないものの循環の一部である。深さ 1 m までの土壌には時に 100 t/ha/1 m 以上の有機物が存在する。物質循環に不可欠な降水は，数%の蒸発と 30～40% の植物による蒸発散以外は土壌に浸透する。降水によって生態系にもたらされる養分量に対して，これら有機物や土壌中に蓄積している養分量は桁違いに大きい。さらに，植物は毎年生長する分を土壌から吸収し，落葉によって還元すると考えられるから，日本のように肥沃な森林では有機物の分解による循環量は鉱物の風化をはるかに勝っている。降水によってもたらされる窒素量が最近 10 kg/ha 近くまで増えてきているものの，40～100 kg/ha の養分吸収量には及ばない。

森林伐採や山火事など樹木の生存にかかわる変化があると養分の移動量も増える。伐採では林地に残った有機物の分解で窒素やカルシウムの流出増加が観測されているし，山火事で塩基量の増加，窒素の無機化などが急速に起こり，そ

の後林地から急速に失われる。伐採・造林の繰返しも林地から養分を収奪することになるので，生産力・養分蓄積量の低下が危惧されている。

4.5.3 森林土壌の酸性化

スギ林では強酸性の樹幹流が発生し，周辺の土壌が酸性化することが明らかになったのは酸性雨の研究が始まってからである[54]。上述のように，森林に対する酸性雨の影響調査ではさまざまな森林において降水，林内雨，樹幹流と土壌水の観測がセットで行われてきた。降雨が樹冠を通過した林内雨は，酸性度は一般に低下し，さまざまな養分濃度の上昇が認められている。カリウムなどはその代表で，葉面から溢出することが知られている。根系から吸収した養分を落葉ではなく直接土壌に戻していることになる。この段階では樹冠が降雨の水素イオンの緩衝作用をしていることになる。

一方，乾性降下物は，降水ではない経路で付着した成分が洗い流されているとも解釈でき，成分濃度と流量から乾性降下物量が推定されている。樹幹流の場合，酸性化の強度は樹種によって異なる。酸性化の特性をもつものは広葉樹より針葉樹に多い。ただし，pH 3.5程度に酸性化させる物質はいまだに不明である。

樹種による土壌の酸性化の違いが指摘されているのは，スギ林ではなくむしろヒノキ林である。同一地に植栽された人工林のヒノキでは有機物層の強酸性化に伴って表層土壌の酸性化が起こる。スギの場合は，樹幹周囲以外では認められない。天然生のヒノキやヒバ，亜高山地帯のモミ・ツガ林はしばしばポドゾル土に生育し，表層土壌はpH 4以下を示すことはまれではない。ブナやスギでも天然林の場合強酸性を示すことがある。強酸性と相まって厚い有機物層の生成と鉱質土層での有機物や鉄の溶脱が起こる。強酸性を示す土壌はこれだけではない。褐色森林土でも乾性系，赤色土や黄色土などでもpH 4前後を示し，養分量が少なく，脊悪林地となっている。

酸性度を示す指標にpH（KCl）やY1が有効で，特にY1は交換性アルミニウム量を示し，データの蓄積も多い。強酸性土壌では土壌溶液中のアルミニウ

ム量は1ppm以上となり，塩基はほとんど認められない．土壌の酸性化による樹木生長低下の指標としてCa/Al比が用いられるが，強酸性土壌の森林では養分が少ないため生長が遅いと理解される．

4.5.4 森林土壌の酸性化要因

森林土壌における土壌酸性化はさまざまなメカニズムで起こる．落葉落枝など堆積有機物の分解によって酸性化するのは分解微生物である菌類の特性である．落葉や樹木などに含まれるリグニンなどの難分解物質が白色腐朽するとシュウ酸ほか有機酸が生成される．腐朽菌のほか菌根菌のコロニーも周囲より強酸性である．ポドゾル土などでは分解によって酸性腐植物質が生成される．

微生物の作用による酸性化は窒素の無機化でも起こる．堆積腐植層などでの有機物分解によるアンモニアの生成では逆に中性化が進む．しかし無機化したアンモニアが微生物の作用で硝酸に変わるとき明らかな酸性化が起こる．硝酸化成は酸性土壌で起きにくいとされるが，つねにアンモニアが供給されるような土壌ではすぐさま硝酸化成が進み，しかも可動性が高いため流出してしまう．

日本の場合降水中に含まれるアンモニア量は決して少なくない．NO_xに由来する硝酸に対してアンモニア量は窒素基準で時に3～5倍にも達する．アンモニアが土壌中に入れば窒素の富化，硝酸化成，そして酸性化が伴うことになる．降下物によるアンモニアの供給はおもに家畜由来とされているが，まだそのほかにあるかもしれない．

土壌に酸性物質が入った場合に起こる反応の詳細は他に述べられている．土壌の緩衝能の起源となる炭酸化合物，アロフェンなどによる陰イオン吸着，塩基交換がおもなものである．塩基性土壌は日本にほとんどないため，アロフェン質土壌が最も緩衝作用が強くなる．イオン交換作用の基礎となるものは土壌粘土であり，表層土壌のように腐植物質による交換作用の強い土壌ではあまり期待できない．塩基が失われてくると粘土の破壊が起こり始め，土壌中に交換性アルミニウム量が増加する．有機物含量の多い黒色土でも強酸性を示すものがみられる．この段階は植物にとって緩衝作用とはいいがたいが最も強力で，砂

質土壌では期待できない。緩衝作用としては有機物の少ない下層土のほうが強力で，日本のように降水の多い地域では表層土の酸性化がつねに起こっていることを示している。

そのほか，根系による養分吸収の際に吸収イオンのバランスから酸性化が進む可能性は否定できない。この点は証明がきわめて難しいが，時に根圏土壌溶液にアルミニウムが集積する。アルミニウムに対する耐性として矛盾するかもしれないが，樹木の根系は多くが菌根菌の菌糸で保護されて耐性があることも事実である。

土壌中の養分循環でつねに観測が困難で課題となるものが鉱物の風化と系外への流出である。調査可能なものの一つとして地下水や渓流水がある。森林の場合傾斜地が多く，流出水は降雨後短時間で発生するが，成分濃度は土壌溶液のそれとは大きく違う。pHはつねに中性に近く，炭酸とケイ酸が含まれている。炭酸はいうまでもなく有機物分解や根系の呼吸によるもので，いわば岩石風化のもとになるものである。溶液中の酸性化は陰イオンと陽イオンのバランス，すなわち陰イオンの溶込みに対して陽イオンが不足するときに起こる。陽イオンの溶出を促すものが炭酸イオンであることを考えると，生物活動による炭酸ガスは明らかに土壌酸性化の要因といえる。この反応では水の循環量もまた重要である。降水量に対して蒸発量の少ない日本では土壌の酸性化が起こる主要な反応といえる。

4.5.5 森林生態系はどのように変化するか

日本の森林土壌の場合，現在の条件で酸性雨が継続するとき，いつごろどうなるかは重要な問題である。林野庁による森林環境モニタリングの結果は，全国レベルで今後の変化を予測する基本情報の一つである。現在までの結果は5年間で約千か所を調査したもので現状を示すにすぎないが，つぎの5年間に同じ手法で同じところを調査しているので方向が見出せる可能性がある。

森林地域の降雨を6月末に10日間採集した結果では，都市や工場地域に近いところには高いECで，pHも高い「汚染傾向」の降雨と，pHが低い「酸性化の

傾向」を示す降雨が多く認められた。ECの低い「清浄な降雨」は遠隔地に多いが，5年間をとおして明らかに酸性の雨が全国的に観測された。

現在森林衰退がみられる林分は関東・中部地域と北海道に多い。しかしその多くは手入れが行き届かない人工林が多く，保育管理の徹底が望まれている。原因が不明なものは関東・中部にみられ，森林衰退に対する関心が高い地域でもある。降雨条件との比較ではあまり明確な関係は見出せてはいない。

日本の森林土壌は強酸性土壌の分布が広い。表層土壌の酸性度や交換性塩基量から花崗岩母材で過去に人間の影響が強い地域ほど酸性が強い。逆に，第四紀の火山灰降下地帯では土壌が中性に近く，交換性塩基量も多い。樹木の衰退と比較して一定の傾向はないが，強酸性土壌では植栽されている樹種が異なり，ヒノキ，アカマツ，広葉樹2次林などで，土地の生産力に応じてすでに土地利用がなされており比較しにくい。

以上の結果から，土壌の酸性化が進めば土壌養分量の低下，樹木の生長量の減退，樹種転換の必要性が予想できる。いわゆる脊悪林や低位生産林，また高山地帯の森林では土壌養分量も少なく，土壌の酸性化も早く進むことも予想できる。地域的にも監視が必要な地域も浮かび上がっている。ただし，降雨の結果からわかるように，窒素の富化についてはいまだ情報が不足している。山間部に対して都市に近い森林では養分の供給が多く，もともと養分の少ない森林ではインパクトとしては見過ごせない。現在の状態で土壌の酸性化が進むかどうかは研究の余地がある。科学的な数値上の予測に関しては臨界負荷量の推定や生態系解析によるモデリングが今後とも必要であろう。

いま，欧米では森林衰退のメカニズムとして，外部インパクトに対する反応性，すなわち健全性の維持が重要であることが注目されている。気象害や病虫害など，森林に深刻な影響を与える原因の明らかな現象でさえも，土壌条件や大気汚染など前駆的な因子の影響で発現が影響され，広域の衰退となって現れる可能性があるとの議論である。この点の解析と証明は容易なことではないが，健全な森林を管理し，次世代に受け継いでいくためには，現在にもまして生態系の理解とモデル構築，モニタリングによる継続的なデータ集積が重要となっ

ている[55]。

引用・参考文献

1) 栗田秀実, 堀　順一, 浜田安雄, 植田洋匡：中部山岳地域河川上流域における河川・湖沼 pH の経年的低下と酸性雨の関係について, 大気汚染学会誌, **28**, 5, pp.308〜315 (1993)
2) 松井　健, 武内和彦, 田村俊和編：丘陵地の自然環境, p.202, 古今書院 (1990)
3) 永塚鎮男, 小野有五共訳：世界土壌生態図鑑, Ph. デショフール著, p.388, 古今書院 (1986)
4) ペドロジスト懇談会土壌分類・命名委員会：1/100万日本土壌図, 内外地図 (1990)
5) N. van Breemen, J. Mulder, and C.T. Driscoll : Acidification and alkalization of soils, Plant and Soil, **75**, pp.283〜308 (1983)
6) 上月佐葉子, 東　照雄：多変量解析を用いた土壌有機・無機成分量によるわが国の森林土壌の類型化とプロトン消費量に対する成分別評価, 日本土壌肥料学雑誌, **68**, pp.272〜284 (1997)
7) 黒田洋一郎：ボケの原因を探る, 岩波新書 255, pp.158〜162, 岩波書店 (1992)
8) 黒田洋一郎：アルツハイマー病, 岩波新書 561, pp.90〜94, 123〜129, 岩波書店 (1998)
9) 我妻忠雄：アルミニウムの吸収・移行特性と体内挙動, 植物と金属元素, 日本土壌肥料学会編, pp.37〜86, 博友社 (1982)
10) 宗　芳光, 佐久間好晴, 在原栄子, 小平哲夫, 岡崎正規：千葉県上総丘陵における酸性降下物のヒノキ・スギ林に及ぼす影響 I, 日本土壌肥料学会講演要旨集, **43**, p.356 (1997)
11) 永島玲子, 岡崎正規, 本名俊正：酸による火山ガラスの溶解とその速度, 日本土壌肥料学会講演要旨集, **45**, p.31 (1999)
12) N. Yoshinaga : Mineral characteristics, II Clay minerals, Ando Soils in Japan, ed. K. Wada, pp.41〜56, Kyushu University Press (1986)
13) M. Baba, M. Okazaki and T. Hashitani : Effect of acidic deposition on forested Andisols in the Tama Hill region of Japan, Environmental Pollution, **89**, pp.97〜106 (1995)
14) M. Baba and M. Okazaki : Spatial variability of soil solution chemistry under Hinoki cypress (*Chamaecyparis obtusa*) in Tama Hills, Soil Science and Plant Nutrition, **45**, pp.321〜336 (1999)
15) (社) 日本化学会酸性雨問題研究会：身近な地球環境問題―酸性雨を考える―,

p.27, コロナ社 (1997)
16) 朝日新聞：欧米並み酸性雨降り続く―魚の住めない湖 30 年後には出現―(1997.4.19)
17) 建設省河川局監修：日本河川水質年鑑, 山海堂 (1972-1992)
18) 環境庁水質保全局監修：全国公共用水域水質年鑑, 芙蓉情報センター (1973-1992)
19) 宮永洋一, 池田英史：酸性雨の陸水影響とその予測手法, 水環境学会誌, **17**, 12, pp.787〜794 (Dec. 1994)
20) G.R. Hendrey, J.N. Galloway, S.A. Norton, C.L. Schofield, P.W. Shaffer and D.A. Burns : Geological and Hydrochemical Sensitivity of the Eastern United States to Acid Precipitation, USEPA-600/3-80-024 (1980)
21) 川上智規：乗鞍岳湖沼群の水質に対する降雨の影響, 環境工学研究論文集, **30**, pp.73〜80 (1993)
22) 池田英史, 宮永洋一：陸水の酸性化における地質・水文条件の影響―鉱物の化学的風化による中和作用の流域間比較―, 水環境学会誌, **22**, 8, pp.655〜662 (Aug. 1999)
23) R. April, R. Newton and L.T. Coles : Chemical weathering in two Adirondack watersheds : past and present-day rates, Geological Society of America Bulletin, **97**, pp.1232〜1238 (1986)
24) J.P. Shepard, M.J. Mitchell, T.J. Scott, Y.M. Zhang and D.J. Raynal : Measurements of wet and dry deposition in a northern hardwood forest, Water, Air, and Soil Pollution, **48**, pp.225〜238 (1989)
25) C.T. Driscoll, C.P. Cirmo, T.J. Fahey, V.L. Blette, P.A. Bukaveckas, D.A. Burns, C.P. Gubala, D.J. Leopold, R.M. Newton, D.J. Raynal, C.L. Schofield, J.B. Yavitt and D.B. Porcella : The experimental watershed liming study : Comparison of lake and watershed neutralization strategies, Biogeochemistry, **32**, 3, pp.143〜174 (1996)
26) 池田英史, 宮永洋一：鉱物の化学的風化による酸性降下物の中和作用の評価法, 電力中央研究所研究報告, U 96017, p.7 (Oct. 1986)
27) R.H. April, M.M. Hluchy and R.M. Newton : The nature of vermiculite in Adirondack soils and till, Clays and Clay Minerals, **34**, 5, pp.549〜556 (1986)
28) N.E. Peters and P.S. Murdoch : Hydrogeologic comparison of an acidic-lake basin with a neutral-lake basin in the west-central Adirondack Mountains, New York, Water, Air, and Soil Pollution, **26**, pp.387〜402 (1985)
29) A.C. Lasaga : Chemical kinetics of water-rock interactions, Journal of Geophysical Research, **89**, B 6, pp.4009〜4025 (1984)

30) M.A. Mast, J.I. Drever and J. Baron : Chemical weathering in the Loch Vale watershed, Rocky Mountain National Park, Colorado, Water Resources Research, **26**, 12, pp.2971〜2978 (Dec. 1990)
31) E.T. Cleaves, A.E. Godfrey and O.P. Bricker : Geochemical balance of a small watershed and its geomorphic implications, Geological Society of America Bulletin, **81**, pp.3015〜3032 (1970)
32) K.R. Bull : Development of the critical loads concept and the UN-ECE mapping programme. In : M. Hornung and R.A. Skeffington (eds.) Critical loads : concept and applications, London, HMSO, pp.8〜10 (1993)
33) R.A. Goldstein, S.A. Gherini, C.W. Chen, L. Mokand and R.J.M. Hudson : Integrated acidification study (ILWAS) : A mechanistic ecosystem analysis, Phil. Trans. R. Soc. Lond. **B305**, pp.409〜425 (1984)
34) B.J. Cosby, R.F. Wright, G.M. Hornberger and J.N. Galloway : Modeling the effects of acid deposition : Estimation of long-term water quality responses in a small forested catchment, Water Resources Research, **21**, pp.1591〜1601 (1985)
35) W. De Vries, J. Kros and C. van der Salm : Modelling the impact of acid deposition and nutrient cycling on forest soils, Ecological Modelling, **79**, pp.231〜254 (1995)
36) J.-P. Hettelingh et al. : The use of critical loads in emission reduction agreements in Europe, Water, Air and Soil Pollution, **85**, pp.2381〜2388 (1995)
37) J.-P. Hettelingh et al. : Deriving critical loads for Asia, Water, Air and Soil Pollution, **85**, pp.2565〜2570 (1995)
38) H. Lokke, J. Bak, U. Falkengren-Grerup, R.D. Finlay, H. Ilvesniemi, P.H. Nygaard and M. Starr : Critical loads of acidic deposition for forest soils : Is the current approach adequate ? Ambio, **25**, pp.510〜516 (1996)
39) M.S. Cresser : The critical loads concept : milestone or millstone for the new millennium ?, The Science of the Total Environment, **249**, pp.51〜62 (2000)
40) http://www.unece.org/env/lrtap/
41) W. Foell, M. Amann, G. Carmichael, M. Chadwick, J.-P. Hettelingh, L. Hordijk and D. Zhao : RAINS-ASIA : An assessment model for air pollution in Asia, Report on the World Bank Sponsored Project "Acid Rain and Emission Reductions in Asia" (1995)
42) W. de Vries : Methodologies for the assessment and mapping of critical loads and of the impact of abatement strategies on forest soils, Report 40, DLO the Winand Staring Centre, Wageningen (1991)

43) H. Sverdrup and P. Warfvinge : Calculating field weathering rates using a mechanistic geochemical model PROFILE, Applied Geochemistry, 8, pp. 273~283 (1993)
44) H. Lieth : Modeling the primary productivity of the world. In : H. Lieth and R.H. Whittaker (eds.) Primary productivity of the biosphere, Ecological Studies 14, p.339 Springer-Verlag (1975)
45) T. Izuta and T. Totsuka : Effects of soil acidification on growth of *Cryptomeria Japonica* seedlings, In Proceedings of the Int. Symposium on Acidic Deposition and its Impacts, Dec. 10~12, 1996, NIES, Tsukuba, Japan, pp.157~164 (1996)
46) D.C. Bain and S.J. Langan : Weathering rates in catchments calculated by different methods and their relationship to acid inputs, Water, Air and Soil Pollution, 85, pp.1051~1056 (1995)
47) M.E. Hodson, S.J. Langan and M.J. Wilson : A critical evaluation of the use of the PROFILE model in calculating mineral weathering rates, Water Air and Soil Pollution, 98, pp.79~104 (1997)
48) J. Shindo, T. Fumoto, N. Oura, T. Nakano and T. Takamatsu : Estimation of mineral weathering rates under field conditions based on base cation budget and strontium isotope ratios, Water, Air and Soil Pollution, 130, pp. 1259~1264 (2001)
49) L. Hordijk : Integrated assessment models as a basis for air pollution negotiations, Water, Air and Soil Pollution, 85, pp.249~260 (1995)
50) 電力中央研究所：酸性物質の広域輸送と環境影響論文集 (1991~1996)
51) 玉置元則：私選「日本の酸性雨研究論文リスト」，環境技術研究協会，p.216 (1997)
52) CEC-UN/ECE (1993) : Forest Condition in Europe, result of the 1992 Survey
53) 国際食糧農業協会：樹木と森林の衰退—世界の外観—, p.125 (1996)
54) 堀田　庸他：森林衰退—酸性雨は問題になるか—，わかりやすい林業解説シリーズ 100，林業科学振興所 p.102 (1993)
55) 環境庁：東アジアモニタリングネットワーク—専門家会合の成果— (1997)

5. 硫酸や硝酸の生成メカニズム
―― 大気中の OH ラジカルとの反応 ――

5.1 まえがき

5.1.1 は じ め に

酸性雨の原因となる硫酸や硝酸は二酸化硫黄や窒素酸化物の酸化反応で生成する。そのメカニズムについてはすでにまとめてある[1]。ここでは，これらのメカニズムで主要な役割を果たしているヒドロキシルラジカル（OH（オーエイチ）ラジカル）に焦点を当てて，基礎的なところから，詳しいメカニズムまでを解説する。

5.1.2 ラジカルとは？

まず「ラジカル」ついて説明しよう。ここでいうラジカルというのは「フリーラジカル（free radical, 遊離基）」のことである。もともとラジカル（基）という概念は類似の性質をもつ化学物質を化学式で整理するときに出てきたもので，共通の原子の集まり，原子団に着目したものである。

アルコールという化学物質の集合を例にとろう。お酒の重要な成分であるエチルアルコールなど種々のアルコールがあるが，いくつかのアルコールの名前と化学式を並べてみる。

  メチルアルコール：CH_3OH, エチルアルコール：C_2H_5OH,
  プロピルアルコール：C_3H_7OH, ブチルアルコール：C_4H_9OH

化学式をよくみるといずれも OH という原子団とそれ以外の部分に分けられ

ることに気がつく。このように化学物質の化学式をみるとき，原子団の単位でみていくと，その性質を推定したり，合成の方法を考えるうえで便利なことが多いのである。そこで，その概念的な単位は基（ラジカル）と呼ばれるようになった。上の場合，OH の部分はヒドロキシル基（水酸基），OH 以外の部分を順にメチル基（CH_3-），エチル基（C_2H_5-），プロピル基（C_3H_7-），ブチル基（C_4H_9-）とそれぞれ呼ぶ。

ところが化学が進むにつれて，概念上のものであったこれらの基が実際に存在することが明らかになったのである。この概念と区別するために，基（ラジカル）が化学物質の分子の中から「遊離してきた基」と考えて遊離基，フリーラジカルといわれるようになった。いまの例でいうと，OH ラジカルを含め，すべて遊離した状態のものがあるのである。現代では単にラジカルといえばフリーラジカルを示すのが普通である。

化学結合でつながれた基は，A—B などのように線で結んで表されるのが普通であるが，共有結合型の化学結合は A と B それぞれから一つずつ電子を出し，A と B が二つの電子を共有して化学結合を形成していると解釈できる。ラジカルの生成はこの化学結合が切れ，結合を形成していた二つの電子が A と B それぞれに一つずつ残ったものである： A—B ⟶ A・＋B・。この電子（不対電子）は共有結合を生成すると安定になるのでほかの化学種との反応性が高くなるのである。

5.1.3 大気中の OH ラジカル濃度の過去 20 年間の変動

大気中には水（H_2O）が水蒸気の形で存在しており，酸素（O_2）やメタン（CH_4）など OH ラジカルを生成しうる物質はたくさんある。また，酸素原子に原子としては最も小さい水素原子がついた形をしている OH ラジカルは反応性が非常に高く，いろいろな意味で大気の化学においては最も重要な化学種の一つである。大気中の OH ラジカルを直接測定することができるようになったが，地球規模での濃度の変動がどうなっているかを実測することは今日までのところできていない。しかし，化学反応を考えるとメチルクロロホルム（CH_3CCl_3）

5.1 まえがき

の濃度の測定から OH ラジカルの濃度を推定することが可能である。

メチルクロロホルムは人間活動によって大気中に放出されている。その濃度は非常に低く 0.01 ppb のレベルであるが，地球規模のスケールで広く存在している。

OH ラジカルはこのメチルクロロホルムと以下のような反応をするので，地球規模でのメチルクロロホルムの放出量と濃度の測定値から OH の濃度を地球規模で推定することができる。

$$CH_3CCl_3 + OH \longrightarrow CH_2CCl_3 + H_2O$$

最近，Prinn ら[2]は 1978〜2000 年のデータを解析して，地球規模での OH 濃度の変動を報告している。それによると，メチルクロロホルムの測定が始まった 1978 年から OH は増加し続け 1992 年に最大値に達した。それ以降，濃度が急激に減少しはじめ，2000 年には 1978 年のレベルよりも下がっていると結論している（図 5.1）。この原因はよくはわかっていないものの，種々の汚染物質の濃度が増加したため，これらと反応する OH ラジカルが消費されたと解釈されているが本当のメカニズムは今後の課題である。

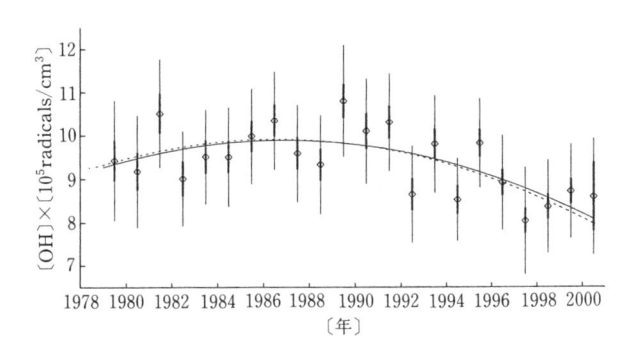

図 5.1 ヒドロキシルラジカルの大気濃度の地球規模での年変化の推定値（R.G. Prinn, J Huang, R.F. Weiss. D. M. Cunnold, P.J. Franser, P.G. Simmonds, A. McVulloch, C. Harth, P. Salameh, S. O'Doherty, R.H.J. Wang, L.Proter and B.R. Miller : Evidence for substantial variations of atmospheric hydroxyl radicals in the past two decades, Science, **292**, pp.1882〜1888 (2001) から引用）

5.2 分子科学からみた OH ラジカル

5.2.1 微量成分が支配する大気化学

本節では OH ラジカルをとりあげ,分子科学の立場からその基礎を理解することを試みる。この OH は,大気中に 0.1 ppt 程度と極微量しかないにもかかわらず,大気中での物質変換をつかさどる最も重要な化学種の一つと考えられている。その理由は以下の三つである。

第一に,OH は大気中に存在する化学種の多くと反応するフリーラジカルであることがあげられる。反応性に富んだこのフリーラジカルは「大気の掃除屋」とも呼ばれる。例えば,人為起源をおもな発生源として大気中に放出されるメタンは,紫外線照射でも分解せず,反応性も低く化学的に安定な大気成分である。このメタン(CH_4)はおよそ 5 年から 10 年と長く対流圏に滞留するが,成層圏まで拡散していくことはなく,以下のような反応の連鎖によって化学変換を受ける。

$$CH_4 + OH \longrightarrow CH_3 + H_2O \tag{5.1}$$

$$CH_3 + O_2 + M \longrightarrow CH_3O_2 + M \tag{5.2}$$

$$CH_3O_2 + NO \longrightarrow CH_3O + NO_2 \tag{5.3}$$

$$CH_3O + O_2 \longrightarrow CH_2O + HO_2 \tag{5.4}$$

$$CH_2O + h\nu\,(<360\text{ nm}) \longrightarrow CO + H_2 \tag{5.5}$$

$$CH_2O + h\nu\,(<340\text{ nm}) \longrightarrow CHO + H \tag{5.6}$$

$$CHO + O_2 \longrightarrow CO + HO_2 \tag{5.7}$$

$$CO + OH \longrightarrow CO_2 + H \tag{5.8}$$

$$H + O_2 + M \longrightarrow HO_2 + M \tag{5.9}$$

最初に OH ラジカルに攻撃されることで開始する上記の反応連鎖により,メタンはホルムアルデヒド(CH_2O),一酸化炭素(CO)を経て最終的には二酸化炭素(CO_2)へと,熱化学的に安定な分子に向かって酸化されていく。**図 5.2** にその化学変換の全過程をわかりやすく示す。変換途中のホルムアルデヒドには

5.2 分子科学からみた OH ラジカル

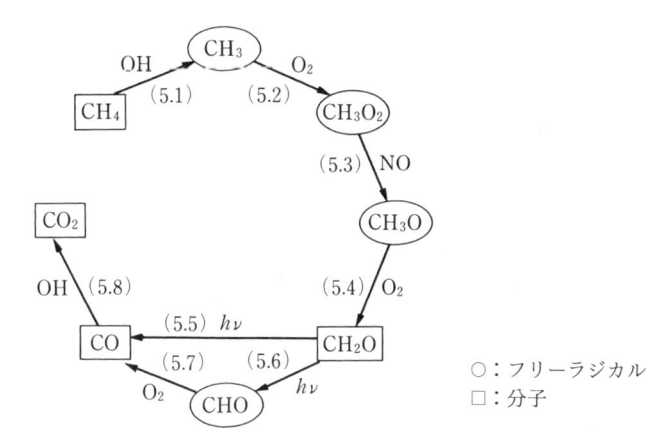

図 5.2 メタンの対流圏での酸化過程（括弧は本文中の反応式を示す）

○：フリーラジカル
□：分子

2種類の光分解過程，式 (5.5) と (5.6) があるのでこの分岐比によって全反応連鎖の変換プロセスの機能に変化が生じる。それぞれの光分解過程のみが起こるとすると全体で

反応（式 (5.5)）の場合：

$$CH_4 + \underline{2OH} + 2O_2 + NO + h\nu (<360nm) \longrightarrow CO_2 + H_2 + H_2O + \underline{2HO_2} + NO_2 \tag{5.10}$$

反応（式 (5.6)）の場合：

$$CH_4 + \underline{2OH} + 4O_2 + NO + h\nu (<340nm) \longrightarrow CO_2 + H_2O + \underline{4HO_2} + NO_2 \tag{5.11}$$

となり，メタンが二酸化炭素へ，一酸化窒素が二酸化窒素へそれぞれ酸化される点では同じであるが，HO_2 ラジカルの生成効率は2倍違う。一方，HO_2 は式 (5.12)，(5.13)

$$HO_2 + NO \rightarrow OH + NO_2 \tag{5.12}$$
$$HO_2 + O_3 \rightarrow OH + 2O_2 \tag{5.13}$$

により反応性に富んだ OH を再生するリザーバーとして働く。その意味でホルムアルデヒドの光分解（式 (5.5) と式 (5.6)）の分岐比は，大気の酸化能を決める因子として重要である。しかしながら，大気条件での反応（式 (5.5) と式

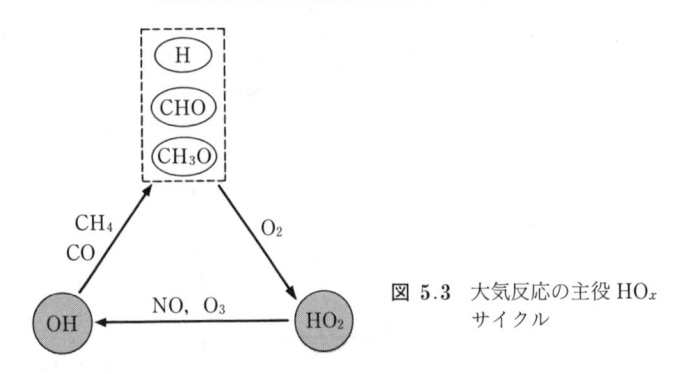

図 5.3　大気反応の主役 HO_x サイクル

(5.6)) の分岐比は現在までのところまだ不確定なパラメーターである。上述の反応連鎖を OH および HO_2 に着目してまとめると図 5.3 となる。

　OH が大気中で物質変換をつかさどる重要な化学種である理由の第二に、OH が酸素と反応しない希なフリーラジカルである点があげられる。ほとんどのフリーラジカルは、例えば図 5.2 および図 5.3 で示した H，CH_3，CHO，CH_3O などは、酸素と反応して HO_2 を生成する。酸素は分子内に 2 個の不対電子をもつ特別な分子で、そのためフリーラジカルに近い反応性を示す。この酸素分子が主成分である大気環境下では、大部分のフリーラジカルは酸素と反応し、HO_2 などの酸素と反応しないラジカルになるか、反応性の低い安定分子になる。OH および HO_2 が一般ラジカルと異なり酸素と反応しないため、OH は反応性に富んだフリーラジカルとして生き残り、「大気の掃除屋」として活躍する場が与えられるのである。

　第三の理由は、図 5.3 に明確に示されているようにメタンや一酸化炭素と化学反応を起こして OH はいったん消失するが、HO_2 をリザーバーとしてサイクル反応に組み込まれて再生する化学種であるからである。図 5.3 の反応は「HO_x サイクル」として知られている。連鎖反応(式 (5.11)) をベースに単純に考えると、OH ラジカル 2 分子が消失して HO_2 ラジカル 4 分子が生成する。HO_x サイクルが 1 回りすると OH の数が 2 倍に増える計算になる。いま、サイクル反応から枝分かれしたほかの側鎖の反応を無視した単純モデルで考えているが、いずれにしても HO_x サイクルでの OH の再生能力が大気の酸化能力を決めている

のである。一方，メタンに着目してみると，図5.3の反応サイクルが右回りするごとに，図5.2に示すメタンの酸化が二酸化炭素に向かって進行しているのである。

以上に述べたように，メタンの大気中での滞留時間を決めているのはOH濃度であり，逆にOHラジカルの寿命を1秒程度以下と決めているのがメタンと一酸化炭素の濃度ということになる。さらにOHは，高い反応性のために大気中で約10兆分の1（0.1 ppt）の極微量成分としてしか存在しない化学種である。「極微量にしか存在しないから大気中における物質変換で重要ではない」とは決していえず，皮肉なことに「物質変換で重要だからこそOHは大気中に極微量しか存在しない」が正しい文ということになる。

紙面の関係でこれ以上詳しくは述べないが，太陽光を光源として，地表面からの高度，緯度，気象条件などに依存してさまざまな光化学反応が地球大気で起こる。その意味で，地球は大きな光化学反応容器といえる。そこでは光分解で開始する数々のフリーラジカル過程が成層圏と対流圏で起こり，物質を変換している。そこで起こっている物質変換プロセスの理解なくして，地球環境問題への取組みは不可能である。そのフリーラジカル過程の結果として，オゾン層が破壊され，地球の温暖化が進行し，気候が変動する地球全体規模での環境問題が起こっているのである。さらに局所的規模で光化学大気汚染，地域酸性雨，NO_x，SO_x汚染，酸性雨問題が生じている。

以下の項では，これら大気化学反応の鍵となるOHを分子科学的な観点から説明する。重要なものは基礎の基礎から勉強しておくことが大切で，その基礎知識が深い洞察や新しいアイデアを生み，将来予測のための力となるのである。

5.2.2　OHの性質と分子構造

OHは電子9個をもつフリーラジカルで，CH_3，NH_2，F原子と同数の電子をもつ。それぞれの化学種で異なるクーロン場中を同一数の電子が運動しているCH_3，NH_2，OH，Fはたがいに等電子であるという。一般に9個の原子からな

る化学種は反応性に富み，希ガス原子で Ne に対応する電子 10 個をもつ分子が反応性の低い不活性な化学種である。例えば，OH が H_2O，CH_3 が CH_4，NH_2 が NH_3，F が HF にそれぞれなれば化学的に安定である。これらフリーラジカルの高い反応性は，化学結合の手を求めて安定な分子になろうとするフリーラジカルに共通な性質から生れる。

イオン化ポテンシャル（電子1個を取り去るのに必要なエネルギー）は CH_3 (9.8 eV)＜NH_2 (11.4) OH (12.9)＜F (17.4) の順に，電子親和力（電子1個を付加したときに放出されるエネルギー）は NH_2 (0.78 eV)＜OH (1.83)＜F (3.40) の順にともに大きくなる。周期表で C, N, O, F の原子はこの順に電子を引きつける強さの指標となる電気陰性度が大きくなり，この原子の性質がフリーラジカルのイオン化ポテンシャルと電子親和力を主として決めているのである。

C, N, O 原子を水素化して二原子分子にすると，CH，NH，OH など基本的な化学種として重要なフリーラジカルになる。OH を例に二原子分子の運動状態とそのエネルギーを考えてみよう。私たちが日常生活で遭遇するマクロな物体の古典力学的運動とは異なり，粒子と波の性質を兼ね備えたミクロな世界の分子の運動は量子力学の原理に支配される。例えば，分子のエネルギー（$E_{分子}$）は

$$E_{分子} = E_{電子} + E_{振動} + E_{回転} \tag{5.14}$$

で，電子運動，振動運動，回転運動に起因する運動エネルギーの足し合せである。

OH の場合，酸素と水素の原子核（O^{+8} と H^+）が作る軸対称の電場中を負の電荷をもった電子9個が軌道運動を行っている。このような運動系では，分子軸から外れた軌道角運動量成分は消失し，分子軸の方向の軌道角運動量成分は量子化され，とびとびの値（$n\frac{h}{2\pi}$，ここで h はプランク定数，n は 0, 1, 2, … の整数）をもった運動だけが安定な電子軌道となる。ミクロな世界では角運動量の大きさは $\frac{h}{2\pi}$ 単位で表現される。その大きさ（n）で電子軌道を分類し，$n=0$ 軌道を σ（シグマ），$n=1$ 軌道を π（パイ），$n=2$ 軌道を δ（デルタ）とギリシャ語（小文字）で呼ぶ。角運動量をもたない σ 軌道は一つだけの軌道しかな

いが，角運動量をもつ π，δ 軌道などは 2 通りの軌道（古典力学での分子軸まわりの右回転と左回転に対応する）が存在する。

さらに電子には α（アルファ）と β（ベータ）の 2 通りのスピン状態があるので，σ 軌道一つには電子 2 個まで，π 軌道一つには電子 4 個まで占有できる。9 個の電子が OH で運動する軌道が図 5.4 にまとめられている。$(1\sigma)^2(2\sigma)^2(3\sigma)^2(1\pi)^3$ とエネルギーの低い軌道から順に 9 個の電子を埋めていくと（ここで右上付きの数字は各軌道の電子占有数），エネルギー的に最も安定な基底電子状態（X 状態）の OH を作ることができる。1π 軌道に電子 1 個分の空きがあるので，分子全体として軌道角運動量が 1 単位 $\left(\dfrac{h}{2\pi}\right)$ 発生し，OH の基底電子状態は $X^2\Pi$ となる。この場合，角運動量の大きさを示すギリシャ語は大文字（Π，パイ）で記す。さらに，上付き数字の 2 はスピン多重度と呼ばれ，分子全体で 2 通りの電子スピン状態があることを示す。

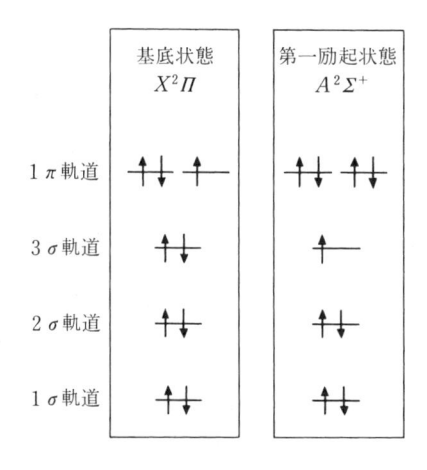

図 5.4 OH の電子状態（エネルギーの低い順に軌道に 1, 2, 3, …を付した）

同様に，$X^2\Pi$ 状態中の 3σ 軌道の電子 1 個を 1π 軌道に遷移すると第一励起状態（A 状態）の OH となる。電子配置は $(1\sigma)^2(2\sigma)^2(3\sigma)(1\pi)^4$ で，全体の電子状態は $A^2\Sigma^+$（シグマ）となる。$A^2\Sigma^+ - X^2\Pi$ の電子遷移エネルギーは $4.02\,\mathrm{eV}$ で，イオン化ポテンシャル（$12.9\,\mathrm{eV}$）の 1/3 である。したがって，OH での電子エネルギー（$E_{電子}$）は 4～13 eV 程度の大きさということになる。

つぎに，核間距離の伸び縮みに対応する振動運動を考える。振動が激しくな

いときは，平衡核間距離（0.097 nm）の近傍でフックの法則に従った調和振動（力の定数を k，換算質量を μ とする）とみなせる。振動エネルギーは

$$E_{振動}=\omega\left(v+\frac{1}{2}\right), \quad 振動定数\omega=\frac{1}{2\pi c}\sqrt{\frac{k}{\mu}} \tag{5.15}$$

となり，v は振動量子数と呼ばれる整数 $(0,1,2,\cdots)$，c は光速である。振動運動もミクロな分子の世界では量子化され，とびとびの状態で安定となる。$v=0$ の最低エネルギー準位はゼロ点振動と呼ばれ，$\omega/2$ の振動エネルギーをもち，平衡核間距離の近傍でつねに揺らいで停止することはない。これは，量子力学の「不確定性原理」からの要請の結果である。

OH の振動定数（$\omega=3738$ cm^{-1}）は 0.46 eV に対応し，解離エネルギー（4.39 eV）の 10%で，ポテンシャルの底で調和振動している調和振動子近似が成り立つエネルギー領域である。この近似では振動量子数が 1 だけ変化する $\Delta v=1$ 選択則による光吸収が許される。実際 2.8 μm の赤外光を吸収して，ゼロ点準位から第一励起準位（$v=1$）へ振動遷移する。OH の振動エネルギー（$E_{振動}$）は 0.5 eV 程度で，電子エネルギーより一桁小さい値である。

核間距離を一定（R）に保って二原子が回転するとその回転エネルギーは

$$E_{回転}=BN(N+1), \quad 回転定数 B=\frac{h}{8\pi^2 c\mu R^2} \tag{5.16}$$

となる。ここで，N は回転量子数と呼ばれる $0,1,2,\cdots$の整数で，この値が決まれば回転エネルギーが決まる。一定の回転エネルギーに対して $(2N+1)$ 通りの回転準位が存在するため，熱平衡が成り立っている条件ではある回転量子数 $\left(N\approx\sqrt{\frac{kT}{hcB}}-\frac{1}{2}\right)$ で分布が極大になる。OH の B 定数は 18.9 cm^{-1} であるから，室温では $N=3$ 準位で最大分布となる。$N=3$ の回転準位のエネルギーは 0.03 eV であり，上記の振動エネルギーよりさらに一桁小さな寄与であることがわかる。

このように，各分子に固有な運動状態は分子定数の形で表現され，逆にその定数を用いることで私たちが知りたい分子の運動に関する知見を引き出すことができる。参考のために，OH の正負イオンを含めて分子定数をまとめると**表 5.1**

表5.1　OHの分子定数

ラジカル種	核間距離 R [nm]	振動定数 ω [cm^{-1}]	回転定数 B [cm^{-1}]	結合エネルギー D_0 [ev]
OH $X^2\Pi$	0.0970	3738	18.91	4.39
OH $A^2\Sigma^+$	0.1012	3179	17.36	—
OH$^+$ $X^3\Sigma^-$	0.1029	3113	16.79	5.09
OH$^-$ $X^1\Sigma^+$	(0.097)	(3700)	(18.9)	4.76

になる。

5.2.3　角運動量間のカップリング―詳細な状態の記述―

OHは奇数個の電子からなる分子系なので，電子スピンに起因する角運動量 $\pm\Sigma\dfrac{h}{2\pi}$（ここでスピン量子数 $\Sigma=1/2$）をもつ。スピン多重度は2で，αスピンかβスピンのいずれかのスピン状態になる。

OHの基底電子状態は $X^2\Pi$ と表記される。大文字のギリシャ語 Π は，電子9個が分子軸まわりで軌道運動することで，全体として分子軸方向に軌道角運動量1単位（$\Lambda\dfrac{h}{2\pi}$, ここで軌道角運動量量子数 $\Lambda=1$）を発生する軌道状態であることを示す。

これら2種類の角運動量はたがいに認識しあって相互作用（カップリング）をする。OHの場合，電子スピンと電子軌道の運動は 120 cm^{-1} の相互作用エネルギーで強くたがいが認識しあって結合し，新たなカップリング状態を生じる。角運動量の結合方法の違いによって，Ω（オメガ）$=\Lambda+\Sigma=3/2$ の $X^2\Pi_{3/2}$ と $\Omega=\Lambda-\Sigma=1/2$ の $X^2\Pi_{1/2}$ に分裂する。

図5.5（a）に示すように電子に起因する2種類の角運動量は分子軸方向に量子化され，その大きさは $\Omega\dfrac{h}{2\pi}$ である。

角運動を生じる三つ目の運動は分子全体の回転運動である。二原子分子の場合，分子回転で発生する回転角運動量は分子軸に垂直な方向である。そして分子回転で発生する角運動量は $R\dfrac{h}{2\pi}$ で，回転量子数 R は $0, 1, 2, \cdots$ の整数である。全体のカップリング方法に対するベクトルモデルを図5.5（a）に示す。したがって，上記3種類の角運動量成分が結合して作られる全角運動量は $J\dfrac{h}{2\pi}$ で，その量子数 J は半奇数 $\dfrac{1}{2}, \dfrac{3}{2}, \dfrac{5}{2}, \cdots$ となる。

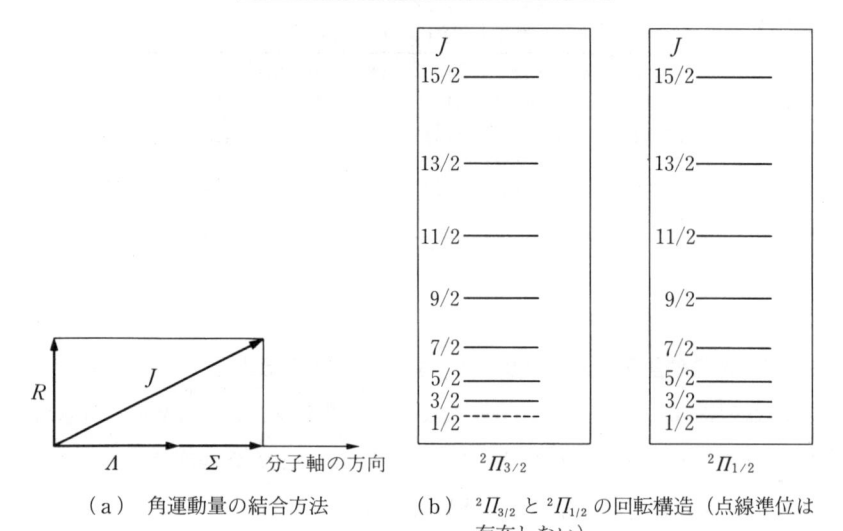

(a) 角運動量の結合方法　　(b) $^2\Pi_{3/2}$ と $^2\Pi_{1/2}$ の回転構造（点線準位は存在しない）

図 5.5 OH $X^2\Pi$ のエネルギー準位

図 5.5（b）は OH $X^2\Pi$ の具体的回転構造を示す．低エネルギー側の $^2\Pi_{3/2}$ 上の回転準位は $J=\dfrac{3}{2},\dfrac{5}{2},\dfrac{7}{2},\cdots$ となる．高エネルギー側の $^2\Pi_{1/2}$ 上の回転準位は $J=\dfrac{1}{2},\dfrac{3}{2},\dfrac{5}{2},\cdots$ となる．実際 79 μm の電波で $X^2\Pi_{1/2} \leftarrow X^2\Pi_{3/2}$ 遷移が観測される．各回転 J 準位は，その全角運動量ベクトル J の方向と π 電子軌道の方向が垂直（A'）であるか，それとも平行（A''）であるかの違いによってさらに 2 準位に分かれる（ラムダ型二重分裂）．化学反応で生成した OH ラジカルから張り出した不対電子雲の向きと，OH の回転の向きがどのような関係になっているかは，OH を生成する化学反応が微視的にどのような反応因子に支配されているかを知るための重要な知見である．

5.2.4 紫外光吸収とレーザー誘起蛍光 — OH の直接計測 —

OH では電子の基底状態 $X^2\Pi$ から第一励起状態 $A^2\Sigma^+$ への光吸収が，310 nm より短波長の人の目に見えない紫外線の領域で起こる（電子励起）．

$$\text{OH}\,X^2\Pi(v, J) + h\nu\,(\approx 308\text{ nm}) \longrightarrow \text{OH}\,A^2\Sigma^+(v, N) \tag{5.17}$$

電子励起した OH は光吸収の逆過程として，蛍光を発しながら基底電子状態に

戻る（放射緩和過程）。

$$\text{OH}A^2\Sigma^+(v, N) \longrightarrow \text{OH}X^2\Pi(v, J) + h\nu_f (蛍光) \tag{5.18}$$

この蛍光の強さを計測するレーザー誘起蛍光法で，大気中のOH濃度，[OH]を決定できる。ここでは基礎的ないくつかの点を以下に指摘しておく。$A^2\Sigma^+$状態では振動量子数vと回転量子数Nに依存した前期解離が起こり（無放射緩和過程，反応（式（5.19））），蛍光強度が減少し，計測感度が低下する。

$$\text{OH}A^2\Sigma^+(v, N) \longrightarrow \text{OH}^4\Sigma \longrightarrow \text{O}(^3P) + \text{H}(^2P) \tag{5.19}$$

この前期解離過程は，$A^2\Sigma^+(v=2, N=0)$，$A^2\Sigma^+(v=1, N=15)$，$A^2\Sigma^+(v=0, N=23)$の各レベル付近でO(^3P)+H(^2P)へ解離する反発型ポテンシャル$^4\Sigma$と$A^2\Sigma^+$が交差しているために起こる。前期解離していない振動回転準位を励起状態に選べばこの問題は解決する。実際に蛍光量子収率の高い$A^2\Sigma^+(v=0, 1)$に励起して計測が行われる。つぎに，蛍光消光とオゾン干渉の問題がある。消光過程（式（5.20））では

$$\text{OH}A^2\Sigma(v, N) + \text{M} \longrightarrow \text{OH}X^2\Pi(v, J) + \text{M} \tag{5.20}$$

に従って励起状態が衝突により緩和を受ける。電子エネルギーを失うため蛍光収率が低下する。これを避けるために大気圧を400 Pa程度まで減圧してレーザー誘起蛍光法を適用することが行われている。この減圧効果はいわゆる「オゾン干渉」を減らす意味でも重要である。筆者の研究室でもオゾン干渉とレーザー光の散乱を低下する赤外紫外二重共鳴分光計測法を開発したが，ここでの紹介は割愛させていただく。

5.2.5 大気光化学の役割

地球大気の光化学反応ではOHがあらゆる高度で働いている。対流圏と成層圏でのOH生成反応は

$$\text{O}_3 + h\nu(<310\text{ nm}) \longrightarrow \text{O}(^1D) + \text{O}_2(^1\Delta) \tag{5.21}$$

$$\text{O}(^1D) + \text{H}_2\text{O} \longrightarrow 2\text{OH} \tag{5.22}$$

である。最近，310 nmより長い波長領域でもO(^1D)の生成が見出され，大気化学に対するその影響が評価されたりしている。

まだまだ大気光化学反応についてのわれわれの理解が浅く，現在もっている大気反応モデルにまだ見落としや不完全な部分があり，今後さらに改良していく必要がある。

高度50 km以上の中間層では200 nm以下の真空紫外光が太陽からの放射光として届くため，水の光分解がOHの生成源に加わる。

$$H_2O + h\nu (< 200 \text{ nm}) \longrightarrow OH + H \tag{5.23}$$

オゾン層はチャップマン機構と呼ばれるつぎの四つの反応素過程による光定常状態でオゾンを含めた化学成分濃度が維持されている。

$$O_2 + h\nu (< 240 \text{ nm}) \longrightarrow 2O \tag{5.24}$$

$$O + O_2 + M \longrightarrow O_3 + M \tag{5.25}$$

$$O_3 + h\nu (< 1100 \text{ nm}) \longrightarrow O + O_2 \tag{5.26}$$

$$O + O_3 \longrightarrow 2O_2 \tag{5.27}$$

複数の連鎖機構で平衡オゾン濃度は減少する。例えば，下記のHO_xサイクルがあり，1サイクルで正味2分子のO_3が破壊される。

$$O_3 + OH \longrightarrow HO_2 + O_2 \tag{5.28}$$

$$O_3 + HO_2 \longrightarrow HO + 2O_2 \tag{5.13}$$

$$\text{正味 } 2O_3 \longrightarrow 3O_2 \quad (5.28) + (5.13)$$

このHO_xサイクル以外にClO_x，BrO_x，NO_xなどのサイクルがオゾン濃度を減少させており，上中部成層圏の理解はかなり進んでいると思われる。一方，下部成層圏/上部対流圏のオゾン濃度のモデルとの差異が最近話題になっている。下部成層圏でOHが予想以上に高濃度であることがその原因としてとりあげられており，アセトンの下部成層圏での紫外光分解などがHO_xの発生源になっている可能性などが検討されている。

HO_xは化学環境によっていろいろなリザーバーに変換される。

$$HO_2 + HO_2 \longrightarrow H_2O_2 + O_2 \tag{5.29}$$

$$OH + NO_2 + M \longrightarrow HNO_3 + M \tag{5.30}$$

$$OH + SO_2 + M \longrightarrow HOSO_2 + M \tag{5.31}$$

生成した過酸化水素，硝酸などのリザーバーは紫外光分解でOHを再生するか，

水に取り込まれて酸性雨として地表に沈着する。

$$H_2O_2 + h\nu \longrightarrow 2\,OH \tag{5.32}$$

$$HNO_3 + h\nu \longrightarrow OH + NO_2 \tag{5.33}$$

$$HOSO_2 + h\nu \longrightarrow OH + SO_2 \tag{5.34}$$

ところで，OH の大気化学における重要性はその独特な反応性にあると述べた。OH は酸素と反応しない不思議なラジカルである。CH_3，CH_3O，HCO など多くの大気ラジカルが大気中の O_2 と反応するのと対照的である。OH は HO_2 と同様に酸素との反応で安定な生成物への経路がないのである。さらに，水の O-H 結合（5.12 eV）がメタンの C-H 結合（4.48 eV），アンモニアの N-H 結合（4.40 eV）などの結合より強いことである。

したがって，OH による水素引抜き反応はことごとく発熱反応となる。この二つの反応特性が「大気の掃除屋」としての OH ラジカルに重要な役割を担わせているといえる。

5.3　OH ラジカルによる SO_2，NO_2 の気相酸化反応

5.3.1　は　じ　め　に

大気中の SO_2 と NO_2 の酸化による硫酸と硝酸の生成は環境を酸性化させる最も重要な要因である。これらの酸化過程として，① 気相での均一過程，② 雲や雨などの液滴内部で進行する液相過程，③ エアロゾルや土壌粒子表面などの不均一相で進行する不均一過程，が知られている。それぞれの過程がどの程度重要度をもつかは気象状況と汚染の程度によるとされているが[10]，SO_2 では ② についで ① が重要であり[11]，NO_2 では ① のほかに ③ も重要であると考えられている。

気相反応で生じた硫酸はエアロゾルになるが，硝酸は飽和蒸気圧が高いので，蒸気として気相に存在する。これらは大気中のアンモニアと反応するとそれぞれ，硫酸水素アンモニウム，硫酸アンモニウム，硝酸アンモニウムとなる。硝酸アンモニウムは飽和蒸気圧が低いので，硫酸と同様にエアロゾルとなる。

硫酸イオン，硝酸イオンは大気エアロゾルを構成する主要な成分であり[12]，特に粒径 2.5 μm 以下の微小粒子では硫酸イオンの重量は全体の 50% に達することがある[10]。エアロゾルの滞留時間は数日〜2 週間程度とされ[13]，SO_2 や NO_2 のそれに比べるとはるかに長いので，それらの酸化によるエアロゾルの増加は大気の質を悪化させ，汚染を広域化させることになる。また，SO_2 と NO_2 の酸化反応は単に酸性物質の生成をもたらすだけでなく，エアロゾルの重要な働きである雲の生成や太陽放射の吸収・散乱にも影響を与えるので，地球の温暖化の重要な研究テーマになっている[14]。

1970 年代に国内の大都市でみられた大気汚染はかなり改善されてきた。しかし，その一方で，高濃度のオゾンが東京の周辺地域や静岡県，山梨県の上空でも観測されており，汚染が広域化している実態も最近，明らかにされている[15]〜[17]。

本節では，OH ラジカルによる SO_2 と NO_2 の気相均一酸化反応を中心に述べるが，それらの酸化反応全般については酸性雨の原因の視点からこれまでにもいくつかの優れた総説が書かれている[10],[13],[18]〜[22]。

5.3.2 OH ラジカルの重要性

大気中の多くの化学反応過程に，ラジカル（不対電子をもつ反応性が高い化学種，5.1.2 項を参照）やイオンなどの不安定化学種が関与していることが知られている。なかでも，対流圏では OH ラジカル（5.2 節を参照）はきわめて重要な働きをしている。すなわち，CO_2，水，フロンなどを除けば，対流圏の安定化学種の大部分のものが OH ラジカルとの反応が引き金となって，さまざまな化合物に酸化される。

その例を表 5.2 に示す。反応過程（a）は OH ラジカルによる炭化水素の酸化反応で，光化学スモッグを発生させる一連の反応として知られている。式 (5.35) で失われた OH ラジカルは式 (5.39) で再生されるため，式 (5.35)〜(5.39) は連鎖的に進行する。これらはまとめると式 (5.40) のように書ける。この過程が進行するとアルデヒドが生成するとともに NO が減少して NO_2 が蓄積されるので，式 (5.41) と (5.42) により結果的にオゾン濃度が高くなる。

5.3 OHラジカルによる SO_2, NO_2 の気相酸化反応

表5.2 OHラジカルがかかわる重要な大気中の反応過程の例

(a) NO存在下でのメタンおよび非メタン炭化水素の光化学的酸化

$R-CH_3 + \cdot OH \longrightarrow H_2O + R-CH_2 \cdot$ (5.35)

$R-CH_2 \cdot + O_2 \longrightarrow R-CH_2OO \cdot$ (5.36)

$R-CH_2OO \cdot + NO \longrightarrow R-CH_2O \cdot + NO_2$ (5.37)

$R-CH_2O \cdot + O_2 \longrightarrow R-CHO + HO_2 \cdot$ (5.38)

$HO_2 \cdot + NO \longrightarrow \cdot OH + NO_2$ (5.39)

(以上,(5.35)〜(5.39)をまとめると,(5.40)のように書ける)

$R-CH_3 + \cdot OH + 2NO + 2O_2 \longrightarrow R-CHO + H_2O + 2NO_2 + \cdot OH$ (5.40)

$NO_2 + h\nu (\lambda < 430\,\text{nm}) \longrightarrow NO + O(^3P)$ (5.41)

$O(^3P) + O_2 + M \longrightarrow O_3 + M$ (5.42)

(b) SO_2, NO_2 の光化学的酸化

$SO_2 + \cdot OH + M \longrightarrow HOSO_2 \cdot + M$ (5.43)

$HOSO_2 \cdot + O_2 \longrightarrow HO_2 \cdot + SO_3$ (5.44)

$SO_3 + H_2O \longrightarrow H_2SO_4$ (5.45)

$NO_2 + \cdot OH + M \longrightarrow HONO_2 + M$ (5.46)

(c) 還元態硫黄化合物(ジメチルサルファイドなど)の光化学的酸化

$CH_3SCH_3 + OH + O_2 \longrightarrow CH_3SO_2OH$, SO_2, etc. (5.47)

(d) 成層圏におけるオゾンの消滅

$O_3 + h\nu \longrightarrow O_2 + O$ (5.48)

$\cdot OH + O_3 \longrightarrow HO_2 \cdot + O_2$ (5.49)

$HO_2 \cdot + O \longrightarrow \cdot OH + O_2$ (5.50)

(注) Mは反応に関係しない第三体のことで,大気中では窒素などを表す.

一般に,汚染気塊中では,NO_x(窒素酸化物NOとNO_2の両方を示す.$NO + NO_2$)濃度が高いので最終的な到達オゾン濃度が高くなる.また,SO_2の濃度も高いこと,オゾン濃度が高くなるときにはOHラジカルの濃度も高くなることから反応過程(b)が速く進行する.

したがって,前述の高濃度オゾン地域の広域化は硫酸や硝酸の生成が広範囲に及んでいることを示唆している.対流圏の反応過程(a)〜(c)ではいずれも,OHラジカルとの反応が律速段階であるので,この反応がそれらの化学種の寿命を決定している.

5.3.3 SO_2, NO_2, OHの大気濃度

図5.6に国内の一般環境大気測定局(一般局)と自動車排出ガス測定局(自排局)で測定されたSO_2とNO_2濃度の年平均値の経年変化を示す[23),24)].SO_2は環境基準値の0.04 ppmよりもかなり低くなったが,NO_2はまだ高いレベルに

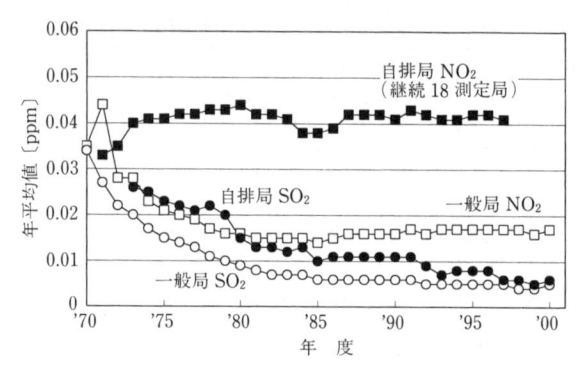

図 5.6 一般環境大気測定局と自動車排出ガス測定局で測定された SO_2 と NO_2 濃度の年平均値の推移（環境庁大気保全局 1998 年のデータをもとに，作図した）

ある。特に，自排局の値は一般局の値の 2 倍を越えており，NO_2 の環境基準値である 0.04〜0.06 ppm のゾーン付近にある。自動車からの NO_x の排出が都市域の NO_2 濃度を高くしている原因であり，都市部の降雨中の硝酸イオン濃度を高くしている原因でもある[21]。

SO_2 も NO_x も主として人間活動によって発生するので，対流圏の濃度は人為汚染がどの程度及ぶかによってかなり異なっている。SO_2 は海洋上の境界層内で 20〜50 ppt 程度（1 ppt は 25℃，1 気圧で 2.5×10^7 molecules/cm^3 に相当する），北アメリカの陸上で平均値として 160 ppt，ヨーロッパの海岸の平均値として 260 ppt とされており，NO_x は海洋上で 20〜40 ppt，バイオマス燃焼の影響を受けない熱帯雨林で 20〜80 ppt，田園地帯で 0.2〜10 ppb とされている[13]。

OH ラジカルの生成源と大気濃度については「大気中の OH ラジカル」（5.4 節）で詳しく論じられている。清浄な大気中では，OH ラジカルは O_3 の光分解で生じた一重項酸素原子（$O(^1D)$）と H_2O との反応式 (5.52) で生成する。298 K，相対湿度 50% のもとでは，反応（式 (5.51)）で生じた $O(^1D)$ の約 10% が OH になる[10]。

一方，都市大気中では H_2O_2 の光分解式 (5.53)，自動車の排ガスなどに含まれる亜硝酸（HONO）やホルムアルデヒドの光分解式 (5.54) および式 (5.55) などにより生成する（M は反応に関係しない第三体のことで，大気中では窒素

5.3 OHラジカルによるSO₂, NO₂の気相酸化反応

分子などを表す)。

$$O_3 + h\nu (\lambda < 320 \text{ nm}) \longrightarrow O_2 + O(^1D) \tag{5.51}$$

$$O(^1D) + H_2O \longrightarrow 2OH \tag{5.52}$$

$$H_2O_2 + h\nu (\lambda < 360 \text{ nm}) \longrightarrow 2OH \tag{5.53}$$

$$HONO + h\nu (\lambda < 400 \text{ nm}) \longrightarrow OH + NO \tag{5.54}$$

$$HCHO + h\nu (\lambda < 330 \text{ nm}) \longrightarrow H + HCO \tag{5.55}$$

$$H + O_2 + M \longrightarrow HO_2 + M \tag{5.56}$$

$$HCO + O_2 \longrightarrow HO_2 + CO \tag{5.57}$$

$$HO_2 + NO \longrightarrow OH + NO_2 \tag{5.39}$$

$$2NO_2 + H_2O \longrightarrow HONO + HNO_3 \tag{5.58}$$

$$HO_2 + HO_2 \longrightarrow H_2O_2 + O_2 \tag{5.59}$$

スモッグチャンバーを用いた光化学スモッグの模擬実験では，OHの発生源を特に加えなくても，NO_xを導入するだけでチャンバー内部のOHラジカル濃度がある程度高くなることが知られている。そのような実験では，チャンバーの壁面で暗反応により亜硝酸が生成することが確認されている[25]ので，亜硝酸がOHラジカル源となっていることがわかっている。NO_2が式(5.58)のように反応するものと推定されているが，一方の生成物であるはずの硝酸の生成は確認されていない。

NO_x濃度が高い都市大気中で夜間に亜硝酸が蓄積され，HONOが数ppbに達することが報告されているので[26]，チャンバー壁面と同様な不均一反応が地表面でも起こると考えられている。しかし，自動車排ガス中にも亜硝酸がみつかることから，その一部は自動車からの1次排出によるものであることが指摘されている[27]。

いずれにしても，夜間に蓄積された亜硝酸は日の出とともに反応式(5.54)によって急速に分解され，表5.2の(a)〜(c)に代表される一連のラジカル反応を開始させる。したがって，亜硝酸の生成は都市大気中のOHラジカルの供給源として最も重要視されている。

なお，後述のSO_2の液相酸化過程で重要となるH_2O_2はHO_2の再結合反応，

式 (5.59) により生成する。OH の濃度は，清浄な対流圏で $(4\sim40)\times10^{-3}$ ppt，汚染大気中では $0.05\sim0.4$ ppt 程度であるとされている[10]。

以上のように，NO_x やアルデヒドで汚染された大気の OH 濃度は高くなるので，大気汚染の防止は硫酸，硝酸の生成による酸性雨汚染抑止の視点からきわめて重要である。

5.3.4 OH ラジカル反応の速度定数の決定法

OH ラジカル反応の速度定数を決定する方法には，大きく分けて，① 絶対速度法と，② 相対速度法の二つがある。前者は OH と対象試薬との反応を行い，OH の信号を検出して速度定数を直接決定する方法である。これに対し，後者は OH との反応の速度定数がすでにわかっている基準試薬と対象試薬を共存させて，それらと OH との反応を競争的に行わせ，反応によって失われたそれぞれの量から相対的な速度比を求めて間接的に見積もる方法である。

（1） 絶対速度法

絶対速度法の実験については Finlayson-Pitts and Pitts[10),28)] が詳しく書いているので，ここでは簡単に説明する。OH の発生法と反応の方法によって，高速流通法（fast flow system），閃光光分解法（flash photolysis），分子変調法（molecular modulation），パルス放射線分解法（pulse radiolysis）などが用いられる。

また，OH の検出は，光学的吸収，蛍光，電子スピン共鳴，質量分析などにより行われており，とりわけ，レーザー誘起蛍光（LIF）法は高感度であるのでよく用いられている（LIF 法は 5.4.2 項参照）。LIF 法では，検出器の圧力が対流圏内の圧力に近くなると希釈ガスとして使用されている窒素などによる消光が速くなり，OH シグナルの検出が難しくなることが知られている。

また，よく使用される高速流通法は，流通管内部の気体の流れがプラグ流（ピストン流）となる必要があり，このためには全圧が $0.5\sim100$ Torr（$65\sim1.32\times10^4$ Pa）程度であることが必要となる。これらの理由から，絶対速度法の実験は主として真空装置を使用して低圧下で行われており，1 気圧付近の反応速度定数

5.3 OHラジカルによる SO_2，NO_2 の気相酸化反応

を求めるには，低圧下で求めたデータを高圧側に外挿する必要がある．最近では高圧下でも実験可能な流通法も開発され[29]，LIF 法を組み合わせて1気圧付近での測定もされている．また，閃光光分解-共鳴蛍光（FP-RF）法では直接1気圧付近での値を得ることもできる．

絶対速度法の実験では種々の方法で OH ラジカルを発生させるが，水素原子と NO_2 の反応式（5.60）や，反応式（5.51）と（5.52）を利用して水とオゾンの混合物を紫外線照射する方法がよく用いられる．水素原子はヘリウムなどで希釈した水素にマイクロ波放電を行って作り，放電管の出口に NO_2 を含んだ雰囲気ガスを流して OH を発生させる．

$$H + NO_2 \longrightarrow OH + NO \tag{5.60}$$

$$X + OH \longrightarrow \text{product} \tag{5.61}$$

OH ラジカルの反応性は非常に高いので，ごく短時間の反応による濃度変化を調べる．すなわち，$[X]_0 \gg [OH]_0$ となるようにして $0.01 \sim 0.1$ 秒程度反応させ，その時間内の OH ラジカル濃度の減衰を調べる．このやり方は擬1次速度法になるので，実験データの取扱いは擬1次速度定数から2次反応速度定数を導くのと同じ手順になる．OH の減少速度は式（5.62）のように書ける．$[X]$ は変化しないので $[OH]$ の時間変化は式（5.62）を積分した式（5.63）のようにも書ける．$[OH]_0$ は定数であるので

$$-\frac{d[OH]}{dt} = k_x[X][OH] \tag{5.62}$$

$$\ln \frac{[OH]}{[OH]_0} = -k_x[X]_0 t \tag{5.63}$$

OH のシグナル（308 nm 付近の蛍光）強度の対数（$\ln[OH]$）を時間に対してプロットすると直線の傾きから $k_x[X]_0$ が求められる．一定の圧力下で $[X]_0$ を変えて同様な実験を繰り返し，得られた直線の傾きの値を $[X]_0$ に対してプロットすると k_x の値が求まる．この方法では，OH シグナルの減衰のみを測定するので，使用する試薬や希釈ガスなどを十分に精製し，不純物を除いておく必要がある．

SO_2 や NO_2 と OH との反応式 (5.43), (5.46) では求められた k_x の値が全圧に依存することが知られている。大気圧下におけるこれらの反応の速度定数を決定するためには k_x の圧力依存性を調べる必要がある。

(2) 相対速度法

この方法は広範囲にわたる圧力依存性や温度変化を調べるには適していないが，スモッグチャンバーや大型のテフロンバッグなどを使って大気圧下，室温付近における速度定数を簡便に測定できるというメリットがある。A を速度定数を決めたい対象の化学種，B を速度定数が既知の基準の化学種とすれば，それぞれの減少速度は式 (5.66), (5.67) のようになるので，式 (5.66) を (5.67) で割り算して積分すると式 (5.68) が導かれる。

$$A + OH \longrightarrow product \tag{5.64}$$

$$B + OH \longrightarrow product \tag{5.65}$$

$$-\frac{d[A]}{dt} = k_A[OH][A] \tag{5.66}$$

$$-\frac{d[B]}{dt} = k_B[OH][B] \tag{5.67}$$

$$\ln\frac{[A]_0}{[A]} = \left(\frac{k_A}{k_B}\right)\ln\frac{[B]_0}{[B]} \tag{5.68}$$

実際には A と B を共存させ，適当な OH ラジカル源を加えて実験を行う。[A] と [B] の経時変化から，$\ln([A]_0/[A])$ を $\ln([B]_0/[B])$ に対してプロットすると，その傾きから (k_A/k_B) が求まり，k_A を導くことができる。

OH ラジカル源として亜硝酸メチル (CH_3ONO) がよく用いられる。亜硝酸メチルは近紫外光によってつぎのように光分解して高濃度の OH を生じる。

$$CH_3ONO + h\nu \, (\lambda < 410 \text{ nm}) \longrightarrow CH_3O + NO \tag{5.69}$$

$$CH_3O + O_2 \longrightarrow HCHO + HO_2 \tag{5.70}$$

$$HO_2 + NO \longrightarrow OH + NO_2 \tag{5.39}$$

その結果，反応式 (5.64), (5.65) による A，B の濃度減少は OH ラジカル源がないときに比べ格段に大きくなり，k_A の精度が高くなる。あらかじめ，CH_3

ONOに対して過剰量のNOを存在させておくとオゾンの生成を抑えることもできる。

反応式(5.64),(5.65)の生成物がさらにAあるいはBと反応する場合,式(5.66)～(5.68)が成立しなくなるので,k_Aの値は系統的な「ずれ」を生じることになる。生成物の化学的な性質がわからない場合,実験条件を変えて,同じk_Aの値が得られるかどうか確かめる必要がある。

5.3.5 SO_2の気相酸化

SO_2の酸化反応については1980年代に集中的に研究が行われ,それまで不明確だった大気中の気相酸化反応の全体像がほぼはっきりとした。とりわけ,Calvertを中心とした研究グループにより多大な貢献がなされた。CalvertとStockwell[30),31)]はSO_2の光化学過程およびさまざまな化学種との反応について詳細な検討を行った。

検討された化学種は,$O_2(^1\Delta_g)$,$O_2(^1\Sigma_g^+)$,$O(^3P)$,$O(^1D)$,O_3,H_2O_2,NO_2,NO_3,N_2O_5,HO_2,OH,RO,RO_2に加え,オゾンとオレフィンの反応から生成するCriegee中間体(オゾンがC,C二重結合に付加するとモルオゾニドとなり,これが分解してカルボニル化合物とCriegee中間体を与える。気相反応ではCriegee中間体はCriegeeビラジカルとも呼ばれる。ここでは,$RCHO_2$と書く)であった。その検討結果は以下のように要約される。

① 対流圏ではSO_2は紫外線を吸収(340 nm～400 nmの禁制帯吸収)しても光分解せず,単に励起されるのみで,励起後はO_2分子やN_2分子による消光が早いので硫酸生成には重要ではない。

② 対流圏に存在する種々の活性種の中で,重要となりうるのはOHラジカルである。

③ HO_2とCH_3O_2ラジカルとの反応はOHとの反応と同程度の重要度をもつものと考えられていたが,1979年以降,この反応の速度定数の再測定がなされ,その値は以前の値に比べて2～3桁小さいことが明らかとなった。したがって,これらのラジカルとの反応は重要ではない。

④ NO_2 の光分解により生じる三重項の酸素原子（$O(^3P)$）による酸化は遅いが，煙道から排出された直後では NO_2 が高濃度であるため $O(^3P)$ による酸化が重要といえる。

⑤ $RCHO_2$ はオレフィンの濃度が高く，湿度が低いと硫酸生成に寄与する。$RCHO_2$ は H_2O により失活し，カルボン酸となる。

これらのことから，実際の大気中での SO_2 の気相酸化反応は OH ラジカルとの反応によりもたされることが示唆された。

OH ラジカルによる SO_2 の酸化反応式 (5.43)～(5.45) は，SO_2 への OH の付加 (式 (5.43)) が律速段階であり，速度論的に，大気圧下では反応に関与しない第三体分子 (M) を含んだ 3 次反応とそれを含まない 2 次反応の遷移領域にある。

$$OH + SO_2 + M \longrightarrow HOSO_2 + M \qquad (5.43)$$

ある圧力下における第三体分子の濃度を [M]，k_{III} を 3 次反応速度定数とすれば SO_2 の減少は式 (5.71) に従う。一定の圧力下では 2 次反応速度定数を k_{II} とすると

$$-\frac{d[SO_2]}{dt} = k_{III}[OH][SO_2][M] \qquad (5.71)$$

$$-\frac{d[SO_2]}{dt} = k_{II}[OH][SO_2] \qquad (5.72)$$

式 (5.71) は見かけ上式 (5.72) となり，k_{II} は全圧に依存する。大気化学的に重要で同様な圧力依存性を示す反応として，式 (5.42)，(5.46)，(5.73) などが知られている。

$$CO + OH + M \longrightarrow H + CO_2 + M \qquad (5.73)$$

(1) k_{II} 値の測定

絶対速度法では前述のように，適当な希釈ガス (雰囲気ガス) を用いて k_{II} の測定が行われるが，反応式 (5.43) に対する M の効果は使用される雰囲気分子によって一般に異なる。

Leu[32] は M の効率が He：N_2：O_2：CO_2 = 1.0：4.0：3.9：19.3 であり，酸

素と窒素では差がないことを明らかにした。このデータに基づいて種々の雰囲気ガス中で求められた k_{II} の値を空気雰囲気下の値に換算できることになった。

Calvert と Stockwell が1983年までのデータを精査した結果を図 5.7 に示す[31]。同図の □，◇，△ は絶対速度法により求められたもので，式 (5.70)，(5.71) の関係から $k_{II}=k_{III}[M]$ として表示されている。これらのデータの間に系統的なずれがあること，大気圧下での直接的な測定値がないことから，彼らは絶対測定法からは信頼すべき値が導かれないと結論づけた。

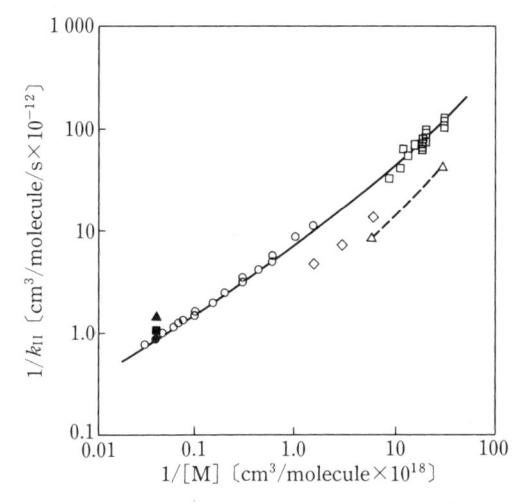

M は反応式 (5.43) の第三体を表し，M＝N_2 として表示（○は Castleman と Tang のデータを圧力補正，▲ は Cox と Sheppard，● は Izumi ら，■ は Paraskevopoulos ら）

図 5.7 SO_2 と OH の 2 次反応速度定数の実測値の比較（J.G. Calvert and W.R. Stockwell: Mechanism and rates of the gas-phase oxidations of sulfur dioxide and nitrogen oxides in the atmosphere. In Acid Precipitation Series, Vol.3, SO_2, NO and NO_2 Oxidation Mechanisms: Atmospheric Considerations, Ed. J.G. Calvert, Butterworth Publishers (1984) の p.23，図 2 から引用）

同図には相対速度法により求めたデータも示されている。Castleman と Tang[33] は基準物質として CO を用いて 0.03～1.3 気圧の範囲で k_{II} を求めたが，彼らが報告した当時には反応式 (5.73) に圧力依存性があることが知られていなかった。○は Calvert と Stockwell[32] がその補正を施したもので，□ ともよく一致している。これらのデータをもとに，彼らは 25℃，1 気圧下での値として 1.14×10^{-12} cm³/molecules/s という値を導いた。▲は Cox と Sheppard[34] がエチレ

ンを基準物質として得たもので，○に比べ40%程度小さな値になっている。彼らの実験では反応式 (5.43) で生じた $HOSO_2$ やその後生じるラジカル中間体が C_2H_4 と反応して付加物を作る可能性があり，これによって小さな k_{II} の値が導かれたものと考えられた。

$$HOSO_2 + C_2H_4 \longrightarrow product \qquad (5.74)$$

● は Izumi ら[35]が OH ラジカル源として CH_3ONO を，基準物質として n-ブタンを用い，空気中 1.07 気圧下で相対速度法により求めたものである。このデータは空気中で SO_2 濃度から求めた k_{II} の値であり，Calvert と Stockwell[31]の推奨値と非常によく一致していることがわかる。このことは彼らによる k_{II} の推定に妥当性を与えるものとなっている。なお，n-ブタンを用いると，エチレンを用いた場合に起こると考えられる式 (5.74) に類似の副反応は起こらないことが確認されている。■ は Paraskevopoulos ら[36]が 1 気圧 (0.07〜1.0 気圧) の N_2 中で FP-RF により測定した値 $(0.94 \pm 0.06) \times 10^{-12}$ cm³/molecules/s である。● はこの値ともかなりよく一致しており，さらに，その後報告された Barnes ら[37]の値 $(1.1 \pm 0.2) \times 10^{-12}$ cm³/molecules/s ともよく一致している。

反応式 (5.43) のように見かけの 2 次反応速度定数が圧力依存性を示す三分子反応の場合，活性化エネルギーが負の値となることが知られている。Calvert と Stockwell によれば[31]，k_{II} のその値は -2 kcal/mol 程度で小さく，温度依存性は式 (5.75) のようになる。ここで，k_{II} は 298 K における値

$$k_{II}(T) = 0.0342 \exp\left(\frac{1\,007}{T}\right) \cdot k_{II} \qquad (5.75)$$

$k_{II}(T)$ は温度 T K における値である。図 5.7 の実線のデータと式 (5.75) を用いて彼らが計算した大気中の k_{II} の値を図 5.8 に示す。対流圏では圏界面の高度 11 km まで温度が低下するので，これにより k_{II} が漸増する。

（2）　SO_2 から硫酸への酸化

SO_2 と NO_x，炭化水素を含んだ加湿空気に紫外線を照射すると，硫酸が生成しエアロゾルになる。はじめにも述べたように，硫酸は飽和蒸気が非常に低いのですべてエアロゾルとなる[13]。Izumi ら[38]は n-ブタン，CH_3ONO，NO，SO_2

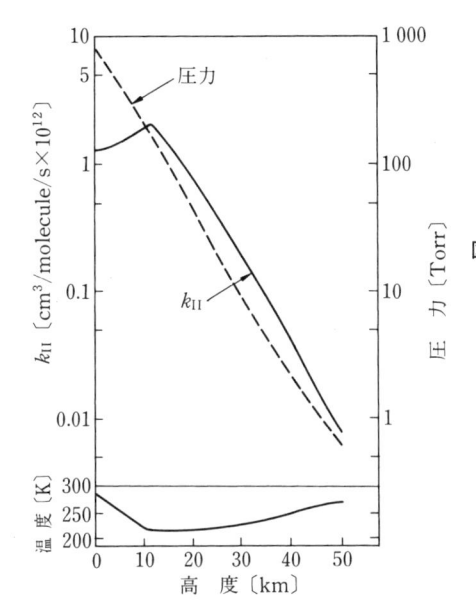

5.3 OHラジカルによるSO₂, NO₂の気相酸化反応

図 5.8 SO_2 と OH の 2 次反応速度定数の高度変化(圧力と温度は U.S.標準大気による)(J.G. Calvert and W.R. Stockwell: Mechanism and rates of the gas-phase oxidations of sulfur dioxide and nitrogen oxides in the atmosphere. In Acid Precipitation Series, Vol.3, SO_2, NO and NO_2 Oxidation Mechanisms: Atmospheric Considerations, Ed. J.G. Calvert, Butterworth Publishers (1984) の p.31, 図 5 から引用)

を含む加湿空気をスモッグチャンバー中で光照射し,生成したエアロゾル中の硫酸を定量して,反応式 (5.43) によって失われた SO_2 濃度 ($\Delta[SO_2]$) と,生成した硫酸濃度との関係を検討した。硫酸濃度は SO_2 に等価な濃度 ($\Delta[SO_2]_{eq}$) に換算した。その結果,$\Delta[SO_2]_{eq}/\Delta[SO_2] = 0.945 \pm 0.090$ であり,この値は誤差の範囲内で 1 とみなせることがわかった。この実験によって,反応式 (5.43) で消失した SO_2 がすべて硫酸になるとみなしてよいことが明らかにされた。

反応式 (5.43) からどのような反応を経て硫酸になるのだろうか? Hashimoto ら[39]は気相で生成した OH ラジカルと SO_2 を 11 K に冷却した Ar マトリックス中にトラップし,20~25 K に昇温させて IR スペクトルを測定することにより,$HOSO_2$ ラジカルの生成を確認した。Calvert と Stockwell[31] は HONO − NO_x − O_2 − CO の混合物の光照射実験を行い,生成物をフーリエ変換赤外分光法 (FT-IR) により調べた。その結果として,① SO_2 を添加しても,CO_2 の生成速度に変化がないこと,② 硫酸がエアロゾルとして生成し,ニトロシル硫酸 ($HOSO_2ONO$) やニトリル硫酸 ($HOSO_2ONO_2$) は検出されないことを報告し

ている。これらのことから，彼らはNOやNO$_2$が関与しない式（5.43）→（5.44）→（5.45）の反応経路を提案した。反応式（5.44）は 6 kcal/mol の

$$CO + OH + M \longrightarrow H + CO_2 + M \qquad (5.73)$$

$$H + O_2 + M \longrightarrow HO_2 + M \qquad (5.56)$$

$$HO_2 + NO \longrightarrow OH + NO_2 \qquad (5.39)$$

$$OH + SO_2 + M \longrightarrow HOSO_2 + M \qquad (5.43)$$

$$HOSO_2 + O_2 \longrightarrow SO_3 + HO_2 \qquad (5.44)$$

$$SO_3 + H_2O \longrightarrow H_2SO_4 \qquad (5.45)$$

小さな吸熱反応であるが，HO$_2$を生成する。このことは，反応式（5.43）が単なるOHの付加反応ではなく，これ以降の反応でNO$_x$があれば反応式（5.39）によってラジカル連鎖が継続されることを意味する。

　Izumiら[40]も低湿度条件下でNO$_x$―SO$_2$―C$_3$H$_6$系の光照射実験を行い，生成エアロゾルをフィルターに捕集してイオンクロマトグラフにより分析した。その際，捕集したエアロゾルを室内の空気にさらす前にアンモニアの蒸気にさらし，水に溶かしてサンプルを調製した。もし，HOSO$_2$ONOやHOSO$_2$ONO$_2$が生成すればこれらはエアロゾルとしてフィルター上に捕集され，アンモニアによって加水分解されて，硝酸アンモニウムや亜硝酸アンモニウムとなるはずである。しかし，光照射時の相対湿度（0～11%）によらず，硝酸イオンや亜硝酸イオンは検出されなかった。この結果は，CalvertとStockwell[31]の実験結果と一致している。

　一方，Margitan[41]はOH+SO$_2$の反応系をFP-RF法で調べ，この系にNOを添加するとOHが再生されることを見出した。また，Gleasonら[42]は，反応式（5.43）で生成するHOSO$_2$をつぎのイオン分子反応，式（5.76）によって化学イオン化し，SO$_3^-$（m/e=80）として質量分析計で検出した。O$_2$過剰下でHOSO$_2$

$$Cl^- + HOSO_2 \longrightarrow SO_3^- + HCl \qquad (5.76)$$

の減衰を調べた結果，式（5.44）に対する速度定数が 298 K で $k=(4.37\pm0.66)\times10^{-13}$ cm^3/molecules/s と見積もられ，空気中，1気圧下のHOSO$_2$の寿

命は 5×10^{-7} s と計算された．また，彼らは反応式（5.44）の生成物である SO_3 を式（5.76）と同様につぎの反応式（5.77）を用いて質量分析器で検出した．

$$Cl^- + SO_3 + M \longrightarrow ClSO_3^- + M \tag{5.77}$$

以上のことから，大気中では硫酸生成の一連の反応は式（5.43）→（5.44）→（5.45）のようになると考えられ，NO や NO_2 が関与する反応は考慮する必要がなくなった．反応式（5.45）は大きな発熱反応であり，実際の大気中では十分速い反応であるが，式（5.44）で生成した SO_3 は直接 H_2SO_4 を生じるのではなく，H_2O と錯合体を作って，さらに H_2O と反応して H_2SO_4 になると推定されている．NO 濃度が低い清浄な空気中（$[NO_x]<0.1$ ppb）では，HO_2 は式（5.39）に比べ反応式（5.59）が相対的に重要となり H_2O_2 を生成してラジカル連鎖が停止する．

Stockwell[43] は酸性物質の生成のシミュレーションモデルにおいて，反応式（5.43）が単なる OH の付加反応とした場合と，それ以降の反応によってラジカル連鎖が継続される場合との比較を行った．H_2O_2 の生成は反応式（5.43）以降のラジカル連鎖の有無の影響を強く受け，式（5.43）が単なる OH の付加反応とした場合，H_2O_2 の生成量が非常に少なくなること，その結果として H_2O_2 による雲や雨の水滴中での SO_2 の液相酸化による硫酸生成量が 1 桁も少なくなってしまうことが報告されている．したがって，式（5.43）〜（5.45）の反応は大気化学的に非常に重要といえる．

5.3.6 NO_2 の酸化反応

大気中の NO_x は燃焼，雷による放電，微生物活動などにより NO として排出され，一連の酸化過程を経て硝酸になり，大気から除去される．図 5.9 に清浄な対流圏でこの反応過程に関与する化学種と化学反応を示す．

この図では，硝酸を生成する経路は OH との反応式（5.46）のみであるが，汚染大気中では以下の反応で生成する N_2O_5 と NO_3 ラジカルを経由する反応式（5.80），（5.81）も知られている．NO_3 は近紫外から可視部（$470<\lambda<650$ nm）に強い吸収をもち，式（5.82）のように太陽光によってただちに光分解するの

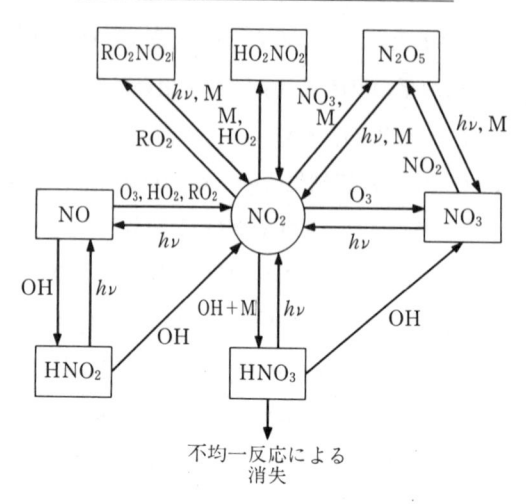

図 5.9 清浄な対流圏における窒素酸化物の気相化学反応（B.J. Finlayson-Pitts and J.N. Pitts Jr.: Atmospheric Chemistry— Fundamentals and Experimental Techniques, Wiley Interscience（1986）の p.973，図 14.7 から引用）

で，反応式（5.80），（5.81）は日中は起こらない。

これらの反応については他の総説に詳しく書かれているので，それらを参照していただきたい[13],[28]。OH と NO_2 の付加反応式（5.46）は SO_2 と OH の反応式（5.43）と同様に

$$OH + NO_2 + M \longrightarrow HNO_3 + M \tag{5.46}$$

$$NO_2 + O_3 \longrightarrow NO_3 + O_2 \tag{5.78}$$

$$NO_3 + NO_2 + M \rightleftharpoons N_2O_5 + M \tag{5.79}$$

$$N_2O_5 + H_2O \longrightarrow 2HNO_3 \tag{5.80}$$

$$NO_3 + RCHO \longrightarrow HNO_3 + RCO \tag{5.81}$$

$$NO_3 + h\nu\,(470 < \lambda < 650\,\text{nm}) \longrightarrow NO_2 + O(^3P) \tag{5.82}$$

大気圧下では 2 次反応速度式と 3 次反応速度式の遷移領域にある。反応式（5.46）は SO_2 から硫酸への酸化に比べ，かなり単純な付加反応であるとされ[31]，OH ラジカルの連鎖を停止させる反応として大気化学的には重要である。

最近，成層圏オゾンの観測結果を再現するモデル計算で，NO_x のデータを十

分再現できないことがわかり[44]，反応式（5.46）の2次反応速度定数が見直されている。$2.6 \times 10^3 \sim 1 \times 10^5$ Pa（0.026〜1.00 atm）の範囲で JPL[45] と IUPAC[46] の推奨値は室温における実際の値を10〜30%過大評価してしまうこと，特に下部成層圏の温度圧力下でずれが大きく，40%程度にもなることが報告されている[29),47),48]。

300 K, 1気圧下の実効的な2次反応速度定数 $k_\mathrm{II}^{NO_2}$ は 8.7×10^{-12} cm^3/molecules/s で，SO_2 の値の約7.5倍である。夏期の都市大気中では反応式（5.46）による NO_2 の寿命は半日から1日程度と推定される。図5.6に示した国内の NO_2 と SO_2 の環境濃度および，それらの2次反応速度定数の大きさの違いを考えると，硫酸が2価の強酸であることを考慮しても都市域での酸の生成には NO_2 の酸化が重要といえる。

生成した硝酸の一部は大気中のアンモニアと反応して硝酸アンモニウムになり，エアロゾルとなるが，残りの硝酸は気体のまま地表面に乾性沈着する。

$$HNO_3 + NH_3 \longrightarrow NH_4NO_3 \tag{5.83}$$

硝酸の乾性沈着速度は0.5〜4 cm/s 程度[13]で非常に速く，エアロゾルの10〜100倍速いとされている。したがって，日本ではあまり乾性沈着のデータがないが，硝酸，硝酸アンモニウムの乾性沈着を調べることが今後重要と考えられる。

5.3.7 ま と め

大気中の SO_2 の気相酸化過程は OH との反応のみが重要である。NO_2 に関しては，OH との実効的な2次反応速度定数の値が SO_2 の値の8倍程度であることから，NO_x 濃度が高い都市大気中の酸の生成に反応式（5.46）がとりわけ重要であり，硝酸とエアロゾルとなった硝酸イオンの沈着が都市域およびその周辺では重要と考えられる。また，炭化水素，アルデヒドや NO_x による都市大気の汚染が，SO_2, NO_2 の酸化に対して活性な化学種（OH だけでなく液相反応や不均一相反応でも重要な O_3 や H_2O_2 など）の増加をもたらすので，自動車などからの汚染，特に NO_x の排出を軽減することが重要と思われる。

大気汚染の広域化を考慮に入れて酸性雨被害を未然に防止するためには，酸の沈着量を正しく予測することが，今後必要となると思われる。このためには室内実験の結果を取り入れたシミュレーションモデルの構築が不可欠である。モデル計算の精度はまだそれほど高くはないようであるが，精度を上げるためには野外観測によるモデルの検証が必要である。成層圏オゾンの観測結果を説明するために NO_2 と OH の反応の速度定数の見直しが行われたのと同様に，場合によっては検証結果を室内実験にフィードバックすることも必要と考えられる。酸性雨問題を科学的に解明し，理解を深めるためには，室内実験，シミュレーションモデル，野外観測の三つの取組みが，バランスよく行われることが必要と思われる。

5.4 大気中のOHラジカル

5.4.1 はじめに

大気中に放出された化合物はさまざまな過程を経て大気中から除去されていく。例えば，地表面にそのまま付着したり（乾性沈着）や雨水などに取り込まれ（湿性沈着）降雨となり除去されていく過程がある。そのほかに，化学的変質過程を経ながら除去されていく化合物も少なくない。例えば，メタン（CH_4）は，式 (5.84)〜(5.87) に示すように

$$CH_4 + OH \longrightarrow CH_3 + HO_2 \tag{5.84}$$

$$CH_3 + O_2 \longrightarrow CH_3O_2 \tag{5.85}$$

$$CH_3O_2 + NO \longrightarrow CH_3O + NO_2 \tag{5.86}$$

$$CH_3O + O_2 \longrightarrow CH_2O + HO_2 \tag{5.87}$$

大気中でOHラジカルの攻撃を受けてホルムアルデヒド（CH_2O）となる。OHラジカルは非常に反応性に富み CO_2，N_2O やCFC（クロロフルオロカーボン）といった一部の不活性気体を除くほとんどの微量気体成分と反応することから，これら微量気体成分の対流圏滞留寿命を規定しているといえる。化石燃料の燃焼により排出された NO_x や SO_2 はOHラジカルと反応し硝酸や硫酸を生み出し

5.4 大気中のOHラジカル

たり，NO_x の光化学反応の副産物としてオゾンを生成する反応の連鎖キャリアとなったりもする。

ここで，少し詳しく大気光化学反応について述べることにする。われわれの接している大気は対流圏と呼ばれ地表から十数キロメートルの高さまでの大気である。対流圏ではオゾン-OHラジカル-NO_x が特に重要な役割を果たしている。オゾンは太陽紫外線により電子励起状態が生成し，速やかに光分解して電子励起状態の酸素原子 $O(^1D)$ が生成する（式 (5.88)，(5.89)）。

$$O_3 + h\nu \longrightarrow O_3^* \tag{5.88}$$

$$O_3^* \longrightarrow O_2 + O(^1D) \tag{5.89}$$

$$O(^1D) + H_2O \rightarrow 2OH \tag{5.90}$$

この励起酸素原子は速やかに水蒸気と反応しOHラジカルが生成する。ここで，生成したOHラジカルの約75%は一酸化炭素と反応し HO_2 ラジカルとなる（式 (5.91)）。

$$OH + CO(+O_2) \rightarrow HO_2 + CO_2 \tag{5.91}$$

残りの20%くらいはメタンと反応し最終的には HO_2 ラジカルとなる（式 (5.84)～(5.87)）。NO_x などの汚染物質の少ない清浄大気中ではこの HO_2 ラジカルはオゾンと反応し再びOHラジカルが再生される（式 (5.92)）。

$$HO_2 + O_3 \longrightarrow OH + 2O_2 \tag{5.92}$$

このサイクルにより1分子の一酸化炭素が酸化されるのに伴い1分子のオゾンが破壊され酸素分子に変換される。

一方，NO_x 濃度の大きな汚染大気中では HO_2 ラジカルはオゾンとは反応せずNOと反応し二酸化窒素が生成するのと同時にOHラジカルが再生される（式 (5.93)）。

$$HO_2 + NO \longrightarrow OH + NO_2 \tag{5.93}$$

ここで生成した NO_2 は，太陽の紫外線により光分解し基底状態の酸素原子 $O(^3P)$ を生み出す（式 (5.94)）。

$$NO_2 + h\nu \rightarrow NO + O(^3P) \tag{5.94}$$

NOは再生され酸素原子は酸素分子と反応しオゾン(O_3)を生成する（式

(5.95))。

$$O(^3P) + O_2 \longrightarrow O_3 \tag{5.95}$$

ここで，重要なことは NO や OH ラジカルは再生されるので太陽光があたっている間はこれら一連の反応サイクルはぐるぐると回りオゾンを生産し続けることになる。これが光化学オキシダントと呼ばれるオゾンの生成の機構であると考えられている。このオゾン生成機構は成層圏のオゾン層のそれとは異なる[49]。

この機構の中で OH ラジカルと HO_2 ラジカルは HO_x ラジカルと呼ばれ同じファミリーに属する。OH ラジカルとの反応速度の大きな炭化水素や一酸化炭素が多い場合には式（5.84）や（5.91）などの反応により濃度平衡は HO_2 ラジカルに傾くが，NO 濃度が大きい場合には逆に式（5.93）により OH ラジカル濃度が高くなるので，それらの汚染物質の濃度のバランスによりラジカル濃度が左右されることとなる。

対流圏のオゾンは地球温暖化ガスであり，また，植生などに有害であるので近年の増加傾向には強い懸念がある。したがって，メカニズムの解明とオゾンの戦略的な制御機構の研究が盛んになってきている。

既存の大気光化学反応理論の検証や地球温暖化気体の影響評価などにおいて HO_x ラジカルの濃度測定は本質的に重要といえる。大気中の OH ラジカルの直接測定の試みは 1970 年代から始められてきた。日中でも約 10^6 radicals/cm^3（1気圧を構成する分子の数は約 2.5×10^{19} molecules/cm^3 なので混合比として 10^{-13} となる）と見積もられているので測定は超高感度でなければならない。

対流圏における OH ラジカルの測定技術としてはレーザーを用いた分光法と化学変換法とに大別される。レーザーを用いた分光法ではレーザー誘起蛍光（laser induced fluorescence：LIF）法と長光路吸収法とが提案されており，一部実用化されているものもある。また，化学変換法では不安定な OH ラジカルを安定な化学種に変換して測定する手法である。

5.4.2 LIF 法を用いた測定手法

LIF 法はレーザー光の優れた特徴である高い光子密度，高い波長分解能およ

5.4 大気中のOHラジカル

び短いパルス光源を利用し，蛍光検出の高い感度を組み合わせた測定手法である。OHラジカルの吸収スペクトルでは紫外域に$A^2\Sigma$と呼ばれる第一電子励起状態が存在し強い光吸収帯を与える。また光吸収して生成した電子励起されたOHラジカルは強く紫外蛍光を発し基底状態へ失活する。

LIF法ではこの蛍光を観測することでOHラジカル濃度を測定する。基底状態から第一電子励起状態の振動基底状態（$A^2\Sigma(v'=0)$）への励起には308 nmのパルスレーザー光を用いる。その際，化学的な干渉が問題となる。308 nmの紫外光を大気中に照射した場合，大気中のO_3がレーザー光を吸収して以下に示す反応過程（式 (5.88)′, (5.89)′, (5.90)′）を経てOHラジカルを生成してしまう。

$$O_3 + h\nu \longrightarrow O_3^* : I\sigma \tag{5.88'}$$

$$O_3^* \longrightarrow O_2 + O(^1D) : \Phi(^1D) \tag{5.89'}$$

$$O(^1D) + H_2O \longrightarrow 2OH : k_r \tag{5.90'}$$

$$O(^1D) + Air \longrightarrow O(^3P) : k_q \tag{5.96}$$

まず，紫外光を吸収したO_3は励起状態となりそのうちのある割合（$\Phi(^1D)$）で励起酸素原子$O(^1D)$を速やかに与える。ここで，Iはレーザーフラックス，σは308 nmにおけるO_3の吸収断面積のことである。レーザーにより生成した$O(^1D)$は大気中の水蒸気により一部反応してOHラジカルを生成し，残りは空気による消光過程を経てラジカルを生成しない基底状態酸素$O(^3P)$を生成する。

レーザー照射により生成する$O(^1D)$濃度は$\Phi(^1D)\cdot I\cdot\sigma\cdot[O_3]$で表され，レーザー光強度を1 mJ/cm^{2}および大気中のO_3濃度を30 ppbとしたときの$O(^1D)$濃度は約10^{10} molecules/cm^{3}となる。測定の障害となるのは同一のレーザーパルス内で反応により生成したOHラジカルがさらにもう1回レーザーパルスを吸収して励起状態を生成し，もともと大気中に存在していたOHラジカルと区別がつかなくなることである。いま，大気成分の0.8%が水蒸気とし，レーザーパルス幅を10 nsとするとこのレーザーパルス幅時間内に生成するOHラジカル濃度は約7×10^8 molecules/cm^{3}となり大気中で見積もられているOH濃度よりはるかに大きくなる。

この O_3 による化学干渉を抑える手法として，試料大気を低圧にすることで水蒸気の濃度を減らし式（5.90）の反応時間を遅くすることで，同一のレーザーパルス内に生成するレーザー誘起の OH ラジカル濃度を抑えるという手法が Portland State Univ. の Hard らにより提案された[50]。この手法は FAGE (fluorescenc assay by gas expansion) と呼ばれ，現在でも最も有力な OH ラジカルの測定技術の一つとなっている。大気圧を 1/100 程度に減圧することでレーザーパルス内での OH ラジカルの生成を大気圧状態に比べて約 7% に抑えることができ，レーザーにより生じた OH ラジカル濃度は大気圧換算で $6×10^7$ molecules/cm^3 となる。

また，波長可変色素レーザーの励起光源として Nd:YAG レーザーの第二高調波（532 nm）から銅蒸気レーザー（CVL）を用いることにより，パルス当りの光強度を 1/1 000 程度に減らし，繰返しを〜10 kHz とすることによりレーザーによる OH ラジカルの生成を著しく抑えることが可能となった[51]。このような微弱光の検出には光子計数法が有効であり飛躍的な S/N の改善が行われた。一方，励起光強度の減少により OH の LIF 信号強度も低下し，レーザー光散乱 (Mie, Rayleig) や窓材の発光あるいは SO_2，H_2O_2 などの蛍光の影響が無視できなくなる。しかしこれらの発光寿命はレーザーパルス幅と同程度に短いので MCP 付き光電子増倍管のようなゲート機構をもつ光検出器を用いることにより除去することが可能となる[52]。

FAGE 手法では大気試料を約 1 mm 径のオリフィスから吸入して 1/100 から 1/1 000 に減圧された測定セルに導入し蛍光を観測する。減圧することにより上述したように，O_3 によるレーザー誘起 OH ラジカルの寄与を軽減させる効果に加えて，OH の蛍光寿命を伸ばすことが可能となり，微弱光検出で問題となる散乱光をゲート機構で除去するのには好都合なことである。また減圧することで OH の数密度は減少するが，空気による励起状態の消光は抑えられることから，実質的には蛍光強度の大きな減少にはならない。

最近のレーザー技術の進歩に伴い，大電力を必要とする CVL レーザーから半導体レーザー励起の YAG レーザーを色素レーザーの励起に用いることが可能と

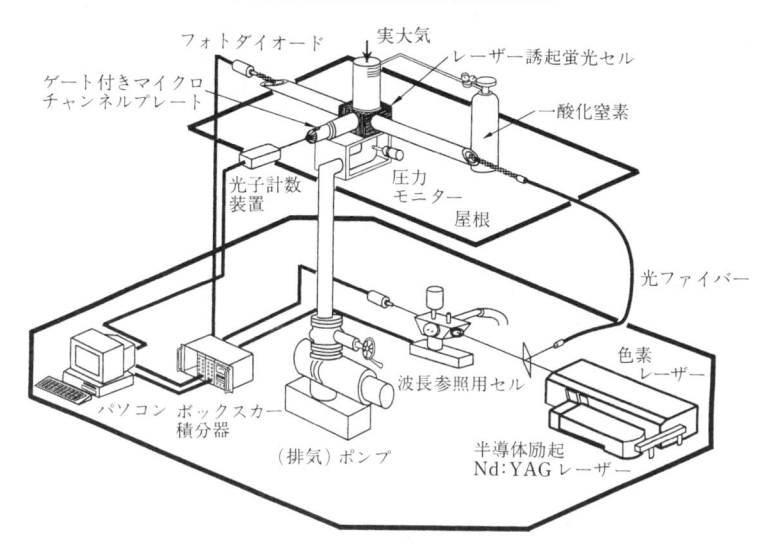

図 5.10 LIF 法による HO_x ラジカル測定装置

なりつつある。図 5.10 に，われわれが開発している HO_x ラジカルの測定装置を示す[53]。

5.4.3 長光路吸収法

LIF 法と並んで期待できるのがレーザー光を用いた長光路吸収法である。吸光度の測定限界はおおむね 10^{-4} 程度であるので，10^6 radicals/cm³ の OH ラジカルを測定するためには光路長として約 1 km 必要となる。ここで，$Q_{21}(5)$ という室温でいちばん強い回転線を選んだ場合，$\sigma=7.6\times10^{-16}$ cm² として，L を見積もってみた。アメリカの NOAA の Mount はコロラド州にある Fritz Peak 観測所から 10.3 km 離れた Caribou Mine に反射鏡を設置し，XeCl エキシマレーザーの光学系を改良しブロードにした 308 nm の発振線をテレスコープにより反射鏡に向かって照射しその反射光を分光し OH ラジカルの吸収スペクトルを観測することに成功している[54]。

また，最近ではドイツの KFA-Julich のグループがモードロックした高繰返し (82 MHz) のピコ秒色素レーザーを用い，38.5 m 離れたところに設置した 2 枚の凹面鏡により 80 回多重反射をさせ，DOAS 法により 200 秒の積算時間で

1.5×10^6 radicals/cm^3 の OH ラジカルが測定できるシステムを完成させている[55]。吸収法による測定での最大の利点は装置の校正が必要ない点にあるのだが，感度の問題と長光路での平均的な OH ラジカルの濃度しか得られないという問題もある。

光化学モデルと対比する場合，光化学反応で生成した OH ラジカルの寿命は約1秒なので，太陽紫外線強度に対してかなり早く応答すると考えられ，光路上での局所的な雲などによる太陽光の遮蔽の効果をどのように処理するかが問題となる。また，308 nm 付近には OH ラジカルのほかに SO_2，H_2CO や $C_{10}H_8$（ナフタレン）といった化学種が吸収をもつことからそれらの吸収スペクトルの影響を除去する必要がある。

5.4.4　化学変換法による OH ラジカルの測定

化学変換法は非分光法として重要である。OH ラジカルを適当な反応体と反応させ，より安定な化学種に変換し測定するので，現時点では，$^{34}SO_2$，^{14}CO，適当な炭化水素と反応させその反応生成物を分析する手法が提案されていて，野外観測されているものもある。

Georgia Tech. の Eisele らが開発した手法であり[56]，同位体ラベルした二酸化硫黄（$^{34}SO_2$）と OH ラジカルを反応させ以下に示す反応により

$$OH + {}^{34}SO_2 \longrightarrow H^{34}SO_3 \tag{5.97}$$

$$HSO_3 + O_2 \longrightarrow SO_3 + HO_2 \tag{5.98}$$

$$SO_3 + H_2O \longrightarrow H_2SO_4 \tag{5.99}$$

硫酸に変換し，さらに硝酸を大気圧下でイオン化し $NO_3^-\cdot HNO_3$ イオンクラスターと反応させ，HSO_4^- として質量分析することにより，OH ラジカルの濃度を見積もる。一連の化学反応は高速の大気流中で行われ，硫酸が生成するまでは約 20 ms と見積もられ OH の反応セル内の壁による損失は無視することができる。

この反応で生成した，HSO_4^- と NO_3^- を高真空層に噴射しその強度比を負イオン質量分析機により分析することで5分の積算で 1×10^5 radicals/cm^3 以下と

いう検出下限を報告している。この手法は期待されているが，いくつかの問題点がある。まず大気圧下でイオンを生成するが，その際に大気中の水蒸気がコアイオンにクラスタリングすることが多いのである。そのため，それらの影響を完全に除去する必要がある。また，汚染気塊をサンプルする場合，アンモニアが高濃度に存在すると式 (5.99) の反応と競合してアンモニアが SO_3 と反応し OH 濃度が過小評価されるおそれがある。また，式 (5.98) の反応で生成した HO_2 がすみやかに O_3 や NO と反応して OH を生成してしまうおそれもある。また，この手法では完全な絶対濃度の校正を行うことも難しいと考えられる。

その他の化学変換法として，石英製の反応容器内に大気を導入し同位体ラベルした ^{14}CO を放ち OH と反応を起こさせ生成した $^{14}CO_2$ を放射性炭素分析することにより OH ラジカル濃度を見積もる手法であるが，Washington State Univ. のグループにより提案された[57]。この手法は重大な化学干渉もなく絶対濃度の校正も必要としないことから比較的簡便なのであるが，低濃度の OH を測る場合に積算時間が大きくなることが問題といえる。

5.4.5 OH ラジカルの野外観測

OH ラジカルの野外観測に対するデータワークショップが 1985 年に NASA により開催され，それまでの測定データに対する評価が行われた。実測の OH ラジカル濃度と光化学モデルによる予測値の間に 10 倍以上の差異があり，また測定感度も十分でないことから，いまだ信頼に足りうる OH ラジカル濃度測定技術は確立していないという結論となった[58]。その後，装置技術の進展に伴い実大気中での測定が行われるようになってきた。

負イオンによる化学変換質量分析法による測定により，OH ラジカルの日変化について太陽光強度と高い相関を示す場合と，早朝に solar flux に応答せずに遅れてゆっくりと OH ラジカル濃度が増加してくる場合が観測された[59]。この遅れは，夜間に発達した接地逆転層の解消により O_3 濃度がゆっくりと増加してくることにより説明される。

また，1991 年の夏にコロラドの山腹において NOAA の Mount のグループと

Gerogia Tech. の Eisele のグループは長光路吸収法と化学変換負イオン質量分析法によるインターコンパリソンと呼ばれる同時観測データの比較を行っている。長光路吸収の場合 10.3 km の光路上での平均の濃度を与え化学変換負イオン質量分析法ではある 1 点での観測となりまったく同じ条件ではないが，おおむね絶対値においてもよく一致しており，差がある場合でも 2〜3 倍程度であった[56]。清浄大気中での日中における OH ラジカルの濃度極大は $3×10^6$ radicals/cm^3 で，一方，デンバーからくる汚染気塊の場合 $8×10^6$ radicals/cm^3 となり，汚染気塊のほうが OH ラジカル濃度が高くなることが明らかとなった。これらまったく異なる測定手法によりよい一致をみたことから，測定データに対する信頼性はかなり高くなったと考えられるようになった[60]。

このキャンペーンでは光化学モデル計算を行い測定データとの比較を行う目的から温度，風向，風速，湿度といった気象要素に加えて O_3, CO, NO, NO_2, SO_2, NO_y, solar UV flux などの同時測定も行われた。その結果，モデル計算のほうが実測より数倍から 10 倍近くまで大きくなるという傾向があることが明らかとなった。OH ラジカルの観測が地表近傍で行われたので地上からの OH シンクの発生による影響が考えられる。モデル計算では，2 ppb のイソプレンを導入することで実験結果をよく再現できることがわかり，植物起源の炭化水素などの観測の重要性を指摘している[56]。

1994 年夏にドイツの KFA-Julich のグループは長光路吸収法と彼らの開発した FAGE 法[61]でのインターコンパリソンを行い，清浄な大気の場合両者のデータの 1 次回帰係数は $1.01±0.04$ で相関係数は $r=0.9$ と驚くほどよい一致を報告している[62]。その他のいくつかの報告例は最近の Journal of Atmospheric Sciences に特集が組まれた[63]。OH ラジカルの計測精度の向上とともに，光化学モデルとの差異についての重要性が明らかとなりつつある。モデル計算に用いられるそれぞれの反応素過程の速度定数の誤差を考えると，現時点でのモデルにおける誤差（1σ）は大陸性の清浄大気の場合 32％と見積もられている[64]。したがって，実測値に対してモデルによる OH の濃度が何倍も大きくなる傾向がある。この差異は，未知の OH ラジカルあるいは HO_2 ラジカルの消失過程が存

在することを示唆するのかもしれない。

5.5 液相でのOHラジカルの生成と反応

5.5.1 はじめに

ヒドロキシルラジカル（OHラジカル）は大気中で起こる化学反応で大活躍している化学種である。このラジカルは汚染大気中だけでなく，いわゆるバックグラウンド大気でも，普遍的に存在している。この化学種は反応性が非常に高いので，濃度は低くても成層圏オゾンから光化学スモッグの生成まで，いろいろな化学反応を支配している。OHラジカルは気相過程を中心に研究されてきた。しかし，このラジカルは雲水など大気中の液相（水溶液相）化学でも重要な役割を果たしている。OHラジカルは水に溶けやすく，雲水など大気中の水滴に気相から溶け込んでいく。また水滴の中でこのラジカルが生成することもある。

これまで液相での硫酸の生成は溶解した二酸化硫黄が過酸化水素やオゾンで酸化されるものと説明されてきた。確かに過酸化水素が重要であることは動かないだろう。しかし，OHラジカルは液相での硫酸生成に対してもかなりの寄与をすることが考えられている。

ここではOHラジカルと，ヒドロペルオキシドラジカル（HO_2）などその類縁の化学種の液相での化学を概観したいと思う。そして硫酸の生成におけるOHラジカルの化学反応について大気化学の観点からまとめてみよう。簡単のためラジカルを単にOHなどと化学記号だけで書くことにする。

5.5.2 OHなどの大気化学

まず，大気中のOHに関連するラジカル反応を調べてみよう。大気中のOHは，O_3の光分解で生じた$O(^1D)$と水との反応して生成される（反応式 (5.100), (5.101)）。しかし，OHは大気中の化学種と反応しHO_2，H_2O_2などとサイクルを形成している（反応式 (5.102)〜(5.105)，**図5.11**）。酸素原子にもいくつか種類がありもっているエネルギーの大きさなどで分類される。この

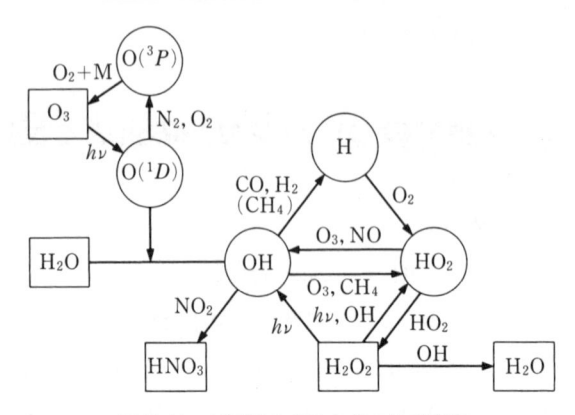

図 5.11 対流圏の OH などの生成過程

$O(^1D)$ は普通に生成する酸素原子 $O(^3P)$ よりも電子のエネルギーが高く，反応性も高い酸素原子である．

$$O_3 + h\nu \longrightarrow O(^1D) + O_2 \tag{5.100}$$

$$O(^1D) + H_2O \longrightarrow 2OH \tag{5.101}$$

$$OH + CO \longrightarrow H + CO_2 \tag{5.102}$$

$$H + O_2 \longrightarrow HO_2 \tag{5.103}$$

$$HO_2 + HO_2 \longrightarrow H_2O_2 \tag{5.104}$$

$$H_2O_2 + h\nu \longrightarrow 2OH \tag{5.105}$$

また，メタンを酸化して CH_3O_2 やホルムアルデヒドを生成する反応も重要である（反応式 (5.106)～(5.109)）．

$$CH_4 + OH \longrightarrow CH_3 + H_2O \tag{5.106}$$

$$CH_3 + O_2 \longrightarrow CH_3O_2 \tag{5.107}$$

$$CH_3O_2 + NO \longrightarrow CH_3O + NO_2 \tag{5.108}$$

$$CH_3O + O_2 \longrightarrow HCHO + HO_2 \tag{5.109}$$

5.5.3 液相の OH の供給源

液相でのラジカルは気相にあるものが溶解したものと，液相の反応で生成したものとがある．

5.5 液相でのOHラジカルの生成と反応

(1) 大気中のOHおよび類縁ラジカルと水への溶解

気相濃度 P の化学種が水に溶解し液相の濃度が C という値になって溶解平衡に達したとすると，C はヘンリー定数 H と P との積で定量的に評価される。OHの場合を下に書く。OHのあとのかっこの中のgとaqはそれぞれ気相にあるOHと水に溶解して水和しているOHを表す。

$$OH(g) = OH(aq) \tag{5.110}$$

$$C_{OH} = H_{OH} P_{OH} \tag{5.111}$$

OHおよび関連する化学種のヘンリー定数をみてみると，OHのヘンリー定数（10^5 M/atm）は硝酸（2.6×10^5 M/atm），過酸化水素（9.7×10^4 M/atm）についで大きく，HO_2 と同程度（10^5 M/atm）とされている。ここで二酸化硫黄のヘンリー定数（1.23 M/atm）は二酸化窒素（1.2×10^{-2} M/atm），二酸化炭素（3.11×10^{-2} M/atm），オゾン（1.15×10^{-2} M/atm）のヘンリー定数より2桁大きく，比較的溶けやすい化学種であることがわかる。したがって，OH，HO_2，H_2O_2 などの化学種は大気濃度が比較的低くても，ヘンリー定数が大きいため気相から溶解して液相にも存在するのである（**図5.12**）。

図5.12 海洋性層雲の雲水中での化学過程

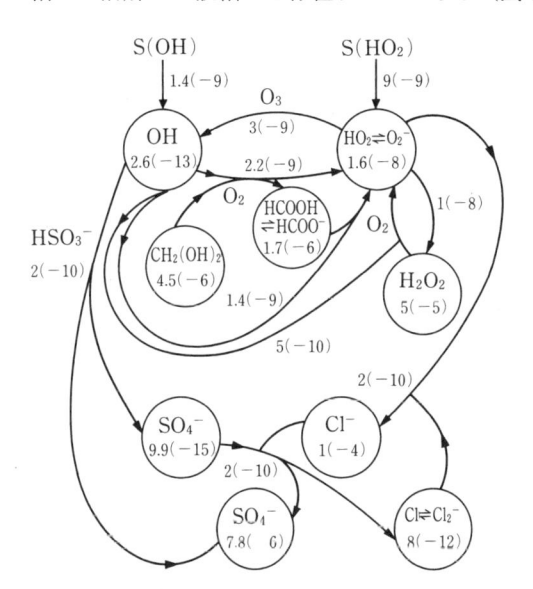

矢印上の数字は速度定数 [M/s]，丸の中の数字は濃度レベル (M)，$1(-10)$ は 1×10^{-10} であることを示す。

(2) 液相での生成

液相でのOHの生成についていくつかの反応が考えられる。

(a) **過酸化水素，オゾンの光分解** 液相でも反応式 (5.100)，(5.101)，(5.105) に対応する光分解が起こる。

$$H_2O_2(aq) + h\nu(\lambda < 380 \text{ nm}) \longrightarrow 2OH \tag{5.112}$$

$$O_3(aq) + h\nu(\lambda < 380 \text{ nm}) \longrightarrow O(^1D) + O_2 \tag{5.113}$$

$$O(^1D)(aq) + H_2O \longrightarrow 2OH \tag{5.114}$$

遠隔地の海洋大気の層雲では過酸化水素とオゾンの光分解から生成するHOの生成速度は，それぞれ 2.5×10^{-10} M/s, 1.5×10^{-14} M/s 程度である。しかし，反応式 (5.101)，(5.103) などで生成するOHや HO_2 のほうがOHの重要な供給源となる。いま直径 10 μm の雲粒がこれらを捕捉するとしたとき，それぞれ 1.4×10^{-9} M/s, 9×10^{-9} M/s と見積もることができる。ラジカル濃度が 10^{-8} M 程度あれば液相での二酸化硫黄をかなりの速さで酸化して硫酸を生成する (Chameides, 1986)。

(b) **硝酸イオン，亜硝酸イオンの光分解** 硝酸イオン，亜硝酸イオンは波長が300 nm付近の紫外線を十分吸収して光分解し，O原子が放出される（反応式 (5.115)，(5.116)）。このO原子は水と反応しOHを生成する（反応式 (5.117)）。

$$NO_3^- + h\nu \longrightarrow NO_2^- + O \tag{5.115}$$

$$NO_2^- + h\nu \longrightarrow NO^- + O \tag{5.116}$$

$$O + H_2O \longrightarrow 2OH \tag{5.117}$$

(c) **鉄イオン(III)の光分解** 鉄イオン(III)は水などが配位しているが，やはり300 nm付近の紫外線で光分解してOHを放出する（反応式 (5.118)，(5.119)）。

$$[Fe(III)(H_2O)_5(OH)]^{2+} + h\nu \rightarrow [Fe(II)(H_2O)_6]^{2+} + OH \tag{5.118}$$

$$[Fe(III)(H_2O)_4(OH)_2]^+ + h\nu \rightarrow [Fe(II)(H_2O)_5(OH)]^+ + OH \tag{5.119}$$

5.5.4 液相における OH などの化学平衡

OH などの化学平衡定数をみると通常の pH では反応式（5.121）を考慮すればよいことがわかる。

$$OH = H^+ + OH^- \qquad pK_a = 11.9 \qquad (5.120)$$
$$HO_2 = H^+ + O_2^- \qquad pK_a = 4.89 \qquad (5.121)$$
$$H_2O_2 = H^+ + HO_2^- \qquad pK_a = 11.7 \qquad (5.122)$$

5.5.5 液相における OH の化学反応

（1） OH と HO_2 のかかわる化学反応

液相のいろいろな反応によって OH と HO_2 は相互に変換する。これらの化学種は再結合反応によって，二酸化硫黄の液相酸化で重要な過酸化水素を生成するのである（反応式（5.123），（5.124））。再結合反応の速度定数の比，k_{23}/k_{24} は 10^4 であるが，大気中での OH 濃度は HO_2 濃度より 4～5 桁低いのである。したがって，OH よりも HO_2 のほうが過酸化水素の生成に寄与すると考えていいだろう。HO_2^- の再結合反応も過酸化水素を生成するので（反応式（5.122）），反応式（5.121）を考慮すると反応式（5.125），（5.126）も重要な過程である。反応式（5.124）～（5.126）の反応速度定数はそれぞれ 7.5×10^5，1×10^2，8.5×10^7 M/s であるので，pH 4.89 では反応式（5.126）が重要なのである。

$$OH + OH \longrightarrow H_2O_2 \qquad (5.123)$$
$$HO_2 + HO_2 \longrightarrow H_2O_2 + O_2 \qquad (5.124)$$
$$O_2^- + O_2^- \xrightarrow{H_2O} HO_2^- + O_2 + OH^- \qquad (5.125)$$
$$HO_2 + O_2^- \longrightarrow HO_2^- + O_2 \qquad (5.126)$$

HO_2，O_2^- はオゾンと反応し OH を生成する（反応式（5.127），（5.128））。$k_{27} < 10^4$，$k_{28} = 1 \times 10^9$ M/s と速度定数が大きく違うので OH の生成も pH に依存してくる。

$$HO_2 + O_3 \rightarrow OH + 2O_2 \qquad (5.127)$$
$$O_2^- + O_3 \xrightarrow{H^+} OH + 2O_2 \qquad (5.128)$$

ホルムアルデヒドが存在していると OH は HO_2 に変換される（反応式（5.129）

〜(5.134))。この関係で反応式 (5.106)〜(5.109) は一段と意味をもってくる。

$$CH_2O(g) + H_2O \longrightarrow CH_2(OH)_2 \tag{5.129}$$

$$CH_2(OH)_2 + OH \longrightarrow CH(OH)_2 + H_2O \tag{5.130}$$

$$CH(OH)_2 + O_2 \longrightarrow HCOOH + HO_2 \tag{5.131}$$

$$HCOOH \longrightarrow H^+ + HCOO^- \tag{5.132}$$

$$HCOO^- + OH \longrightarrow OH^- + HCOO \tag{5.133}$$

$$HCOO + O_2 \longrightarrow CO_2 + HO_2 \tag{5.134}$$

OH, HO_2 のサイクルは反応式 (5.12), (5.125), (5.126) で停止するが、反応式 (5.135)〜(5.137) も大切な停止反応である。

$$HCO_3^- + O_2^- \xrightarrow{H^+} CO_3^- + H_2O_2 \tag{5.135}$$

$$CO_3^- + O_2^- \xrightarrow{H^+} HCO_3^- + O_2 \tag{5.136}$$

$$HO_2 + Cl_2^- \longrightarrow 2Cl^- + H^+ + O_2^- \tag{5.137}$$

（2） 液相での二酸化硫黄の酸化反応

これまでにみてきた知見を整理してみよう。大気中の二酸化硫黄 SO_2 は OH により硫酸に酸化される。SO_2 は水に溶解すると反応式 (5.138)〜(5.140) の化学平衡に従ってイオンに解離する。

$$SO_2 + H_2O = SO_2 \cdot H_2O \qquad H \tag{5.138}$$

$$SO_2 \cdot H_2O = H^+ + HSO_3^- \qquad K_1 \tag{5.139}$$

$$H^+ + HSO_3^- = 2H^+ + SO_3^{2-} \qquad K_2 \tag{5.140}$$

平衡定数から計算すると pH 3.5〜5.5 では 90％以上の S(IV) は HSO_3^- の形で存在している。HSO_3^- の場合、OH は反応式 (5.141)〜(5.147) で S(IV) を酸化し硫酸を生成する。

$$OH + HSO_3^- \longrightarrow SO_3^- + H_2O \tag{5.141}$$

$$SO_3^- + O_2 \longrightarrow SO_5^- \tag{5.142}$$

$$SO_5^- + HSO_3^- \longrightarrow SO_4^- + HSO_4^- \tag{5.143}$$

$$SO_4^- + HSO_3^- \longrightarrow SO_3^- + HSO_4^{2-} \tag{5.144}$$

$$SO_5^- + SO_5^- \longrightarrow (S_2O_6^{2-} + 2O_2) \tag{5.145}$$

$$SO_4^- + SO_4^- \longrightarrow (S_2O_6^{2-} + O_2) \tag{5.146}$$

$$SO_3^- + SO_3^- \longrightarrow (SO_3^{2-} + SO_3) \tag{5.147}$$

さらに Cl^- や NO_3^- が存在しているときは，反応式 (5.137), (5.148)〜(5.150) も考慮する必要がある．

$$SO_4^- + Cl^- \longrightarrow SO_4^{2-} + Cl \tag{5.148}$$

$$Cl + Cl^- \longrightarrow Cl_2^- \tag{5.149}$$

$$Cl_2^- + HO_2 \longrightarrow 2Cl^- + H^+ + O_2^- \tag{5.137}$$

$$NO_3 + HSO_3^- \longrightarrow HSO_3 + NO_3^- \tag{5.150}$$

5.5.6 雲水における二酸化硫黄の酸化

実際の液相である雲水に対し溶解している OH などの濃度を直接測定して，これまでの議論を反応速度論の立場で検証する必要があるだろう．しかし，実測する適当な方法がないので関連する観測事実や，反応速度論的な室内実験やモデル計算などの結果を総合的に考察しながら理解されてきた．しかし，実際の雲水は雲の核となっているエアロゾルの成分が溶出し，複雑な組成をしていると考えられる．

筆者は室内実験と野外観測の中間的な方法によって，雲水中での二酸化硫黄の光化学反応を研究している．標準試薬を調製して大気中の液相のモデル溶液を作り，これに実際の太陽光を照射するという方法である．OH による反応などについての結果を簡単に紹介しよう．

（1） 鉄(III)イオンの光触媒

鉄(III)イオンを添加した亜硫酸塩，S(IV) に紫外線照射すると S(IV) は急激に減少し，現象論的な速度式は式 (5.151) で表すことができた．

$$\frac{d[S(IV)]}{dt} = k_p [S(IV)]^{0.5} [Fe(III)]^{0.7} [H^+]^{0.2} \tag{5.151}$$

この反応は反応式 (5.118), (5.119), (5.141)〜(5.147) で進行すると思われるので，OH の捕捉剤である $tert\text{-}C_3H_7OH$ を反応途中で添加すると反応停止することが予想される．しかし，反応はある程度抑制されたものの，停止までには至らなかった．したがって，OH を含まない光化学過程の存在が示唆される．

これは S(IV) と Fe(III) の錯体が直接光分解するものと考えられる。また，途中に過酸化水素を生成する可能性もあるが，詳細なメカニズムの解明は今後の課題として残されている。

大気中の二酸化硫黄の変換速度は慣習的に式（5.152）で定義される。第1項，第2項はそれぞれ気相と液相のそれぞれ酸化反応の速度である。

$$\text{Rate} = \frac{\dfrac{dP_g}{dt} + \dfrac{dP_{aq}}{dt}}{P(SO_2)} \times 100 \ [\%/h] \tag{5.152}$$

$$P(SO_2) = P_g + P_{aq} \tag{5.153}$$

いま，酸化反応はすべて液相だけで起こるものとすると式（5.152）は式（5.154）と書くことができる。ここで，W：雲水量，R：気体定数，T：絶対温度，k_p：液相での 0.5 次反応速度定数，H^*：実効ヘンリー定数：$(1 + K_1/[H^+] + K_1 K_2/[H^+]^2)H$。式（5.154）からわかるように，気相の二酸化硫黄濃度の -0.5 乗に依存する。したがって，遠隔地など低濃度の場合はこの過程が重要であることになる。

$$\text{Rate} = [WRTk_p\{H^*/(1 + H^*WRT)^{0.5}\}/P_0^{0.5}] \times 100 \ [\%/h] \tag{5.154}$$

この系に太陽光を照射したときの速度定数を用いて速度を評価すると，1%/h 程度になって（**図 5.13**），実測からの 0.1〜1.0%/h に比べると十分大きく，過酸化水素が枯渇したあとなどでは重要な過程になると思われる。

(2) 硝酸イオンの光分解

大気中には光化学反応で生成した硝酸が存在する。この酸は植物などから放出されるアンモニアと反応し硝酸アンモニウムになる。この物質は固体であるのでエアロゾルとして大気中に存在する，吸湿性が大きく表面に水膜を形成していると思われる。この水膜中に二酸化硫黄が溶解すれば式（5.154）で生成する OH が二酸化硫黄を酸化すると考えられる。硝酸アンモニウムの濃厚溶液（1〜7 M）に亜硫酸塩を溶解させ紫外線を照射すると S(IV) は 1 次の反応速度則に従って減少する。太陽光で照射すると $1 \sim 6 \times 10^{-3}\,\text{s}^{-1}$ の速度定数が得られた。

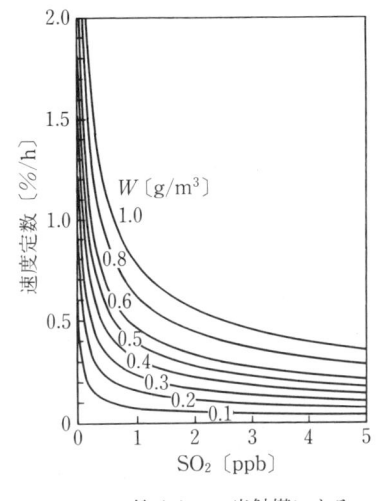

図 5.13　鉄イオンの光触媒による S(IV) の酸化速度

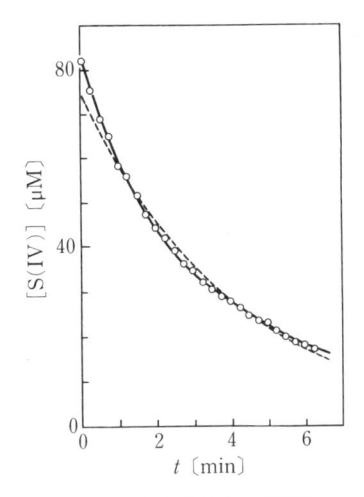

図 5.14　海水試料中で S(IV) の光化学酸化

（3）海水試料中での酸化

海塩粒子の表面水膜は pH が高く二酸化硫黄は容易に溶解すると思われる。実際の海水試料を用いて同様の実験をしてみると，S(IV) は 1 次反応速度則に従って減少した（図 5.14）。金属と錯体を形成する EDTA を反応の途中で添加したら，反応は停止した。これから海水中の微量金属の光化学反応が中心になっていると考えられる。太陽光でも十分反応が進み $1\times 10^{-2}\,\mathrm{s}^{-1}$ などの速度定数が得られている。

海洋境界層（marine boundary atmosphere）に存在する海塩エアロゾル中での二酸化硫黄の溶解，除去のメカニズムも問題になっている。海水の pH を考慮して，溶解したオゾンが酸化していると議論されている。しかし，上に示した光化学酸化でも十分説明がつくと思う。

5.5.7　有機酸の生成

遠隔地の雨では有機酸が主要な部分を占めている。その発生源を特定するのは困難であるが，植物やある種の蟻，formicine ants から直接放出されたり，オ

ゾン-オレフィン反応の生成物と考えていいだろう。オレフィンの濃度レベルが低い地域の雨ではギ酸が主要な有機酸で，水和しているホルムアルデヒドとOHとの雲水中での反応によって生成すると考えられている（反応式 (5.130)，(5.131)）。

5.5.8 ま と め

OHラジカルを中心とした液相反応を簡単に眺めてきた。分光学的な方法は化学反応の研究における強力な武器である。液相反応では溶媒の吸収が着目する化学種のそれと重なることが多く，気相反応の研究ほどは有効に使うことができない。しかし，液相反応は大気化学では重要な反応過程で大気中の現象を支配している因子の一つである。上空の雲水は過冷却液体になっているが，この中での化学反応や化学平衡はわかっていないのである。今後大気中での水溶液化学を大いに発展させていきたいものである。

引用・参考文献

1) 原　宏：酸性雨の生成と沈着，（社）日本化学会酸性雨問題研究会編，身近な地球環境問題—酸性雨を考える—，pp.13〜14　コロナ社（1997）
2) R.G. Prinn, J. Huang, R.F. Weiss, D.M. Cunnold, P.J. Fraser, P.G. Simmonds, A. McVulloch, C. Harth, P. Salameh, S. O'Doherty, R.H.J. Wang, L. Porter and B.R. Miller : Evidence for substantial variations of atmospheric hydroxyl radicals in the past two decades, Science, **292**, pp.1882〜1888 (2001)
3) 日本化学会編：「大気の化学」，化学総説，No.10，学会出版センター（1990）
4) 日本化学会酸性雨問題研究会編：身近な地球環境問題—酸性雨を考える—，コロナ社（1997）
5) 秋元　肇編：化学天気図の作成を目指して，地球科学技術フォーラム（1998）
6) P.O. Wennberg et al. : Hydrogen radicals, nitrogen radicals, and production of O_3 in the upper troposphere, Science, **279**, pp.49-53 (1998)
7) A.R. Ravishankara, G. Hancock, M. Kawasaki and Y. Matsumi : Photochemistry of ozone : surprises and recent lessons, Science, **280**, pp.60-61 (1998)
8) 廣田栄治編：フリーラジカルの科学，学会出版センター（1998）

9) 秋元 肇編:大気化学の研究―あなたは何を解決したいか―, 地球科学技術フォーラム (1999)
10) B.J. Finlayson-Pitts and J. N. Pitts Jr.: Atmospheric Chemistry ― Fundamentals and Experimental Techniques, Wiley Interscience (1986)
11) D.J. Jacob, E.W. Gottlieb and M.J. Prather: Chemistry of a polluted cloudy boundary layer, J. Geophys. Res., **94**, pp.12975〜13002 (1989)
12) 太田幸雄:大気エアロゾル, 日本化学会編, 化学総説, 10 大気の化学, pp.123〜145 (1990)
13) J.H. Seinfeld and S.N. Pandis: Atmospheric Chemistry and Physics ― From Air Pollution to Climate Change, Wiley-Interscience (1998)
14) Climate Change: The Science of Climate Change, Contribution of Working Group I to the Second Assessment Report of IPCC, Edited by J.T. Houghton et al., Cambridge University Press (1995)
15) 植田洋匡:大気の変化と酸性雨, 科学, **59**, 9, pp.610〜619 (1989)
16) 畠山史郎, 村野健太郎:奥日光前白根山における高濃度オゾンの観測, 大気環境学会誌, **31**, 2, pp.106〜110 (1996)
17) S. Wakamatsu: High concentrations of photochemical ozone observed over sea and mountainous regions of the Kanto and eastern Chubu districts, 大気環境学会誌, **32**, 4, pp.309〜314 (1997)
18) 原 宏:大気中における SO_2, NO_x の変換, 気象研究ノート, 158号, pp.37〜49 (1987)
19) 指宿尭嗣:酸性雨(環境の酸性化)の原因物質, 日本化学会編, 化学総説, 10 大気の化学, pp.99〜115 (1999)
20) 畠山史郎:最近の酸性雨の化学, 気象研究ノート, 182号, pp.83〜93 (1994)
21) 溝口次夫, 溝口次夫編著:酸性雨の科学と対策, (社)日本環境測定分析協会 (1994)
22) 大喜多敏一, 大喜多敏一編:新版 酸性雨―複合作用と生態系に与える影響―, 第3章, 博友社 (1996)
23) 環境庁大気保全局大気規制課:平成9年度一般環境大気測定局測定結果報告 (1998)
24) 環境庁大気保全局自動車環境対策第二課:平成9年度自動車排出ガス測定局測定結果報告 (1998)
25) F. Sakamaki, S. Hatakeyama and H. Akimoto: Formation of nitrous acid and nitric oxide in the heterogeneous dark reaction of nitrogen dioxide and water vapor in a smog chamber, Int. J. Chem. Kinet., **15**, pp.1013〜1029 (1983)
26) G.W. Harris, W.P.L. Carter, A.M. Winer, J.N. Pitts Jr., U. Platt and D. Perner: Observations of nitrous acid in the Los Angeles atmosphere and

implications for predictions of ozone-precursor relationships, Environ. Sci., Technol., **16**, pp.414〜418 (1982)

27) J.N. Pitts, Jr., H.W. Biermann, A.M. Winer and E.C. Tuazon : Spectroscopic identification and measurements of gaseous nitrous acid in dilute auto exhaust, Atmos. Environ., **18**, pp.847〜851 (1984)

28) B.J. Finlayson-Pitts and J.N. Pitts Jr. : Chemistry of the Upper and Lower Atmosphere—Theory, Experiments and Applications, Academic Press (1999)

29) N.M. Donahue, M.K. Dubey, R. Mohrschladt, K.L. Demejian and J.G. Anderson : High-pressure flow study of the reactions $OH + NO_x \rightarrow HONO_x$: Errors in the falloff region, J. Geophys. Res., **102**, D 5, pp.6159〜6168 (1997)

30) J.G. Calvert, and W.R. Stockwell : Acid generation in the troposphere by gas phase chemistry, Environ. Sci. Technol., **17**, pp.428 A〜443 A (1983)

31) J.G. Calvert and W.R. Stockwell : Mechanism and rates of the gas-phase oxidations of sulfur dioxide and nitrogen oxides in the atmosphere. In Acid Precipitation Series, Vol.3, SO_2, NO and NO_2 Oxidation Mechanisms : Atmospheric Considerations, Ed. J. G. Calvert, Butterworth Publishers (1984)

32) M. T. Leu : Rate constants for the reaction of OH with SO_2 at low pressure, J. Phys. Chem., **86**, pp.4558〜4562 (1982)

33) A. W. Castleman, Jr. and I. N. Tang : Kinetics of the association reaction of SO_2 with hydroxyl radical, J. Photochem., **6**, pp.349〜354 (1976/77)

34) R.A. Cox and D. Sheppard : Reactions of OH radicals with gaseous sulfur compounds, Nature, **284**, pp.330〜331 (1980)

35) K. Izumi, M. Mizuochi, M. Yoshioka, K. Murano and T. Fukuyama : Redetermination of the rate constant for the reaction of HO radicals with SO_2, Environ. Sci. Technol., **18**, 2, pp.116〜118 (1984)

36) G. Paraskevopoulos, D.L. Singleton and R.S. Irwin : Rates of OH radical reactions - the reaction $OH + SO_2 + N_2$, Chem. Phys. Lett., **100**, pp.83〜87 (1983)

37) I. Barnes, V. Bastian, K.H. Becker, E.H. Fink and W. Nelson : Oxidation of sulphur compounds in the atmosphere : 1. Rate constants of OH radical reactions with sulphur dioxide, hydrogen sulphide, aliphatic thiols and thiophenol, J. Atmos. Chem., **4**, pp.445〜466 (1986)

38) K. Izumi, M. Mizuochi, K. Murano, Y. Ozaki and T. Fukuyama : Sulfuric acid aerosol formation by the reaction of HO radicals with SO_2, Intern. J. Environ. Studies, **27**, pp.183〜199 (1986)

39) S. Hashimoto, G. Inoue and H. Akimoto: Infrared spectroscopic detection of the $HOSO_2$ radical in argon matrix at 11 K, Chem. Phys. Lett., **107**, pp.198〜202 (1984)
40) K. Izumi, M. Mizuochi, K. Murano and T. Fukuyama: Humidity effects on photochemical aerosol formation in the SO_2-NO-C_3H_6-air system, Atmos. Environ., **21**, 7, pp.1541〜1553 (1986)
41) J.J. Margitan: Mechanism of the atmospheric oxidation of sulfur dioxide. Catalysis by hydroxyl radicals, J. Phys. Chem., **88**, pp.3314〜3318 (1984)
42) J.F. Gleason, A.Ainha and C.J. Howard: Kinetics of the gas-phase reaction $HOSO_2+O_2 \rightarrow HO_2+SO_3$, J. Phys. Chem., **91**, pp.719〜724 (1987)
43) W.R. Stockwell: The effect of gas-phase chemistry on aqueous-phase sulfur dioxide oxidation rates, J.Atmos. Chem., **19**, pp.317〜219 (1994)
44) D.W. Fahey and A.R. Ravishankara: Summer in the Stratosphere, Science, **285**, pp.208〜210 (1999)
45) W.B. DeMore et al.: Chemical kinetics and photochemical data for use in stratospheric modeling, JPL Pub., pp.94〜26 (1994)
46) R. Atkinson, D.L. Baulch, R.A.Cox, R.F. Hampson, Jr., J.A. Kerr and J. Troe: Evaluated kinetic and photochemical data for atmospheric chemistry: Supplement IV, J. Phys. Chem. Ref. Date, **21**, p.1125 (1992)
47) T.J. Dransfield, K.K. Perkins, N.M. Donahue, J.G. Anderson, M.M. Sprengnether and K.L. Demerjian: Temperature and pressure dependent kinetics of the gas-phase reaction of the hydroxyl radical with nitrogen dioxide, Geophys. Res. Lett., **26**, 6, pp.687〜690 (1999)
48) S. Brown, R.K. Talukdar and A.R. Ravishankara: Rate constants for the reaction $OH+NO_2+M \rightarrow HNO_3+M$ under atmospheric conditions, Chem. Phys. Lett., **299**, pp.277〜284 (1999)
49) 環境庁オゾン層保護検討会編:オゾン層を守る,NHKブックス 574 (1989)
50) T.M. Hard et al.: Tropospheric free radical determination by FAGE, Environ. Sci. Technol., **18**, p.768 (1984)
51) C.Y. Chan et al.: Third-generation FAGE instrument for tropospheric hydroxyl radical measurement, J. Geophys. Res., **95**, p.18569 (1990)
52) P.S. Stevens et al.: Measurement of tropospheric OH and HO_2 by laser-iduced fluorescence at low pressure, Geophys. Res., **99**, p.3543 (1994)
53) Y. Kajii et al.: Measurements of HOx Radicals and Thier Chemistry in the Troposphere, Recent Research Developments in Geophysical Research II, Research Signpost (1999)
54) G. Mount and F. L. Eisele: An intercomparison of tropospheric OH measurements at Fritz Peak Observatory, Colorado, Science, **256**, p.1187

(1992)
55) H.-P. Dorn et al.: In-situ detection of tropospheric OH radicals by folded logn-path laser absorption. Results from the POPCORN field campaign in August 1994, Geophy. Res. Lett., **23**, p.2537 (1996)
56) F. Eisele et al.: Intercomparison of tropospheric OH and ancillary trace gas measurements at Fritz Peak Observatory, Colorado, J. Geophys. Res., **99**, p.18605 (1994)
57) C.C. Felton et al.: Measurements of the diurnal OH cycle by ^{14}C-tracer method, Nature, **335**, p.53 (1988)
58) D.R. Crosley and J. Hoell: Future directions for HxOy detection, NASA Conference Publication, p.2448 (1986)
59) D.J. Tanner and F.L. Eisele: Present OH measurement limits and associated uncertainties, J. Geophys. Res., **100**, p.2883 (1995)
60) W. Brune: Stalking the elusive atmospheric hydorxyl radical, Science, **256**, p.1154 (1992)
61) A. Hofzumahaus et al.: The measurement of tropospoheric OH radicals by laser-induced fluorescence spectroscopy during POPCORN field campaign, Geophys. Res. Lett., **23**, p.2541 (1996)
62) T. Brauers et al.: Intercomparison of tropospheric OH radical measurements by multiple folded long-path laser absorption and laser induced fluorescence, Geophys. Res. Lett., **23**, p.2545 (1996)
63) D.R. Crosley ed.: The measurement of HOx radicals in the atmosphere, J. Atmos. Sci., **52**, pp.3297~3448 (1995)
64) A.M. Thompson and R.W. Stewart: How chemical kinetics uncertainties affect concentrations computed in an atmospheric photochemical model, J. Geophys. Res., **96**, p.13089 (1991)

索　引

【あ】

亜硝酸イオン　　　　238
亜硝酸の生成　　　　213
アセテート　　　　　94
圧力依存性　　　　　218
アミノアントラキノン　94
亜硫酸ガス　　　　　93
アルカリ度　　　　　167
アルツハイマー病　　165
アルミニウムイオン　163
アルミノケイ酸塩　　161
アロフェン　　　　　155

【い】

イエテボリ議定書　　177
硫黄含有率　　　　　130
硫黄酸化物排出量　　128
イオン化ポテンシャル　202
イオンバランス　　15, 21
イオン分子反応　　　222
1次鉱物　　　　　　169
一般環境大気測定局　211
イモゴライト　　　　155
色移り　　　　　　　99
飲料水　　　　　　　165

【う】

ウェットオンリー方式の
　捕集装置　　　　　9
雨　水　　　　　　　13
渦拡散係数　　　　　28
渦相関法　　　　　　25

【え】

雨　量　　　　　　　3
雨量計　　　　3, 14, 17, 21
雲　水　　　　　235, 241

【え】

エアロゾル　　　12, 14, 209
栄養塩類　　　　　　139
液相過程　　　　　　209
越境大気汚染問題　　106
エネルギー利用効率　129
塩化物イオン　　　　20
塩基性硝酸銅　　　　76
塩基性物質供給量　　134
塩基性陽イオン　　　167
エンジュ　　　　　　99

【お】

オイラー型のグリッド
　モデル　　　　　　145
黄褐色森林土　　　　156
黄　変　　　　　　　95
屋外暴露試験　　　　79
屋内暴露試験　　　　79
オスロ議定書　　　　177
オゾン　　　　　97, 237
オゾン干渉　　　　　207
温度依存性　　　　　220

【か】

海　塩　　　　　　　20
海塩エアロゾル　　　243
海塩粒子　　　　　　85
海　水　　　　　　　243
海水飛沫　　　　　　79
回転運動　　　　　　202
回転角運動量　　　　205
化学的風化　　　　　169
過酸化水素　　　237, 239
火山灰　　　　　　　190
火山噴出物　　　　　155
ガスクロマトグラフィー　63
ガス退色　　　　　　94
化石土壌　　　　　　158
仮想点源　　　　　　141
褐色森林土　　　　　156
活性化エネルギーが負の
　値　　　　　　　　220
カルミン酸　　　　　99
過冷却液体　　　　　244
簡易測定法　　　　　4
環境学習　　　　　　51
環境基準値　　　　　212
環境経済情報の発信基地
　　　　　　　　　　116
環境総合調査項目　　114
環境大気への暴露　　98
環境調査　　　　　　61
環境の危機　　　　　108
環境暴露試験　　　　81
環境評価　　　　　　92
環境保全40年戦略　　117
環境モデル都市　　　114
緩衝力　　　　　　　160
乾性降下物　　　　　187
乾性沈着　　　　2, 22, 225
乾性沈着速度　　125, 225

索引

【か】（続き）

乾性沈着フラックス 125
間帯性土壌 156

【き】

擬1次速度法 215
気候区 6
気候値 7
基質 99
気相での均一過程 209
軌道角運動量 205
逆転層 118, 126, 131
強酸性土壌 190
霧 34

【く】

空気汚染調査 60
クルクミン 99
黒ボク土 155

【け】

蛍光消光 207
ケイ酸塩鉱物 171
絹布 98
堅ろう性 94

【こ】

降雨強度 14
光化学スモッグ 210
光化学反応 241
降水酸性化 122, 127
降水酸性度 120
降水量 13, 14, 21
高速流通法 214
後方流跡線 135
高濃度のオゾン 210
鉱物の風化 189
鉱物風化速度 183
枯渇性資源 138
国設大気測定網 111, 112

【さ】

古土壌 158
最大沈着距離 124
酸緩衝能 153
酸性雨 2, 12
酸性雨頻度 120
酸性化原因物質 122
酸性化限界指標 180
酸性化頻度 132
酸性降下物 153
酸性沈着 1, 34
酸性土壌 139, 160
酸性物質の生成 210
酸性霧 67
酸中和能力 134
酸中和容量 161

【し】

自然災害 154
疾患率 136
実験室的暴露 98
実効的な2次反応速度
　定数 225
実効ヘンリー定数 242
湿式石灰石石こう法 107
湿式脱硫 136
湿性沈着 2, 12, 13, 15, 119, 123, 127
湿性沈着フラックス 123, 127
湿性沈着量 12, 14, 21
自動車排出ガス測定局 211
自動測定装置 43
市民環境科学 51
市民調査 51
樹幹流 34, 187
循環性資源 138

【さ】（右列）

硝酸 237
硝酸アンモニウム 242
硝酸イオン 20, 238
　——の沈着 225
硝酸化成 188
硝酸根 93
照葉樹 158
将来予測モデル 162
常緑広葉樹 158
初期降雨 83
植林 116
針広混交林 157
侵食度 76
振動運動 202
森林環境モニタリング 189
森林枯損 131
森林衰退 135, 185
森林生態系 154
森林伐採 186

【す】

水素イオン消費 160
水素イオン濃度 18
水田土壌 160
数値データ 4
蘇芳 98
スギ林 187
スピン状態 203
スモッグチャンバー 213

【せ】

生成源 212
成帯内性土壌 156
精度管理 40
生物地球化学的循環 178
赤黄色土 156
石炭クリーン燃料化 137
石炭消費量 119, 126, 130, 132

絶対速度法		214
漸移帯		156
先カンブリア代		170
閃光光分解-共鳴蛍光法		215
染織布		92
染織文化財		67
染　料		99

【そ】

相対速度法		214
総浮遊粉塵		130
測定データ		3
粗腐植層		158

【た】

大気硫黄収支モデル		127
大気硫黄収支モデル計算		126
大気汚染調査		59
大気汚染の広域化		226
大気観測網の測定点		111
大気中浮遊粒子状物質		113
大気濃度		212
ダイナミックモデル		162
太陽放射の吸収・散乱		210
大陸性の酸性雨		109
大理石		79
大理石テストピース		68
対流圏の濃度		212

【ち】

地球の温暖化		210
窒素酸化物		93
窒素の富化		188
窒素飽和		153
地表水		154
チャップマン機構		208
超音波風速計		26

長距離越境大気汚染に関する協定		176
長距離越境大気汚染条約		128
長距離輸送		135
調和振動		204
沈着速度		31
沈着量		77

【て】

定常物質収支モデル		161
テストピース		79
データの質		4
鉄イオン(Ⅲ)	238,	241
テフロンバッグ		216
電気伝導率		3
電子運動		202
電子軌道		202
電子スピン		205
電子線		136
転倒ます型雨量計		14

【と】

都市大気の汚染		225
土　壌		154
土壌塩基性度		134
土壌生成因子		154
土壌の緩衝能		188
土壌の酸性化	153,	187
土壌の肥沃度		139
土壌被害		135

【に】

二酸化硫黄	237,	241
——の液相酸化		223
——の光化学過程		217
二酸化硫黄排出量		119
二酸化窒素の影響		67
2次反応速度定数		215

【ね】

熱フラックス		29
燃焼効率		136
燃焼の効率化		115

【の】

濃度勾配法		28
農林産廃棄物バイオマス		138

【は】

排煙脱硝		140
排煙脱硫	129,	136
バイオブリケット	107,	137
反応過程		223
反応経路		221
反応連鎖		200

【ひ】

非海塩		83
東アジア環境保全戦略		108
東アジア大気測定網	110,	113
光分解		237
非成帯性土壌		156
ヒノキ林		187
被服材料		94
標準試料		40
漂礫土		170

【ふ】

風化安定図		172
富栄養化		139
不均一過程		209
複合影響		185
付着量		93
物質収支		125
物質収支法		30

索引

物質循環系	186
フッ素化合物	138
不飽和層	171
ブラジリン	98
フラックス	24
ブランク	88
フリーラジカル	195, 196, 198
雰囲気ガス	218
文化財環境	65
分子定数	204
粉塵	65

【へ】

ヘマトキシリン	99
ヘルシンキ議定書	176
変異荷電	160
変換速度	242
変退色	93
ヘンリー定数	237

【ほ】

母材	154
ポドゾル性褐色森林土	156
ホルムアルデヒド	198, 236, 239

【ま】

マスバランスモデル	176

【め】

メタデータ	4
メタン	198
メチルクロロホルム	196
綿布	98

【も】

模擬酸性雨	40
モデル計算	225
モニタリング	162
モニタリングネットワーク	6

【よ】

陽イオン交換	160, 169

【ら】

落葉広葉樹林	157
	110, 113
ラジカル	195

【り】

リター層	158
リーチング試験	79, 81
律速段階	218
流域	166
硫酸	235
硫酸イオン	20
硫酸根	93
硫酸と硝酸の生成	209
流動層燃焼	139
臨界負荷量	162, 175, 178

【れ】

レインズアジア	107
レーザー誘起蛍光法	207, 214

【ろ】

漏出	170
緑青成分	66
炉内脱硫・脱硝技術	139

AP研究会	114
BHT	96
Criegee中間体	217
dose-response特性	96
HO_2 ラジカル	199
HO_x サイクル	200
JACKネットワーク	
LIF法	228
nss	82
OHの濃度	214
OHラジカル	197, 198, 235
OHラジカル源	216
pH	18
pH(KCl)	187
pHメーター	20
PROFILEモデル	183
RAINS-ASIA	178
RAINSモデル	177
X線回折	76, 172
Y1	187

続 身近な地球環境問題 ─ 酸性雨を考える ─
A Second Volume of Popular Topics in Global Environment
── Acid Deposition, How is it going? ──
　　　　　　　　　Ⓒ (社)日本化学会・酸性雨問題研究会　2002

2002年9月20日　初版第1刷発行

検印省略	編　者	(社)日本化学会
		酸性雨問題研究会
	発行者	株式会社　コロナ社
		代表者　牛来辰巳
	印刷所	新日本印刷株式会社

112-0011　東京都文京区千石4-46-10
発行所　株式会社　コロナ社
CORONA PUBLISHING CO., LTD.
Tokyo　Japan
振替00140-8-14844・電話(03)3941-3131(代)
ホームページ http://www.coronasha.co.jp

ISBN 4-339-06599-4　　(高橋)　　(製本：愛千製本所)
Printed in Japan

無断複写・転載を禁ずる

落丁・乱丁本はお取替えいたします

シリーズ　21世紀のエネルギー

(各巻A5判)

■ (社)日本エネルギー学会編

			頁	本体価格
1.	21世紀が危ない ― 環境問題とエネルギー ―	小島紀徳著	144	1700円
2.	エネルギーと国の役割 ― 地球温暖化時代の税制を考える ―	十川市川芳樹 小川 勉 佐川直人 共著	154	1700円
3.	風と太陽と海 ― さわやかな自然エネルギー ―	牛山 泉他著	158	1900円
4.	物質文明を超えて ― 資源・環境革命の21世紀 ―	佐伯康治著	168	2000円
5.	Cの科学と技術 ― 炭素材料の不思議 ―	白石・大谷 京谷・山田 共著	148	1700円

以下続刊

深海の巨大なエネルギー源　奥田義久著
　― メタンハイドレート ―

ごみゼロ社会は実現できるか　堀尾正靱著

太陽の恵みバイオマス　松村幸彦編著

定価は本体価格+税です。
定価は変更されることがありますのでご了承下さい。

図書目録進呈◆